数字化手绘表现

室内设计电脑手绘 SketchBook+Photoshop 与 Ipad+Procreate 两种表现技法快速入门

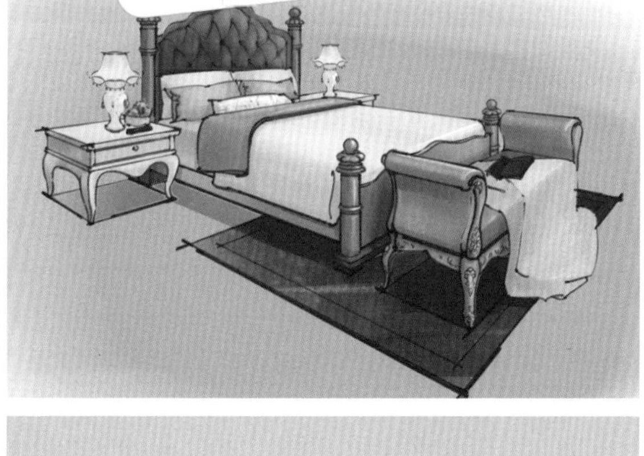

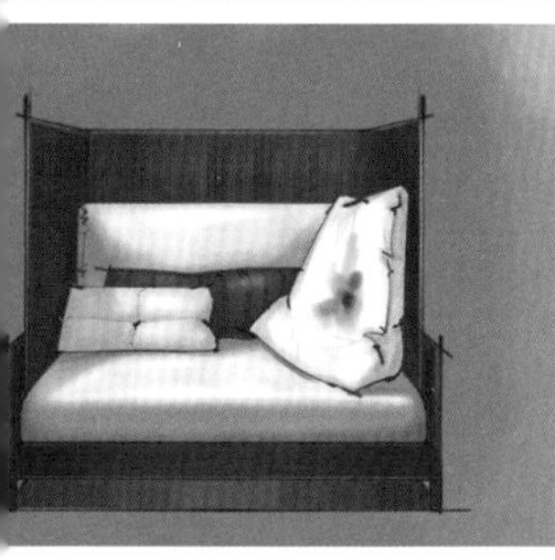

张 龙◎编 著

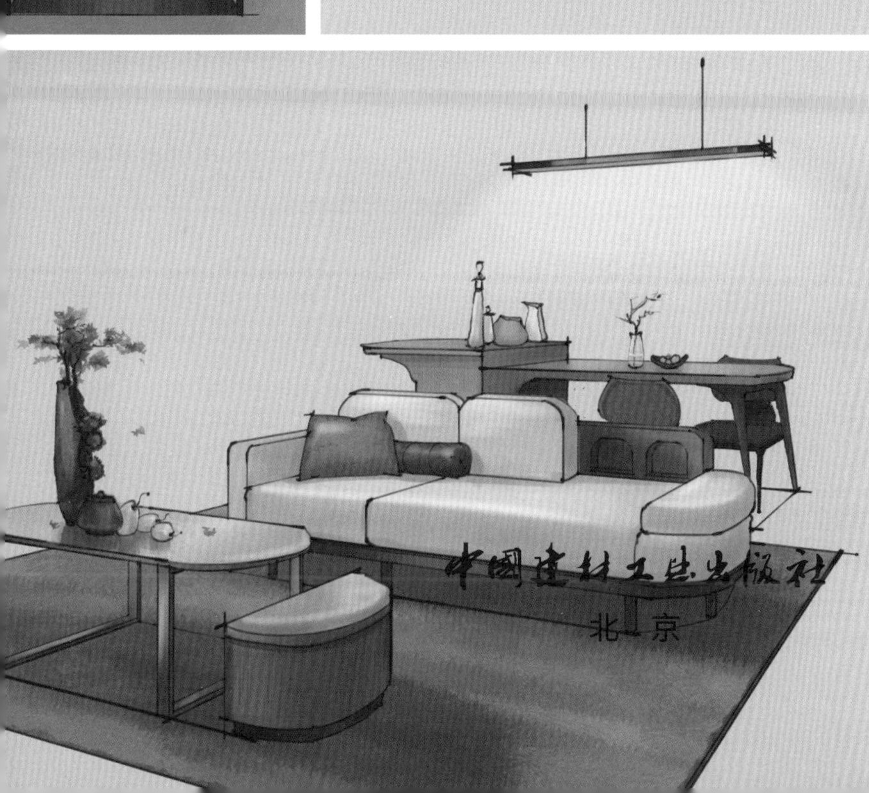

中国建材工业出版社
北 京

图书在版编目（CIP）数据

数字化手绘表现 ：室内设计电脑手绘SketchBook+Photoshop与Ipad+Procreate两种表现技法快速入门 / 张龙编著. -- 北京 ：中国建材工业出版社，2023.11
ISBN 978-7-5160-3827-7

I. ①数… II. ①张… III. ①室内装饰设计－计算机辅助设计－应用软件 IV. ①TU238.2-39

中国国家版本馆CIP数据核字（2023）第177385号

内 容 摘 要

本书针对室内设计创意表现、空间户型平面布局与优化设计、陈设组合与空间搭配，从软件基础运用认知、平面户型布局认知、立面造型设计认知、单体造型设计认知、组合家具设计认知、空间氛围营造与风格认知等方面，全面介绍了室内设计全过程及创意表现的技术方法与技巧。本书结合室内设计实践，将数字手绘表现与实践项目相结合，通过 5 个模块，共 22 项任务，按照螺旋上升的教学方法，结合微课视频、在线课程、资源库，从零基础开始提升读者、初学者的数字化手绘的表现能力与技巧。

本书可供设计类专业、美术专业学生和从业者参考使用。

数字化手绘表现：室内设计电脑手绘SketchBook+Photoshop与Ipad+Procreate两种表现技法快速入门
SHUZIHUA SHOUHUI BIAOXIAN: SHINEI SHEJI DIANNAO SHOUHUI SKETCHBOOK+PHOTOSHOP YU IPAD+PROCREATE LIANGZHONG BIAOXIAN JIFA KUAISU RUMEN
张 龙 编著

出版发行：中国建材工业出版社
地　　址：北京市海淀区三里河路11号
邮　　编：100831
经　　销：全国各地新华书店
印　　刷：北京印刷集团有限责任公司
开　　本：787mm×1092mm　1/16
印　　张：10.5
字　　数：190千字
版　　次：2023年11月第1版
印　　次：2023年11月第1次
定　　价：76.00元

本社网址：www.jccbs.com，微信公众号：zgjcgycbs
请选用正版图书，采购、销售盗版图书属违法行为

本书如有印装质量问题，由我社市场营销部负责调换，联系电话：（010）57811387

数字化手绘表现

室内设计电脑手绘 SketchBook+Photoshop 与 Ipad+Procreate 两种表现技法快速入门

编 著

张 龙

编写组成员

主 编

陆慧洁 杨佳佳 何秋寒

副主编

洪影霆 李晓童 林章波 翁素馨 钟吉华 倪 冰 伍 丹

参 编

宁致远 张光武 朱小燕 谢仕睿 黄晓明 邹雨峰 谢梅俏

李 群 蔡洪雲 何 谊 袁国凯 肖 鹏 胡小玲 秦 颖

韦卓秀 甘晓璟 韦汉强 郭建文 韦 妙

资源配套

课程宣传片

扫码观看

在线课程

https://mooc1.chaoxing.com/course/222293608.html

同时附赠定制笔刷、教学 PPT、训练图库、软件安装包等。

扫码领取

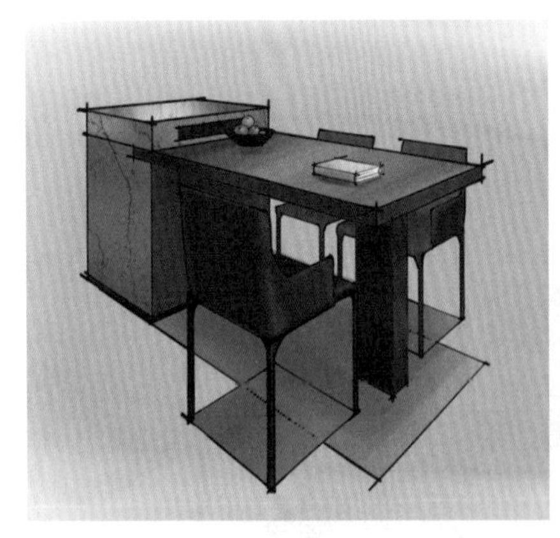

PREFACE 前言

强国必先强教，中国式现代化需要教育现代化的支撑。遵循育才成长规律，顺应行业发展的变化，把握新技术技能，以高质量发展为主线。随着数字化技术飞速发展，数字化绘画已经成为一种流行的艺术表现方式，广泛应用于建筑设计、室内装饰、风景园林、工业设计、服装设计、游戏原画等多个领域中。

从学生身心特点和思想实际出发，推进数字化表现与课程思政同向同行。人才培养是育人和育才相统一的过程，教育传授给学生的不仅是知识，更重要的是价值观塑造、能力锻造、人格养成。数字化手绘表现在室内设计运用中，基于传统手绘并对其进行重要补充与创新，在绘画技法、效果呈现、肌理塑造等方面都有着明显的优势。它打破了对画材与美术基本功的依赖，可以通过智能设备和软件画出规范性的点、线、面，易于修改，具有更高的可塑性和灵活性，且容易上手，降低了手绘技艺的门槛。优化手绘表现类型定位，应以突出数字化职业技能教育特点，促进数字多样化提质培优为指导思想，通过优化教材教法创新，以实践性教学为主导开展数字化手绘表现。设计师借助数字化绘画，可快速通过设计语言表达进行创意表现，并能在软件中存储素材，进行更为复杂的设计表达，使画面呈现的视觉效果更加充实饱满。当然，数字化手绘并不能取缔传统手绘，而是在原有手绘基础上进一步将专业技能与绘画相结合：通过手绘分析完善项目前期构思，便于初期与甲方沟通和推敲初始方案；通过数字手绘提高 CAD 制图效率；通过手绘创意来明确三维效果图制作等。室内数字化手绘表现可以让设计师更加专注于创造力的体现，自由地表达创意和灵感，创造出更为独特和出色的作品。

本书内容以室内手绘表现的平面图、立面图、效果图为案例，遵守螺旋式上升的教学理念，通过 5 个模块，22 个任务点循序渐进地讲解室内数字化手绘表现的技巧与应用，旨在帮助读者更好地理解和掌握数字化手绘这项新的技术技能。教学案例紧扣实际工作要求，有非常详细的绘画操作步骤，零基础也能达到预期的学习效果。本书配套资源丰富，扫描二维码即可获得有关网络课程、教学 PPT 课件、微课教学视频、实操码（每个任务点均附有与教学重难点相对应的实操练习，以电子课件形式呈现，方便实操运用，帮助学生巩固与提升学习效果）及绘画笔刷库等。

本书由张龙进行整体设计与编写、组织与统筹安排，陆慧洁协助完善。张龙（南宁职业技术学院）完成 5 个模块主体内容框架编写、绘画步骤绘制、绘画案例绘制、微课视频录制与编辑、笔刷制作、教学 PPT 制作、网络课程建设等；伍丹（广西艺术学校）协助模块1、模块2内项目3的审核；倪冰（广西机电职业技术学院）协助模块2内项目4的审核；李晓童（广西交通职业技术学院）协助模块3的审核并完成任务11的编写；洪影霆（广西建设职业技术学院）协助模块4的审核及项目8的引入分析；林章波（南宁师范大学师园学院）协助模块5的审核并完成设计语言提炼，陆慧洁（广西建设职业技术学院）完成实训主体内容编写并完成实操案例的制作；张龙（南宁职业技术学院）、何秋寒（设计师）协助编写并审核。

另外，感谢南宁职业技术学院的杨佳佳、宁致远、张光武、朱小燕、谢仕睿，南宁学院的袁国凯、肖鹏，广西电力职业技术学院的胡小玲，广西现代职业技术学院的韦妙，桂林学院的秦颖，广西民族大学的韦卓秀，柳州工学院的甘晓璟，华蓝设计（集团）有限公司的韦汉强，广西壮族自治区建筑科学研究设计院的郭建文等对本书提出的建议，同时感谢南宁职业技术学院数字云社成员的支持与帮助。

本书难免有不足之处，希望能得到广大专家读者的指正。我们衷心希望本书能为数字化手绘从业者和爱好者提供一些有益的启示和指导；通过本书，读者能学习到实用并契合工作需要的数字化手绘技能，对工作有所帮助；同时，希望本书能为数字化绘画艺术的发展做出一些贡献。如果大家在学习过程中需要我们的帮助或者有更好的建议，可以通过微信号 Ym798868、QQ 号 648825010 与作者联系。

张　龙

2023 年 5 月

C O N T E N T S 目录

模块1 室内设计数绘软硬件

项目① 搭建工作环境

任务1 电脑绘画硬件

1. 手绘屏与手绘板

较常用的手绘设备品牌有：WACOM、高漫、BOSTO、绘王、友基等。手绘屏与手绘板有所区别，手绘屏是通过可显示绘画内容的电子屏幕与压感笔相结合，压感笔替代鼠标在电子屏上进行操作；手绘板则是通过电子画板与压感笔相结合，压感笔替代鼠标在电子板上操控电脑屏幕。两种硬件都是通过压感笔在设备表面进行绘画操作与设置内容，手绘屏优于手绘板，手绘屏可实现“手、眼”的完美结合，绘制的内容在手绘屏上呈现效果，比传统笔纸构思方案更加高效，更易于交流与修改优化。

设备配置高低不同，挑选时主要了解设备压感系数等，压感系数越高，反应越灵敏，更能够保证线条的流畅和饱满，有效地消除画手的烦恼，同学们酌情选择符合自己使用习惯的设备，按照购买品牌安装要求进行安装使用，常用设备安装分三步。

第一步：安装驱动

下载手绘屏配套驱动软件，解压并找到驱动文件【exe 格式】，选择驱动文件鼠标右键单击【以管理员身份运行】，按照提示完成驱动安装。

第二步：连接设备

购买设备标配有手绘屏、数据线、压感笔等，用配套数据线将电脑与手绘屏相连接，如图 1-1 所示。

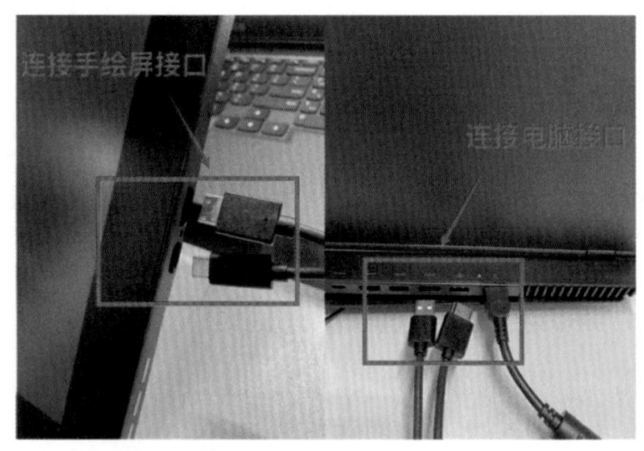

图 1-1 设备连接图

第三步：设备调试

打开驱动文件，按照购买设备调试原理进行调试，校准笔与屏绘画同步，设置笔的压感与敏感度。

（注：压力和敏感度是控制绘画时用力和画面反应的数值设置，每个人绘画力度和敏感度都不一样，调试数值后进入到 SketchBook 软件进行绘画测试，如绘画手感理想，记住设置数值即可。）

2. 平板电脑

并不是所有的平板电脑都能用于电脑手绘，首先，平板电脑要自带手绘笔或支持手绘笔功能；其次，需要平板电脑的性能高，流畅不卡顿。平板电脑设备本身已匹配好，不像手绘屏还要与电脑进行连接与设置，下载绘画软件就可以进行绘画创作，本书以 Procreate2021 Ipad（平板电脑）应用为例进行讲解。

任务 2　绘画软件安装

SketchBook 软件具有透视辅助等强大功能，Photoshop 软件具有色彩与后期处理等强大功能，两个软件共同作业，相互结合用于台式电脑绘画表现；Procreate 软件功能较全面，直接用于平板电脑绘画表现。

SketchBook 和 Photoshop 软件版本较多，版本越高，功能越强，对台式电脑性能要求也越高。可根据电脑性能配置，自行安装不同版本。该软件版本虽不同，但软件的操作命令和快捷键一致；不同版本，界面有少许的变化。本书在讲解过程中会配合快捷键一同讲解，快捷键操作命名在符号【】中，有利于学习和记忆。

1. SketchBook 软件

SketchBook 具有较强的绘线辅助功能：透视设置、曲线设置、画笔设置等。在室内设计板块中，用 SketchBook 能单独完成平面线稿、立面线稿、空间透视线稿、概念图线稿等创意构思与线稿方案表现，以及简单的色彩色块处理。

1）软件解压

下载 SketchBook 软件安装包到电脑硬盘（C 盘除外），鼠标右键单击【SketchBook8.7.1.0Win64.exe】压缩包，选择【解压到“SketchBook_8.7.10_Win64\”（E）】，如图 1-2 所示。

2）软件运行

打开解压后的文件夹，选择 setup 文件单击鼠标右键，选择【以管理员身份运行】，如图 1-3 所示。

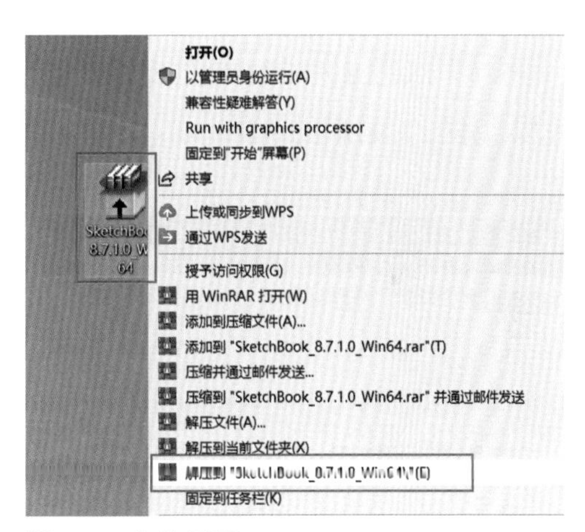

图 1-2　文件解压

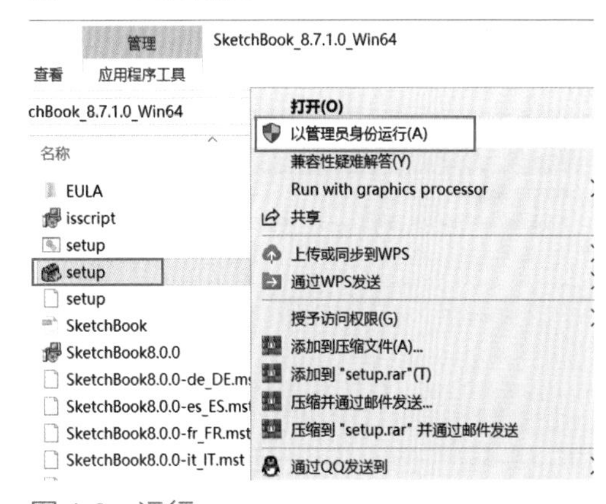

图 1-3　运行

3）软件安装

(1) 解压完成，弹出窗口，选择【我接受】，再单击【下一步】，如图 1-4 所示。

(2) 等待安装，安装中弹出窗口，点击【下一步】，如图 1-5 所示。

(3) 点击【更改】，设置软件安装位置（可直接将 C 盘改为常用安装软件的硬盘，如 D 盘），设置完成点击【下一步】，如图 1-6 所示。

(4) 弹出窗口，选择需要关联的文件类型，建议选择【全部】，点击【下一步】，如图 1-7 所示。

(5) 点击【安装】，如图 1-8 所示。

(6) 点击【完成】，软件安装设置完成，如图 1-9 所示。

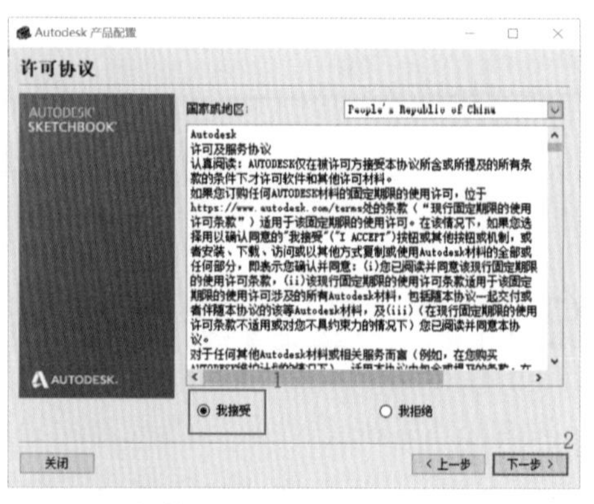

图 1-4　安装 1

图 1-5　安装 2

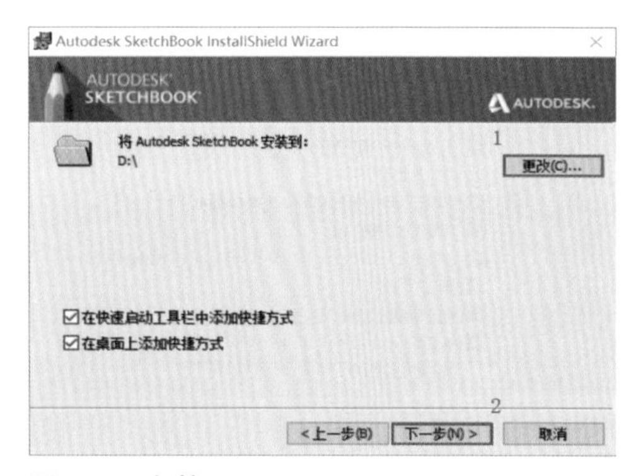

图 1-6　安装 3

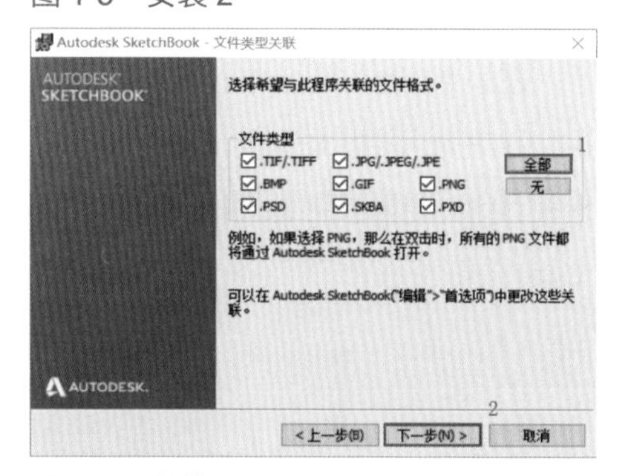

图 1-7　安装 4

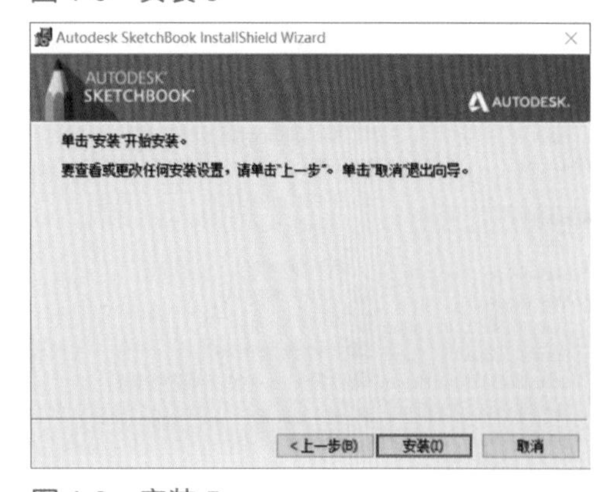

图 1-8　安装 5

图 1-9　完成安装

2. Photoshop 软件

Photoshop，简称 PS，用途广泛，可用于建筑、室内、景观等设计效果图后期修饰及平面设计、UI 设计、海报设计、摄影照片设计、图标 logo 制作等。Photoshop 软件版本较多，基于高校教学设施配置、机房设备参差不齐，以及个人设备配置情况，本书选择 Photoshop CS5 版本，对硬件要求较为友好。本书讲解大量使用快捷键，快捷键在【】里面，快捷键通用于不同版本的 Photoshop 操作。

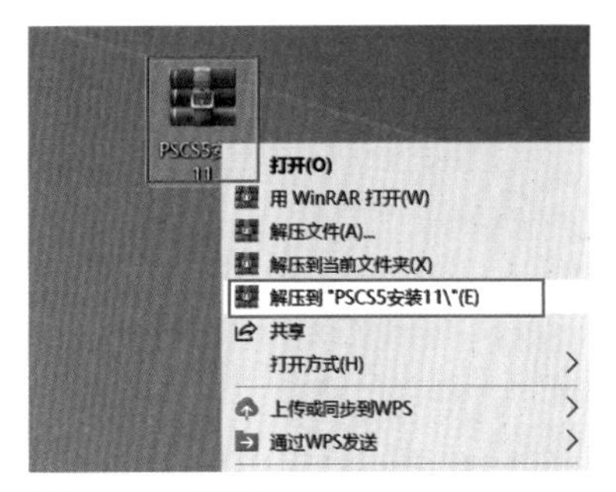

图 1-10　解压

1）软件解压

下载软件安装包到电脑硬盘，选择安装包 Photoshop CS5，单击鼠标右键选择【解压到“PhotoshopCS5 安装 11\”（E）】，如图 1-10 所示。

图 1-11　运行

2）软件运行

解压完成后，双击打开解压后的文件夹，选择【QuiskSetup】，鼠标右键单击【以管理员身份运行（A）】，如图 1-11 所示。

3）软件安装

弹出窗口，点击【安装】，如图 1-12 所示。

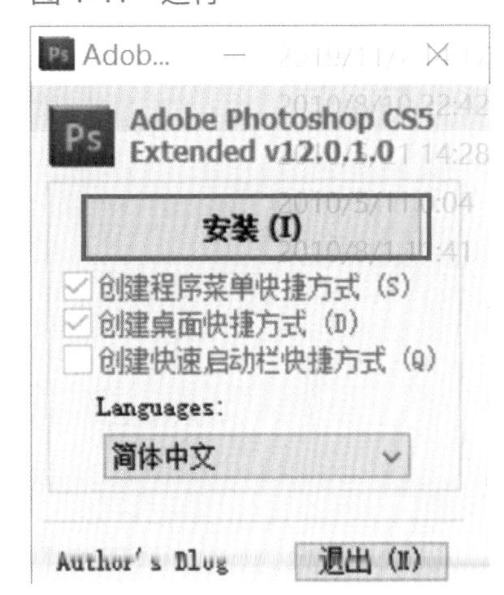

图 1-12　安装

4）完成安装

安装完后，弹出窗口，点击右上角【×】，完成安装，如图 1-13 所示。

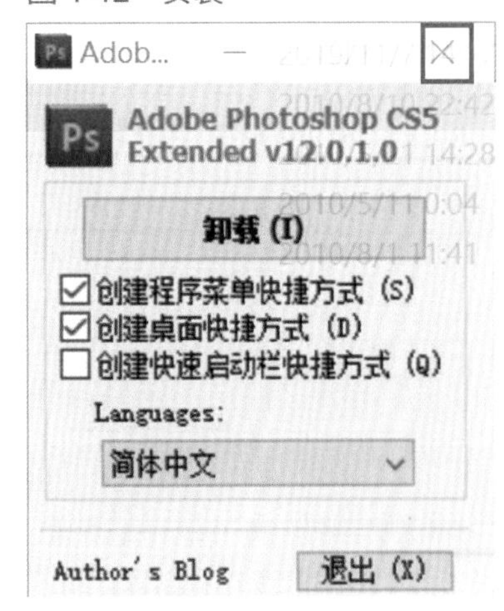

图 1-13　完成

3. Procreate 软件

Procreate 是基于平板设备与手绘笔进行绘画创作的软件平台，功能非常强大，可用于各种类型绘画创作，包含室内平面、立面、空间、概念等多种效果手绘表现，体现了 Procreate 强大的辅助功能和画笔效果，下面就室内设计手绘表现进行操作介绍。Procreate 软件界面如图 1-14 所示。

打开 Ipad 中的 App Store，搜索 Procreate，完成付费后点击获取，系统自动安装完成，如图 1-15 所示。

图 1-14 软件界面

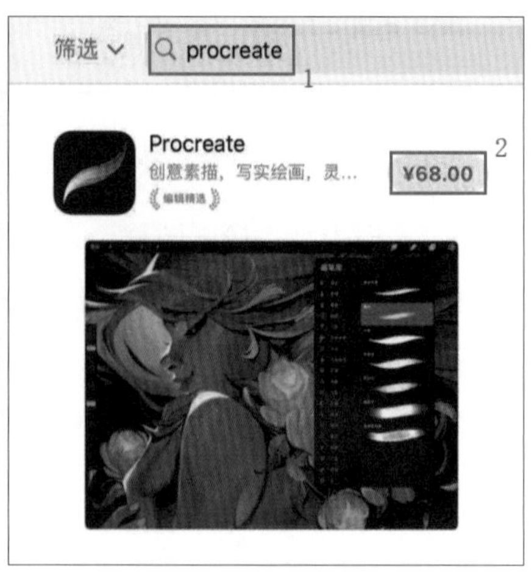

图 1-15 下载

项目② 软件通识操作

任务 3 SketchBook 软件介绍

SketchBook 软件介绍与使用 • 微课二维码

1. SketchBook 菜单栏介绍

菜单栏由文件、编辑、图像、窗口等组成，包含了软件操作、设置的大部分功能，以下就 SketchBook 软件涉及室内方向手绘表现常用操作进行详细讲解。

1）文件——新建【Ctrl+N】

点击【文件】，选择新建【Ctrl+N】，即可创建一个新的空白画布，如图 2-1 所示。

2）文件——打开【Ctrl+O】

点击【文件】，选择打开【Ctrl+O】，选择需要打开的文件，再点击【确定】，即可打开 TIF 原始文件或选择中的其他素材文件，如图 2-2 所示。

3）文件夹——保存【Ctrl+S】

点击【文件】，选择保存【Ctrl+S】，设置保存文件的位置，备注文件名称与文件格式，

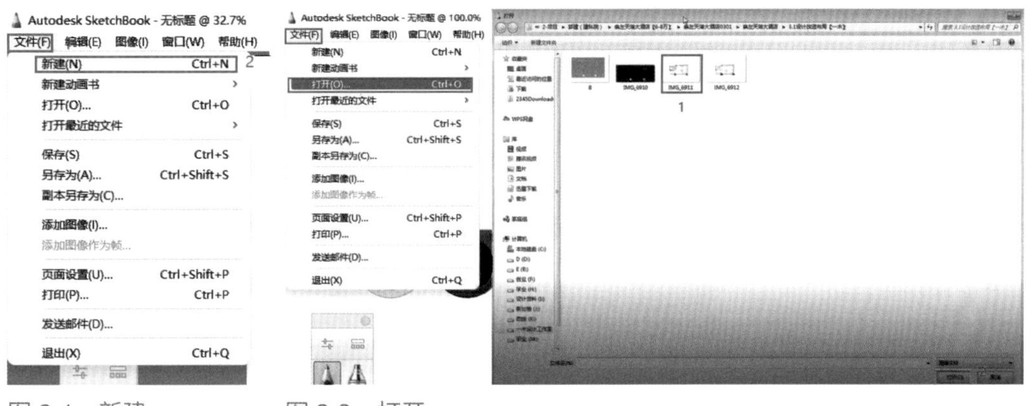

图 2-1　新建　　　　图 2-2　打开

再点击【保存】，将绘制的文件保存于对应位置，对应文件类型格式，如图 2-3 所示。

（注：通常将文件保存为 SketchBook 软件原始文件 TIF 格式。）

4）文件——另存为【Ctrl+Shift+S】

点击另存为【Ctrl+Shift+S】，选择另存的位置，修改另存备份文件名称及格式，再点击【保存】，如图 2-4 所示，会在原有文件的基础上新增一份文件。

（注：另存为可以是将现有文件进行备份，也可以是将现有文件换一种新的文件格式存储，用于其他软件打开本绘制内容，如 PSD 格式用于 Photoshop 软件打开。）

5）编辑——撤销【Ctrl+Z】

点击【编辑】，选择撤销【Ctrl+Z】，或点击红色箭头图标（图 2-5 中标注 1）进行撤销，绘错的步骤就会取消，点击一次取消一次，如图 2-5 所示。

6）编辑——重做【Ctrl+Y】

点击【编辑】，点击重做【Ctrl+Y】，或点击绿色箭头图标（图 2-6 中标注 1）进行重做，撤销的内容会复原，如图 2-6 所示。

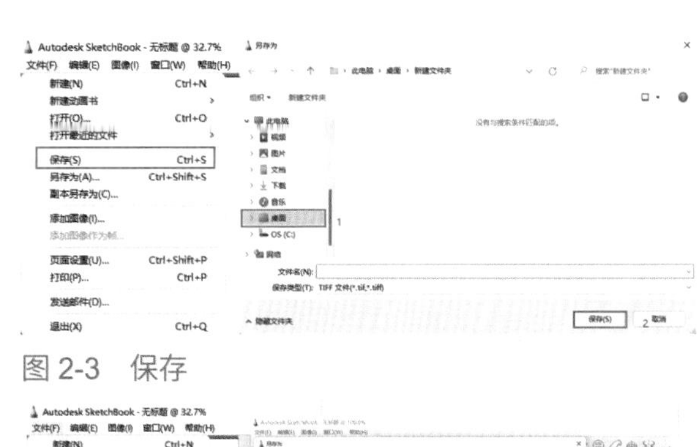

图 2-3　保存

图 2-4　另存

7）编辑——剪切【Ctrl+X】

使用选取工具（W、L、M 等），创建选区，点击【编辑】，选择剪切【Ctrl+X】，选区内容被剪切，如图 2-7 所示。

8）编辑——复制【Ctrl+C】和粘贴【Ctrl+V】

使用选取工具（W、L、M 等），

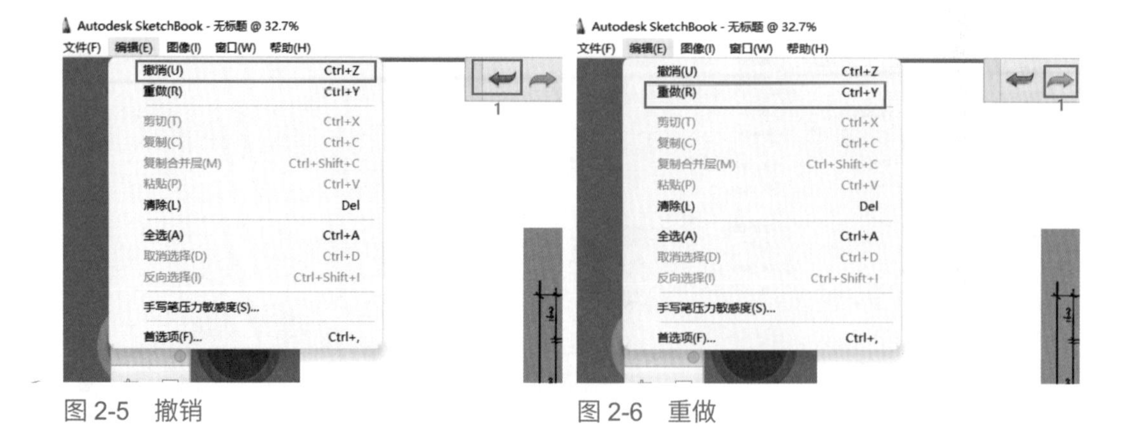

图 2-5 撤销　　图 2-6 重做

创建选区，点击【编辑】，选择复制【Ctrl+C】，选择内容被复制，再选择粘贴【Ctrl+V】，复制内容或者剪切内容粘贴在画布中，如图 2-8 所示。

9）编辑——清除【Delete】

选择图层，点击【编辑】，选择清除【Delete】，图层内所有内容将被清除，只保留一个空白图层；使用选区工具（W、L、M 等）选择需要去掉的内容，点击【编辑】，选择清除【Delete】，选区内的内容将被清除，如图 2-9 所示。

10）编辑——取消选择【Ctrl+D】

创建的选区不再需要，选择【编辑】，点击取消选择【Ctrl+D】，选择区域就会自动消失，如图 2-10 所示。

11）编辑——反向选择【Ctrl+Shift+I】

使用选区工具，将椅子选择出来，虚线围绕椅子，当需要选择除椅子外的其他所有内容时，选择【编辑】，点击反向选择【Ctrl+Shift+I】，椅子以外的画布内容被选中，此时画布边缘多出一条虚线，虚线内的内容被选中，如图 2-11 所示。

12）编辑——画布设置

点击【编辑】，选择首选项，在弹出的首选项面板点击【画布】，完成以下设置：

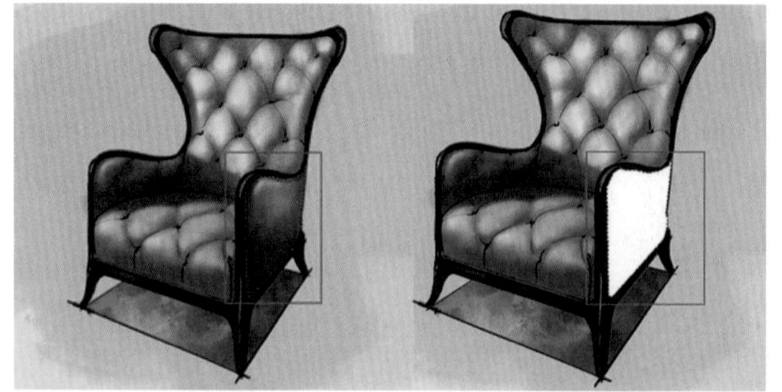

图 2-7 剪切

图 2-8 复制粘贴

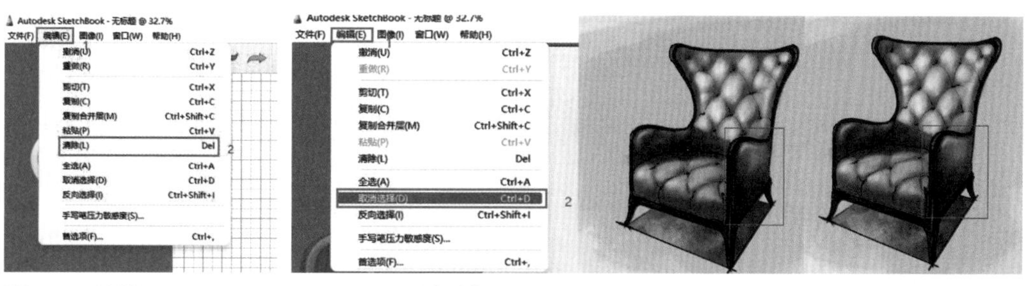

图 2-9　清除　　图 2-10　取消选择

图 2-11　反向选择

取消“使用窗口的宽度和高度”勾选，设置单位为毫米，宽度：420，高度：297，分辨率：200 ～ 300 像素 / 英寸，如图 2-12 所示。

（注：①绘画过程中先设置画布大小，再选择文件——新建，设置画布参数信息才会出现在操作区域，不新建画布则设置无效；②宽度高度绘画常用 A3 画布大小；③分辨率使用 250 为佳，绘制使用的铅笔粗细更容易掌握画面线的变化。）

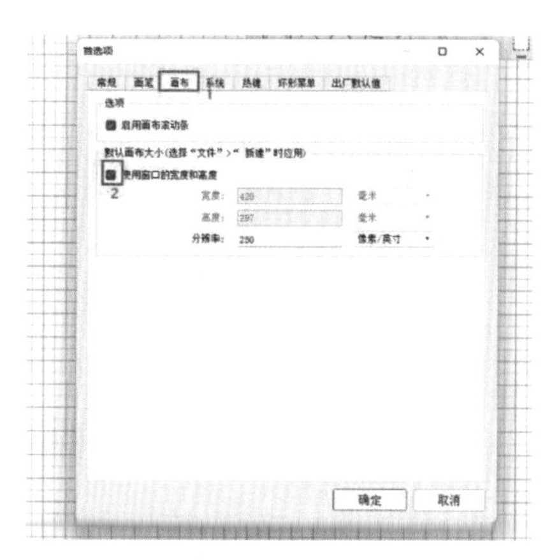

图 2-12　画布设置

13）图像

操作前，先了解画布、图层、图像三个名称的区别。画布是指创建的 A3 画布及画布区域内的所有内容（包含图层、图像），可以进行镜像（画布整体左右对换）和垂直翻转（画布整体上下对换）；图层是指在图层栏创建的多个图层中选中的一个图层，可以让一个图层内的所有内容完成镜像和垂直翻转；图像是图层里面的内容，全部图像形成画布，可以进行逆时针和顺时针方向旋转，如图 2-13 所示。

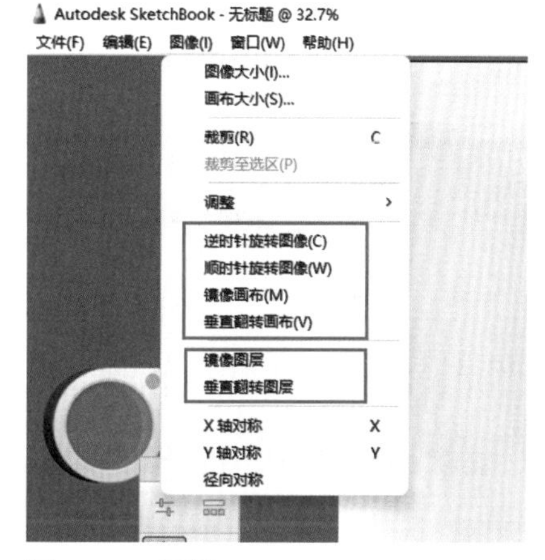

图 2-13　图像

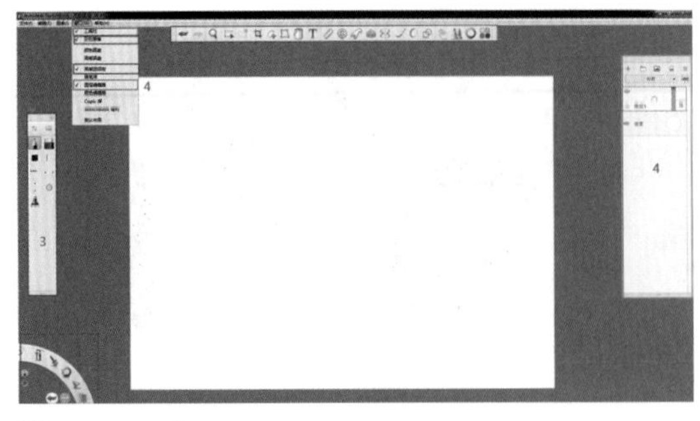
图 2-14 窗口

14）窗口

点击【窗口】，按照使用习惯勾选设置操作界面，常用设置有工具栏、环形菜单、画笔选项板、图层编辑器，勾选后弹出对应面板，移动面板放置在合适位置，进行绘画辅助，如图 2-14 所示。

2.SketchBook 操作界面

操作界面是个性化定制而成的，由 A3 画布、工具栏、画笔选项板、图层编辑器等组合而成，取决于个人绘画习惯与设置。

1）画笔选项板——笔的属性

点击画笔属性，弹出画笔属性面板，可调节硬度 / 大小、不透明度，如图 2-15 所示。

（注：调节画笔大小，我们常用快捷键进行放大缩小，“【”键缩小画笔“】”键放大画笔；画笔从 4H 到 14B，与绘画铅笔效果相同。）

2）画笔选项板——画笔库

点击【画笔库】，弹出画笔库面板，可将常用画笔拖拽到【基本】里面，就直接会显示在左侧画笔选项板，如图 2-16 所示。

3）画笔选项板——笔的加载

如图 2-17 所示，画笔从图中标注 1 处拖到标注 2 处，导入画笔集，在弹出的文件夹中选择需要导入的笔刷，加载进 SketchBook 画笔库。

（注：导入笔刷常为家具单体、陈设品等内容的平面立面笔刷，可有效丰富室内画面效果，线稿主要使用铅笔和橡皮即可完成绘制，再通过一些特制笔刷处理画面效果。）

4）画笔选项板——笔的切换【S】

在画笔选项板中，连续单击两种画笔工具（铅笔和橡皮），可通过快捷键【S】

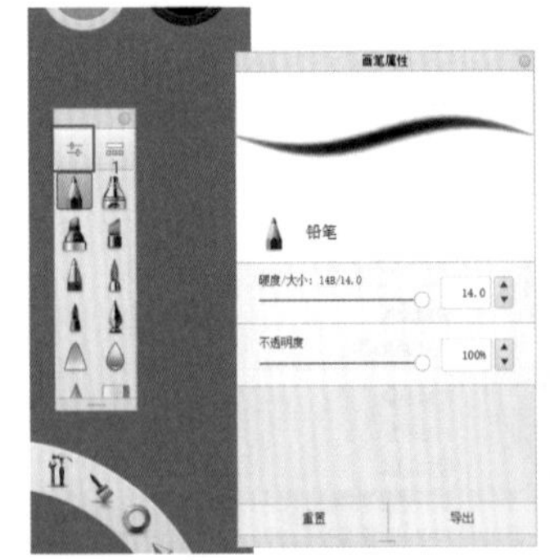
图 2-15 画笔属性

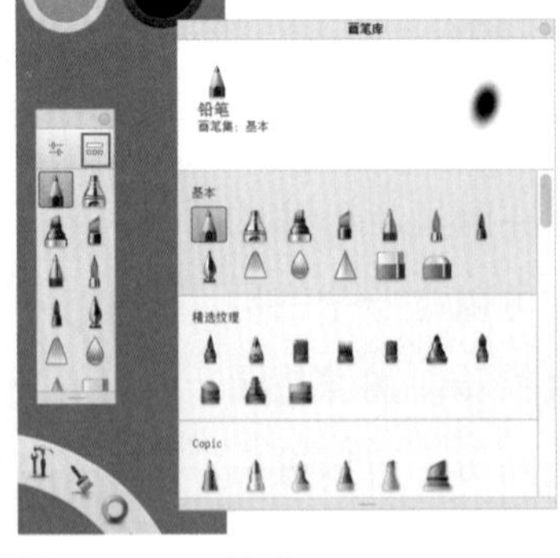
图 2-16 画笔库

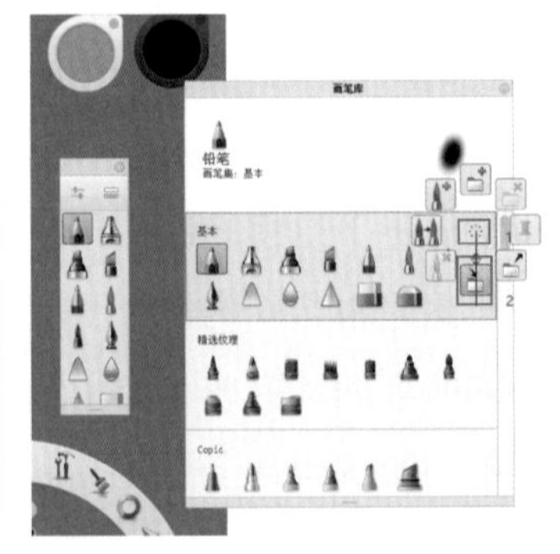
图 2-17 笔的加载

进行画笔切换，如图 2-18 所示。

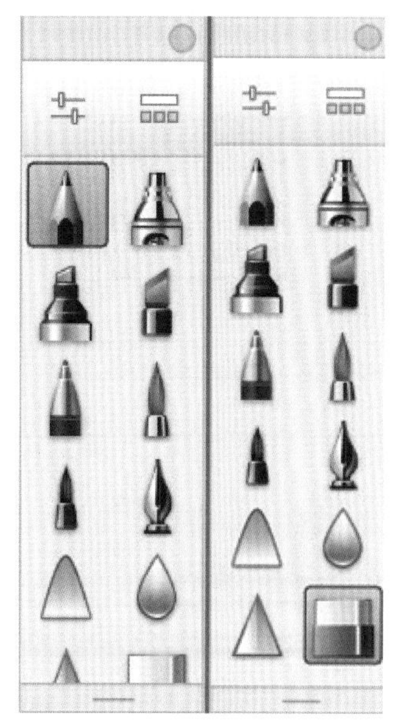

图 2-18　笔的切换

5）工具栏——缩放 / 旋转 / 移动画布【空格键】

点击工具栏缩放 / 旋转 / 移动画布【空格键】，如图 2-19 所示，图中标注 1—放大缩小；标注 2—旋转方向；标注 3—移动位置。

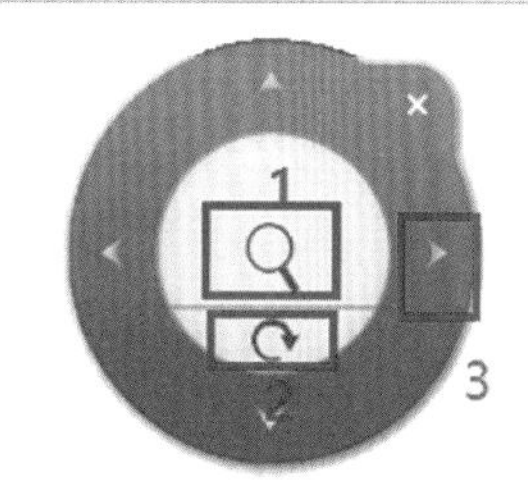

图 2-19　缩放 / 旋转 / 移动画布

6）工具栏——选择【M】

点击选择【M】，用于创建内容选区。如图 2-20 所示，选择形式有：

标注 1—矩形【M】；标注 2—椭圆；标注 3—套索【L】；标注 4—多段线；标注 5—魔棒【W】。选区增减方式有：

标注 6—替换原有选区；标注 7—增加【Shift】；标注 8—减选【Alt】；标注 9—反转【Ctrl+Shift+I】；标注 10—取消选择【Ctrl+D】。

7）工具栏——裁剪【C】

点击裁剪【C】，选择画布的一个区域进行裁剪，画布即只显示此区域，如图 2-21 所示。

8）工具栏——快速变换【V】

点击快速变换【V】，如图 2-22 所示，图中标注 1—整体等比例缩放大小；标注 2—上下变形缩放；标注 3—移动位置；标注 4—旋转方向，可以将选中的内容进行缩放、

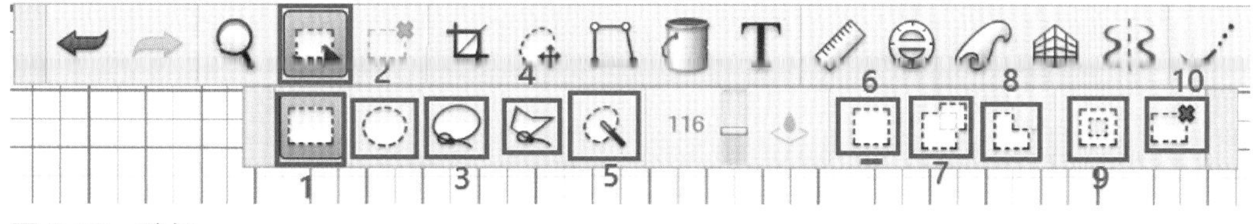

图 2-20　选择

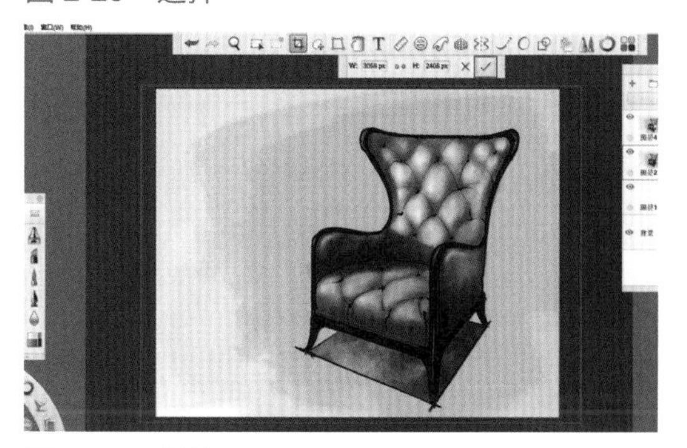

图 2-21　裁剪

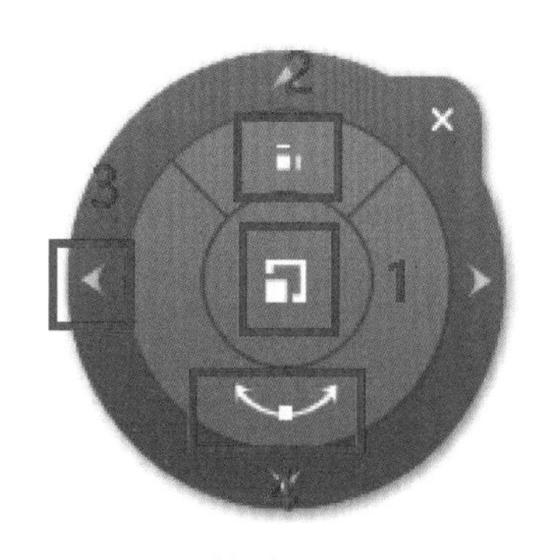

图 2-22　快速变换

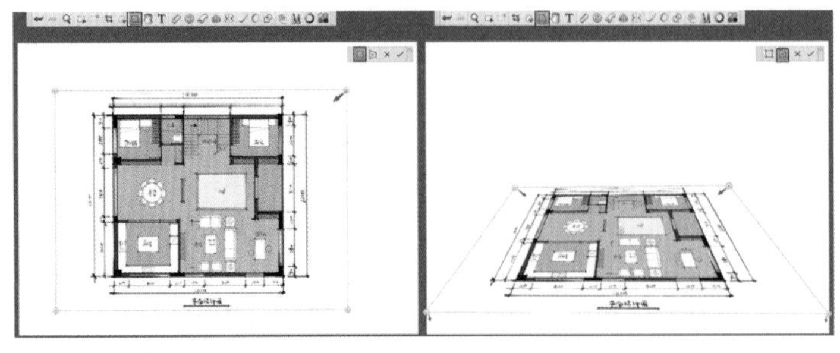
图 2-23　变换

移动、旋转。

9）工具栏——变换

选择变换，点击缩放，画笔按住控制点可缩放图形，如同时按住【Shift】为等比例缩放；点击扭曲，可控制四边点设置透视角度，并通过中间控制点设置内容倾向，如图 2-23 所示。

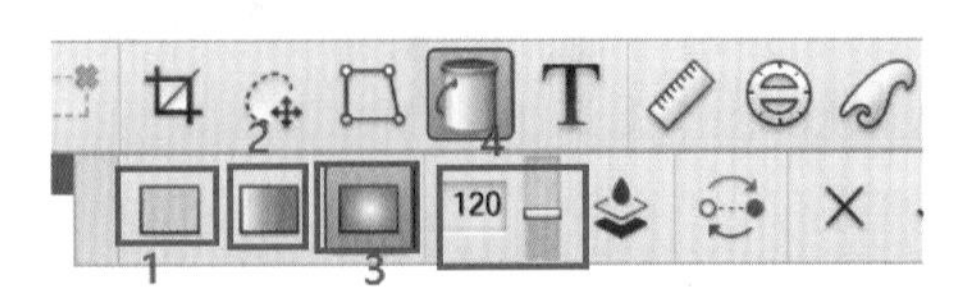

图 2-24　填色

10）工具栏——填色

点击填色，如图 2-24 所示，图中标注 1—实边填充；标注 2—线性渐变填充；标注 3—径向渐变填充；标注 4—容差。

（注：容差是填充拾取边缘线的精细值，值越大，则边缘填充越完整；值过大，则填充区域将不受所绘区线稿域控制。）

图 2-25　添加文本图层

11）工具栏——添加文本图层

点击添加文本图层，在面板中输入文字内容，选择字体内容后可调整字体样式、大小、颜色等，点击【确定】，如图 2-25 所示。

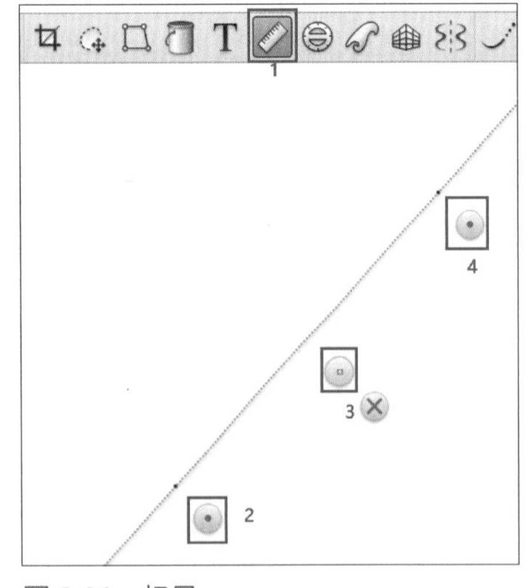

图 2-26　标尺

12）工具栏——标尺【R】

点击标尺【R】，如图 2-26 所示，图中标注 2 和标注 4—标尺方向控制点；标注 3—标尺移动控制点，沿着标尺可以绘制直线。

13）工具栏——椭圆【E】

点击椭圆【E】，如图 2-27 所示，图中标注 2—上下调整椭圆度数；标注 3—旋转椭圆角度；标注 4—关闭椭圆；标注 5—缩放椭圆大小；标注 6—移动椭圆，可以结合设置的椭圆虚线进行椭圆绘制。

14）工具栏——曲线板【F】

点击曲线板【F】，如图 2-28 所示，图中标注 2—更换曲线板类型；标注 3—左右对换；标注 4—旋转；标注 5—关闭；标注 6—缩放；标注 7—移动，可以选择曲线板对应曲线弧度绘制曲线。

15）工具栏——透视导向工具【P】

点击透视导向工具【P】，如图 2-29 所示，图中标注 2—一点透视模式；标注 3—二点透视模式；标注 4—三点透视模式；标注 5—鱼眼模式；标注 6—捕捉 / 取消捕捉；标注 7—锁定 / 取消锁定终止点；标注 8—显示 / 隐藏水平线。

（注：一点透视用于绘制平面立面图及室内一点透视，两点透视用于绘制室内两点透视与设置室内一点斜透视。透视的设置与使用，详见本书透视原理部分。）

16）工具栏——对称

点击对称，Y 轴对称【Y】，在参考线左侧绘制内容，右侧自动生成同样的内容；X 轴对称【X】，在参考线上方绘制内容，下方自动生成同样的内容；径向对称，先设置径向数，在某根线一侧绘制内容，所有线的同侧都会自动生成绘制内容，在中心线处延伸 / 不显示笔迹，可以控制所绘线是否可以绘制到参考线的另一端显示，如图 2-30 所示。

17）工具栏——稳定笔迹

点击稳定笔迹，稳定距离 0 ~ 200，通过设置不同的稳定距离来辅助曲线跟踪距离，达到徒手绘制大曲线，如图 2-31 所示。

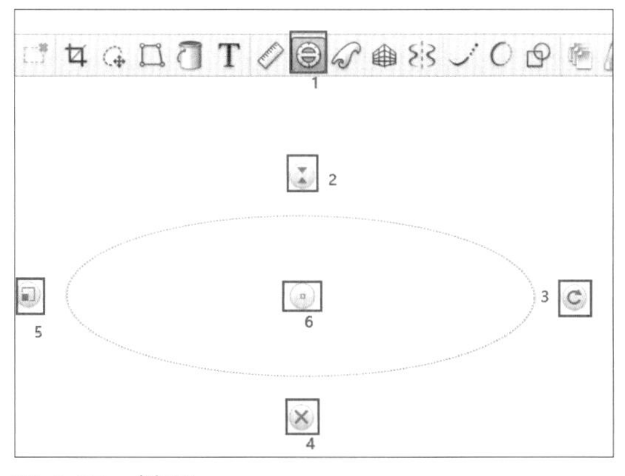

图 2-27　椭圆

图 2-28　曲线板

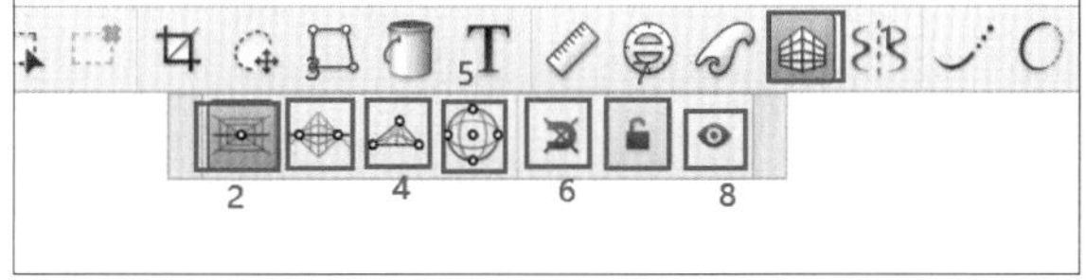

图 2-29　透视导向工具

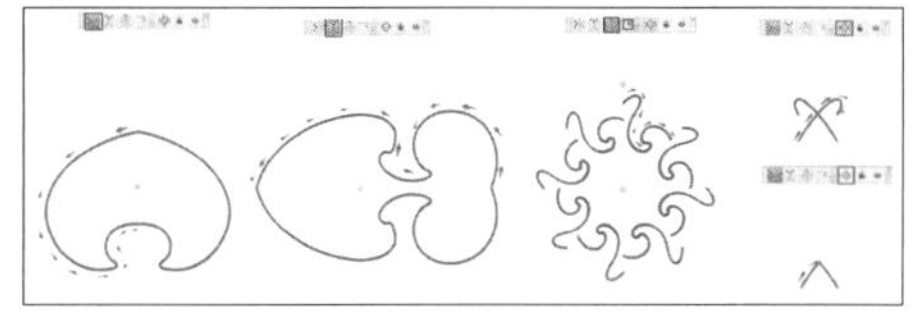

图 2-30　对称

18）工具栏——预测笔迹【Q】

点击预测笔迹【Q】，曲线级别1～5，设置曲线级别数值，可以控制绘制线辅助圆滑度效果，通过折线绘制了解参数效果，如图2-32所示。

（注：级别设置为2～3时，绘制物体转角效果最佳。）

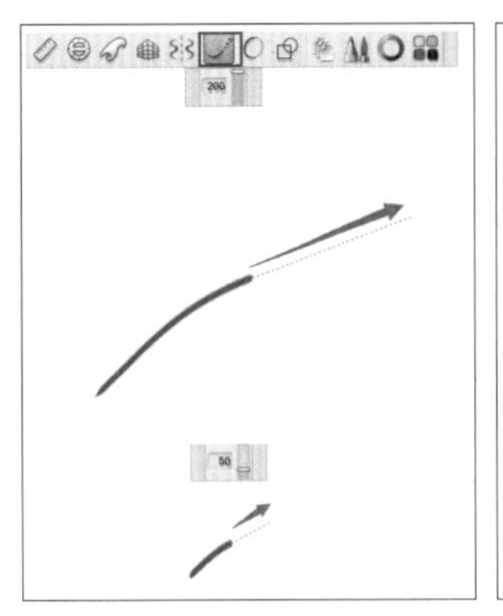

图2-31　稳定笔迹

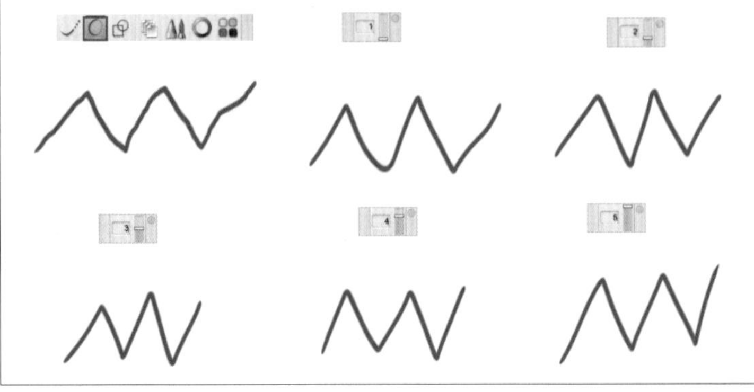

图2-32　预测笔迹

19）工具栏——绘制样式

点击绘图样式，如图2-33所示，图中标注2—线；标注3—矩形；标注4—椭圆；标注5—多段线。

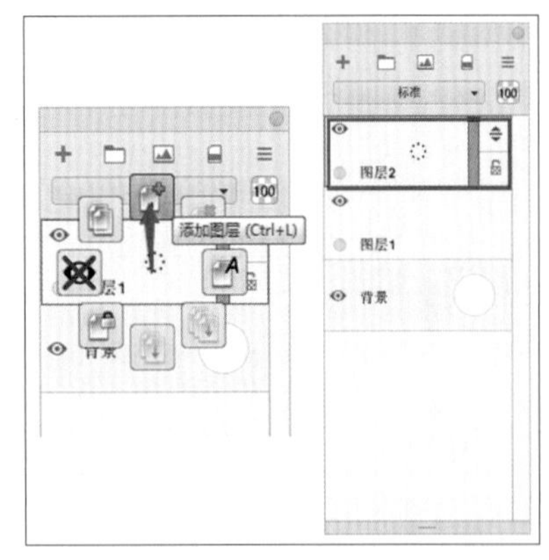

图2-33　绘制样式

图2-34　添加图层

（注：绘制椭圆时按住【Shift】键，可以绘制正圆。）

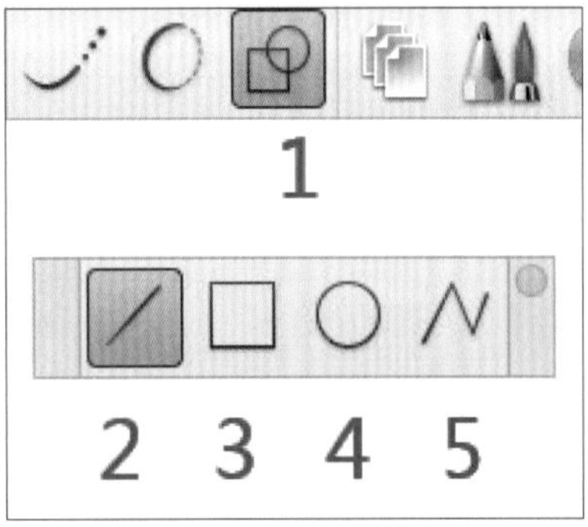

20）图层编辑器——添加图层【Ctrl+L】

点击添加图层【Ctrl+L】，会在选择的图层上方新增加一个空白的图层，图层名称也是依次增加，如图2-34所示。

（注：图层是一个单独的个体，对绘制的内容进行保存，每个图层都可以进行编辑处理、绘制内容、设置样式、调整透明度等。通过图层上下重合、效果叠加，以此达到创作创意目标，呈现画面空间效果。）

21）图层编辑器——添加图像

点击【添加图像】，弹出【打开】，选择需要添加的照片文件，点击【打开】，图层上方新增图像图层，图像也在画布中，并附有快速变形，可移动、旋转、缩放图像后关闭，完成添加图像，如图2-35所示。

22）图层编辑器——清除【Delete】

点击清除【Delete】，选中的图层内容会被全部清空，当前图层变为空白图层，如图 2-36 所示。

23）图层编辑器——隐藏图层

点击图层左上角的小眼睛，打开为图层可见，关闭为图层不可见，如图 2-37 所示。

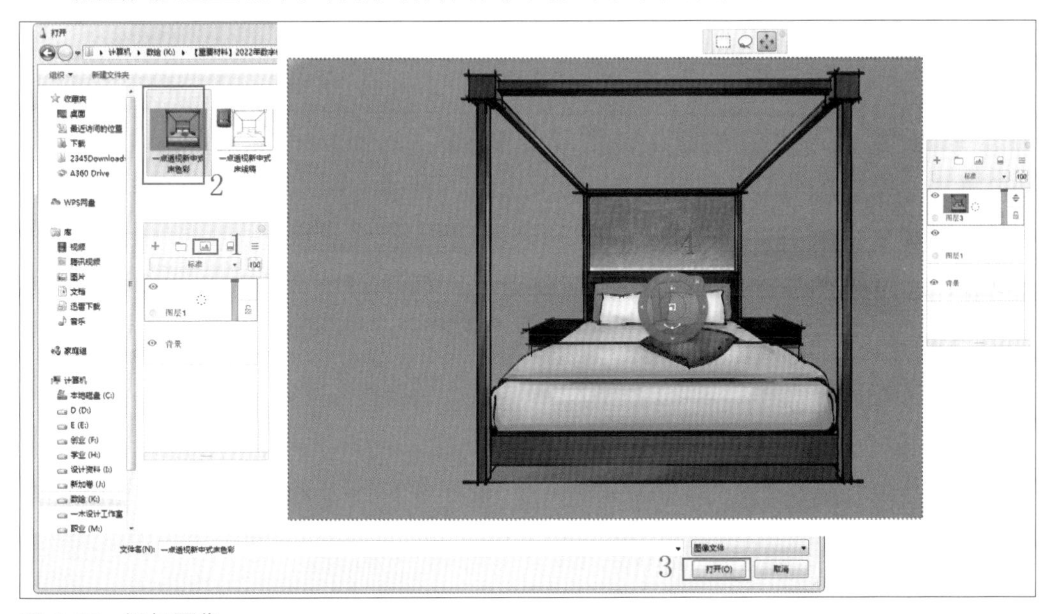

图 2-35　添加图像

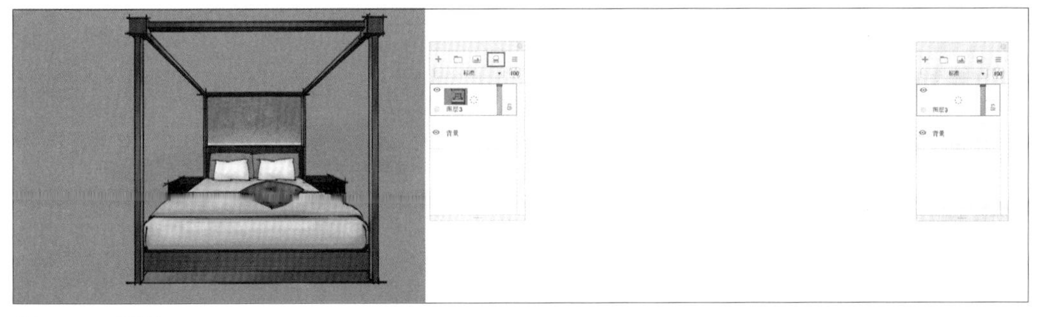

图 2-36　清除

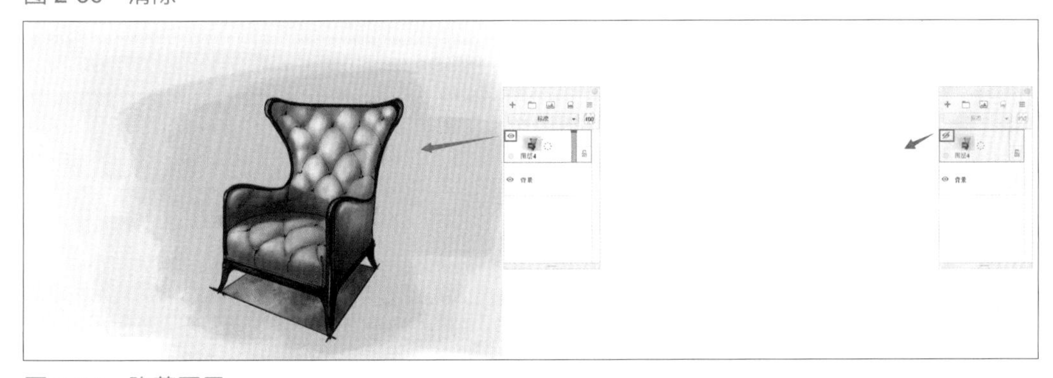

图 2-37　隐藏图层

24）图层编辑器——透明度

上下拖动设置透明度，透明度 100% 表示物体 100% 可见，透明度 50% 表示物体 50% 可见，如图 2-38 所示。

25）图层编辑器——复制图层

长按图层中间虚线圆，移动至复制图层，选择图层即复制出一个同样内容的图层，如图 2-39 所示。

26）图层编辑器——合并图层

移动图层，将需要合并的两个图层放置于一起，选择上方图层中间虚线圆，移动至合并下一图层【Ctrl+E】，内容图层内容合并；移动图层，将不需要合并的图层移动至合并图层上方，选择合并的上方图层中间虚线圆，移动至合并所有图层，此图层以下所有图层合并为一个图层，如图 2-40 所示。

27）图层编辑器——删除图层

长按图层中间虚线圆，移动至删除图层，选中的图层即被删除，如图 2-41 所示。

28）图层编辑器——添加图层

长按图层中间虚线圆，移动至添加图层，会在本图层上方新建一个空白图层，如图 2-42 所示。

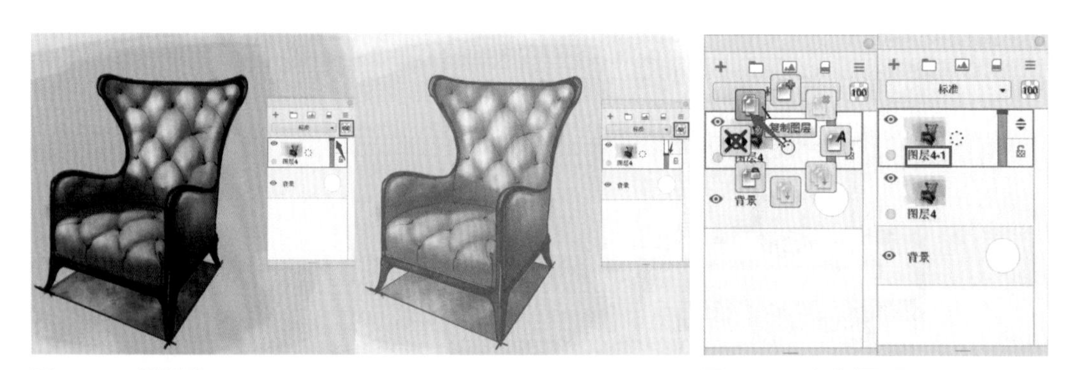

图 2-38　透明度

图 2-39　复制图层

图 2-40　合并图层

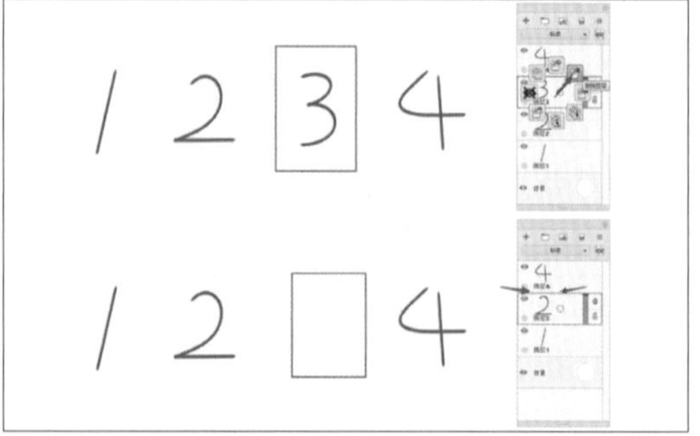

图 2-41　删除图层

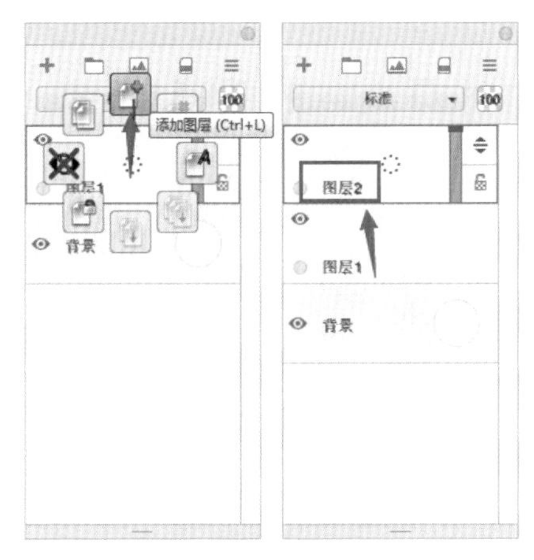

图 2-42　添加图层

29）图层编辑器——图层模式

图层模式默认为标准模式，将图层模式设置为正片叠底，正片叠底就是直接过滤白色的背景，将不是白色的内容在背景上做一个叠加，如图 2-43 所示。

（注：图层模式很多，绘制线稿过程中，常用正片叠底隐藏图层中不需要的白色区域，或进行材质叠合做效果。）

SketchBook 常用快捷键列表及使用指南如表 2.1 所示。

表 2.1　SketchBook 常用快捷键列表及使用指南

序号	命令	快捷键	详解	序号	命令	快捷键	详解
1	复制	Ctrl+C	选择一个物体，操作复制 / 剪切命令，选中物体被复制或剪切，在使用粘贴将复制 / 剪切内容粘贴在画布上	18	标尺	R	直线辅助尺
	剪切	Ctrl+X		19	椭圆	E	不规则圆规尺
	粘贴	Ctrl+V		20	曲线版	F	弧线辅助尺
2	新建	Ctrl+N	创建一个新画布，新文件	21	透视导向工具	P	打开关闭透视辅助
3	打开	Ctrl+O	打开文件	22	Y 轴对称	Y	竖向左右对称绘画辅助
4	保存	Ctrl+S	将新文件保存到电脑硬盘，或修改文件后保存修改内容	23	X 轴对称	X	横向上下对称绘画辅助
5	撤销	Ctrl+Z	返回上一步操作	24	预测笔迹	Q	设置轨迹绘制曲线
6	重做	Ctrl+Y	不小心撤销错了，返回到原步骤	25	添加图层	Ctrl+L	创建一个新的空白图层
7	清除	Delete	清除选中的内容	26	添加组	Ctrl+G	
8	全选	Ctrl+A	选择所有内容	27	反向选择	Ctrl+Shift+I	绘制选区后，选择选区以外的其他内容
9	取消选择	Ctrl+D	取消选区及内容	28	变换		图形扭曲与变形
10	裁剪	C	调整画布大小	29	页面设置	Ctrl+Shift+P	
12	放大 / 旋转 / 移动画布	空格键（按住）		30	与下一图层合并	Ctrl+E	
13	移动、缩放、旋转图层	V（按住）		31	颜色拾色器	I	拾取参考颜色，用于颜色编辑器
14	矩形选区	M		32	布满视图	Ctrl+0（零）	
15	套索	L	自由绘制选区内容	33	调整画笔	【	调大
						】	调小
16	魔棒	W	按照色彩容差自动识别选区内容	34	画笔切换	S	在选择的两种画笔间切换
17	取消选择	Ctrl+D	取消创建的选区	—	—	—	—

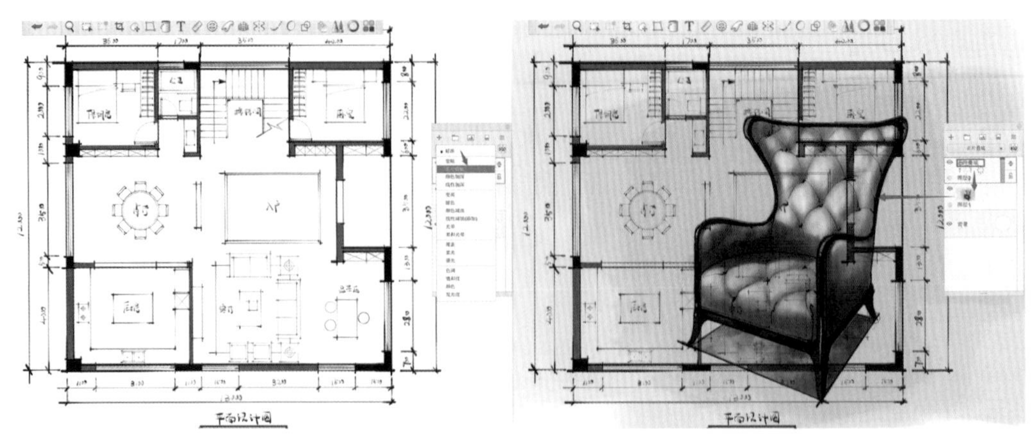

图 2-43　图层模式

任务 4　Photoshop 软件介绍

Photoshop 软件设置与使用 • 微课二维码

1. Photoshop 菜单栏使用介绍

打开 Photoshop CS5，菜单栏在屏幕上方，分类罗列出操作内容与设置，常用文件、编辑、图像、选择、滤镜、窗口等，如图 2-44 所示。

1）文件——新建【Ctrl+N】

点击文件，选择新建【Ctrl+N】，弹出新建面板后对文件名称进行命名，设置画布为 A3 大小，宽度 420，高度 297，单位为毫米，分辨率 250 ~ 300 像素 / 英寸为佳，确定创建画布，如图 2-45 所示。

2）文件——打开【Ctrl+O】

点击文件，选择打开【Ctrl+O】，在弹出的打开面板中选择需要打开的文件，点击【打

图 2-44　菜单栏

开】，即可在 Photoshop 软件内进行编辑，如图 2-46 所示。

（注：文件类型默认为所有格式，我们也可以打开选择对应的文件格式如 Photoshop 格式，显示内容全部为 Photoshop 文件。）

3）文件——最近打开文件

点击文件，选择【最近打开文件（T）】，能看到最近打开过的文件，可以直接选择对应文件打开，如图 2-47 所示。

4）文件——存储【Ctrl+S】

新建的文件或修改过的文件，都应及时进行存储，点击文件，选择存储【Ctrl+S】，设置文件存储路径，点击【保存】，如图 2-48 所示。

（注：绘画过程中要经常性保存，以免文件丢失。常保存为 PSD、JPG、PNG、TIF 等格式。）

5）文件——存储为【Shift+Ctrl+S】

点击文件，选择存储为【Shift+Ctrl+S】，在弹出的【存储为】面板中，可修改文件名称、路径、文件格式，点击【保存】，在原有文件基础上新增备份一个新文件，如图 2-49 所示。

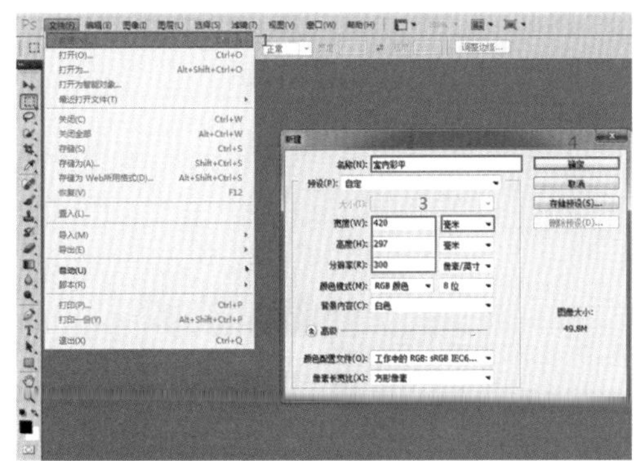

图 2-45　新建

图 2-46　打开

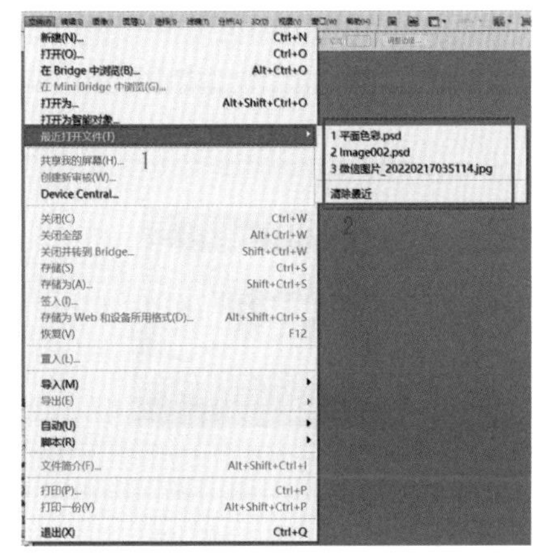

图 2-47　最近打开文件

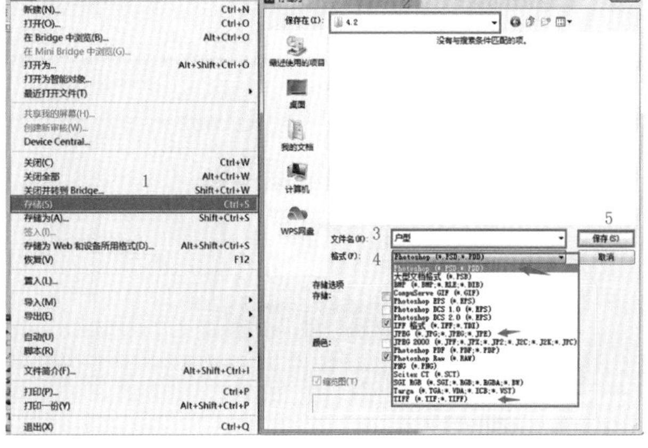

图 2-48　存储

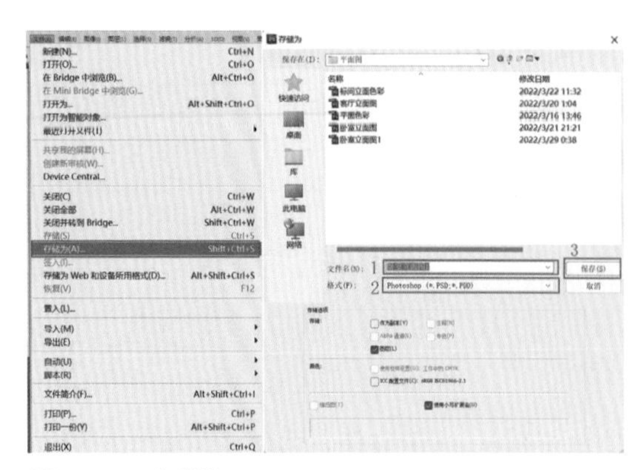
图 2-49 存储为

6）编辑——后退一步【Ctrl+Z】

将图片背景换为白色，如撤销此步操作，点击【编辑】，选择后退一步【Ctrl+Z】，此操作将会被撤销，图像就会恢复为原来的效果，如图 2-50 所示。

7）编辑——前进一步【Shift+Ctrl+Z】

当需要恢复被撤销的白色背景时，点击【编辑】，选择前进一步【Shift+Ctrl+Z】，图片就会恢复到白色背景效果，如图 2-51 所示。

8）编辑——剪切【Ctrl+X】

使用选区工具（W、L、M），创建选区，点击【编辑】，选择剪切【Ctrl+X】，选区内容被剪切，如图 2-52 所示。

9）编辑——拷贝【Ctrl+C】/ 粘贴【Ctrl+V】

框选或选择某个区域，点击【编辑】，选择拷贝【Ctrl+C】，选择内容被复制一

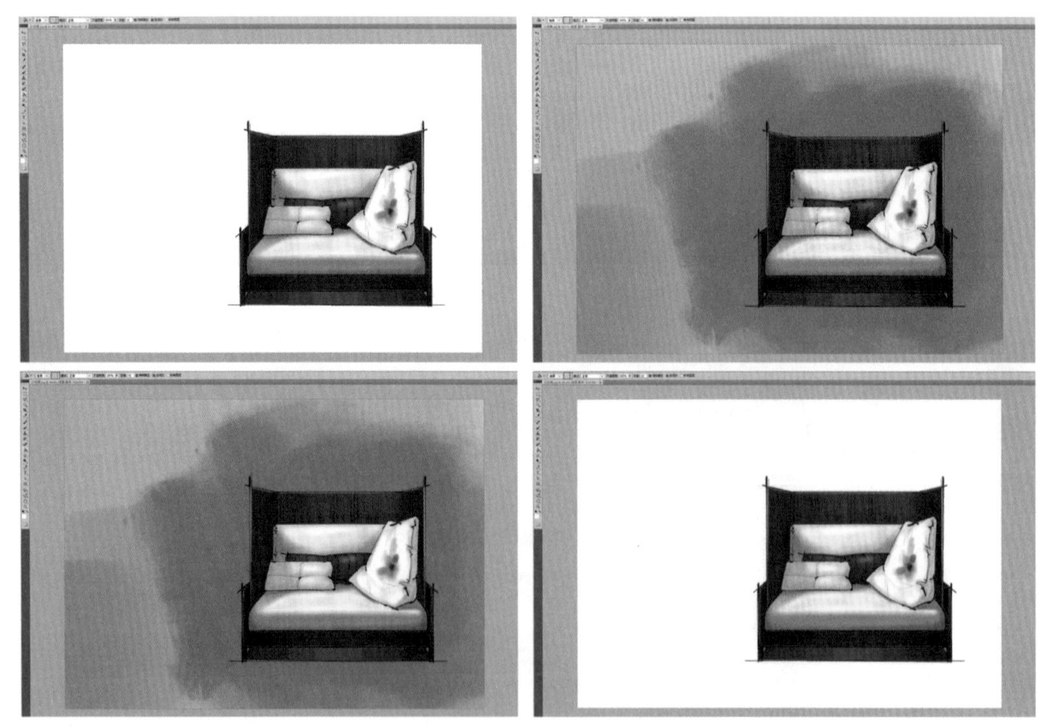
图 2-50 后退一步　　图 2-51 前进一步

份在系统后台；当选择粘贴【Ctrl+V】，选择拷贝的内容被复制粘贴在画布中，如图 2-53 所示。

10）图像——模式

点击图像，设置图像显示效果，RGB 常用于设备阅览模式，CMYK 常用于印刷打印模式，如图 2-54 所示。

11）图像——亮度 / 对比度

点击图像，选择调整，点击亮度 / 对比度，弹出亮度 / 对比度面板，点击预览，亮度是人对光的强度的感受，对比度是图像中最亮的白色和最暗的黑色之间的差异程度，拉动亮度 / 对比度横杆进行调整，点击【确定】，如图 2-55 所示。

（注：工具栏中图层里面的亮度 / 对比度、色阶等设置，是对选中的图层进行优化调整，当需要对多个图层内容进行统一亮度 / 对比度、色阶等进行调整时，则点击图层栏下方创建新的填充或调整图层，创建设置图层进行调整，设置图层下方所有图层都受影响。）

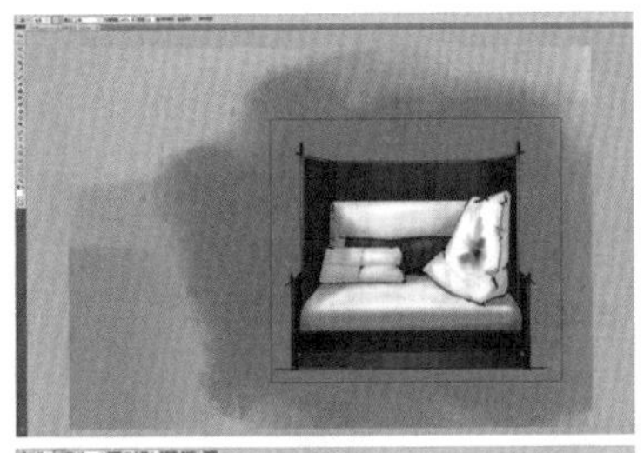
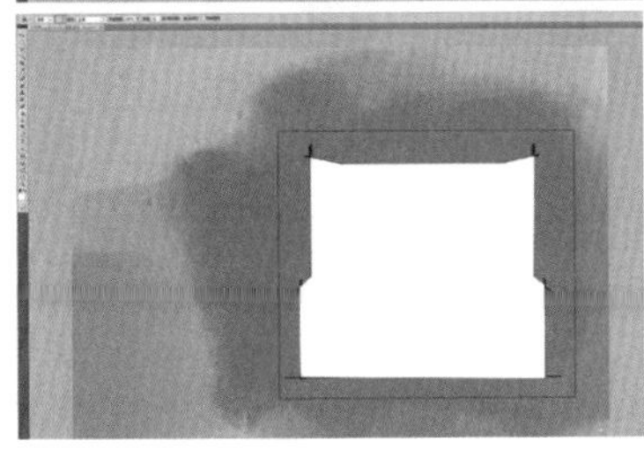

图 2-52　剪切

图 2-53　拷贝 / 粘贴

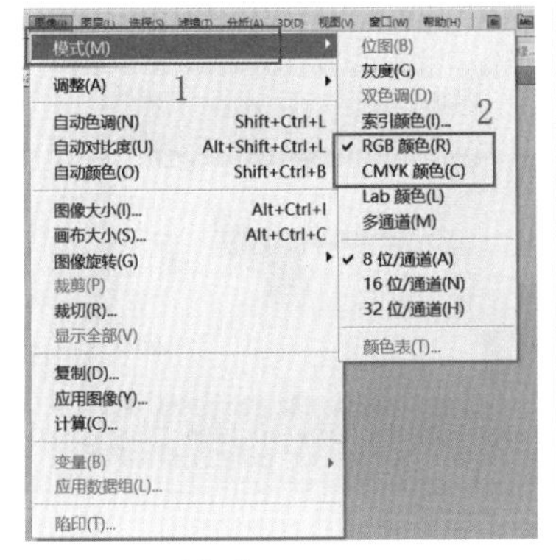

图 2-54　模式

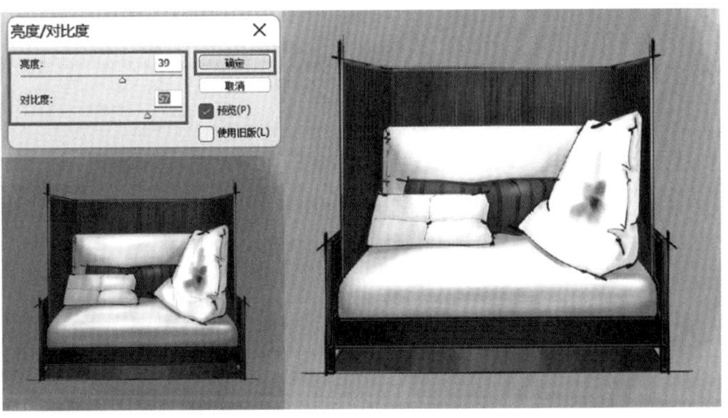

图 2-55　亮度 / 对比度

12）图像——色阶【Ctrl+L】

点击图像，选择调整，点击色阶【Ctrl+L】，弹出色阶调整面板，打开预览，黑色箭头控制画面最低亮度，白色箭头控制画面最高亮度，灰色箭头是中间调，调整色阶控制点进行调整，点击确定，如图 2-56 所示。

13）图像——曲线【Ctrl+M】

点击图像，选择调整，点击曲线【Ctrl+M】，弹出曲线面板，曲线向上等于提亮，曲线向下等于压暗，移动或增加控制点设置曲线进行调整，点击确定，如图 2-57 所示。

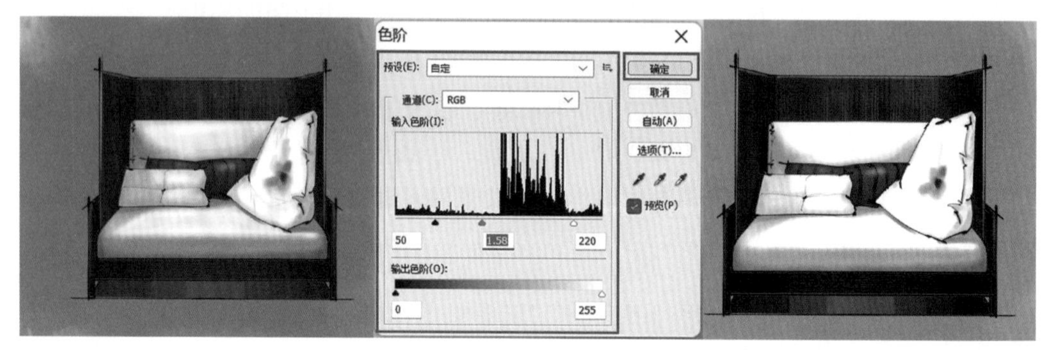

图 2-56 色阶

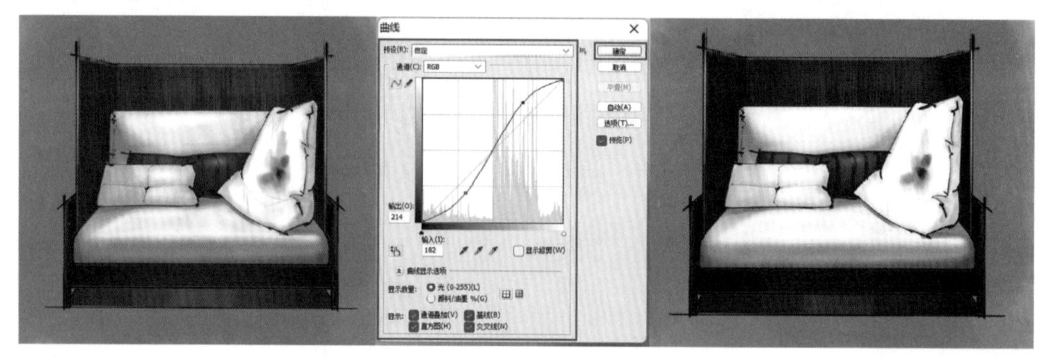

图 2-57 曲线

14）图像——自然饱和度

点击图像，选择调整，再点击自然饱和度，弹出自然饱和度面板，饱和度控制照片中所有色彩的鲜艳程度。自然饱和度更加智能，会优先增加颜色较淡区域的鲜艳程度，优化整个画面，拖动控制点进行调整，点击确定，如图 2-58 所示。

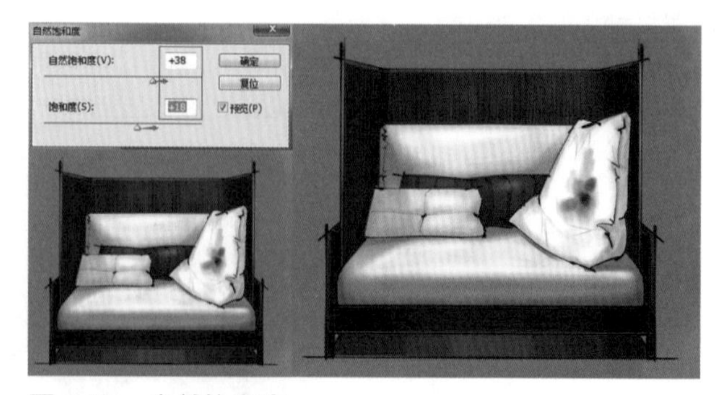

图 2-58 自然饱和度

15）图像——色相 / 饱和度【Ctrl+U】

点击图像，选择调整，再点击色相 / 饱和度【Ctrl+U】，弹出色相 / 饱和度面板，色相控制和改变颜色固有色彩，饱和度是色彩的鲜艳程度，明度代表的就是光线亮度，拖动控制点进行调整，如图 2-59 所示。

16）图像——色彩平衡【Ctrl+B】

点击图像，选择调整，再点击色彩平衡【Ctrl+B】，弹出色彩平衡面板，拖动横杆进行调整，点击确定，如图 2-60 所示。

17）选择——取消选择【Ctrl+D】

绘画中创建的选区，如不再需要，点击取消选择【Ctrl+D】，即可取消选区与选择，如图 2-61 所示。

（注：如需隐藏选区虚线，但保留选区内容，可使用快捷键【Ctrl+H】隐藏 / 显示选区。）

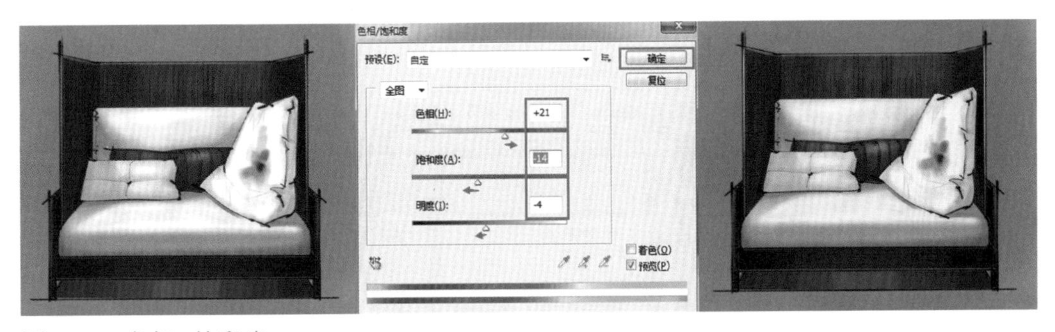

图 2-59　色相 / 饱和度

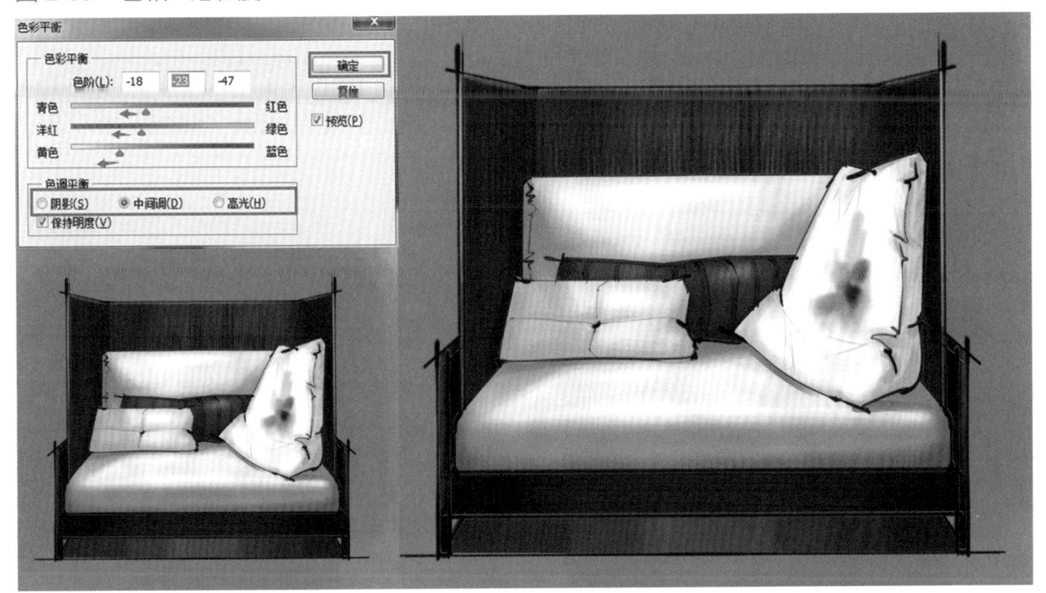

图 2-60　色彩平衡

18）选择——反向选择【Shift+Ctrl+I】

选取对应内容后，点击反向选择【Shift+Ctrl+I】，选区反向选择其他未选中内容，如图 2-62 所示。

19）滤镜——模糊

把图 2-62 沙发背景进行模糊处理，使用多边套索【L】选择沙发区域，点击反向选择【Shift+Ctrl+I】再选择滤镜，点击模糊，选择高斯模糊，通过预览设置高斯模糊数值，达到理想效果后，点击确定，如图 2-63 所示。

（注：滤镜效果种类繁多，可以边设置边预览，效果与名称描述相同，根据画面需求进行画面处理。）

20）菜单栏——窗口

在窗口功能列表中，勾选需要显示的工具，即可打开对应面板功能，如图 2-64 所示。

2. Photoshop 工具栏使用介绍

工具栏陈列绘画工具，使用工具时，画笔点击图标或键盘输入对应快捷键调出工具，

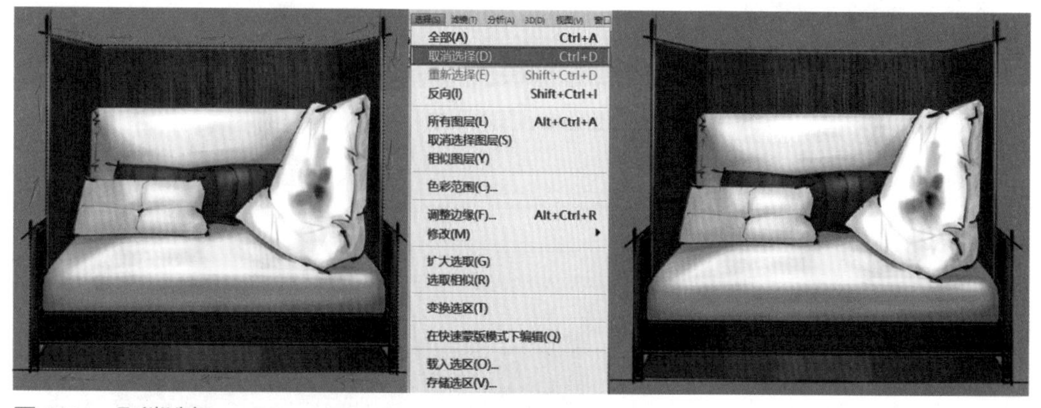

图 2-61　取消选择

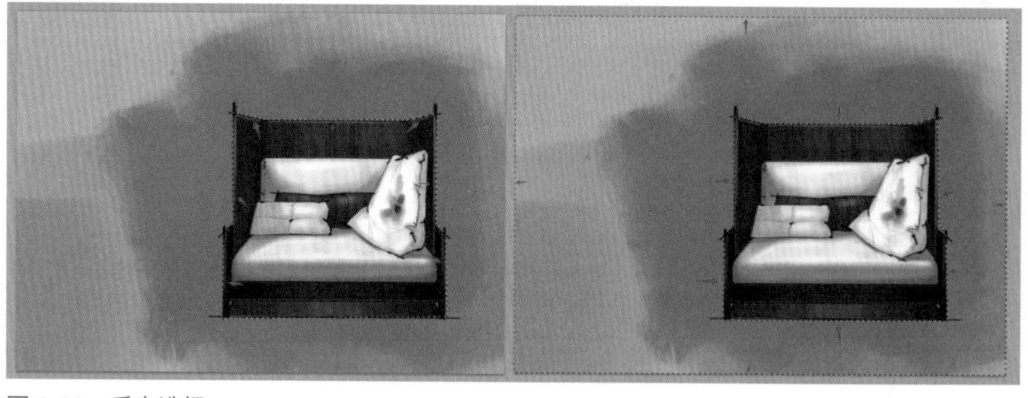

图 2-62　反向选择

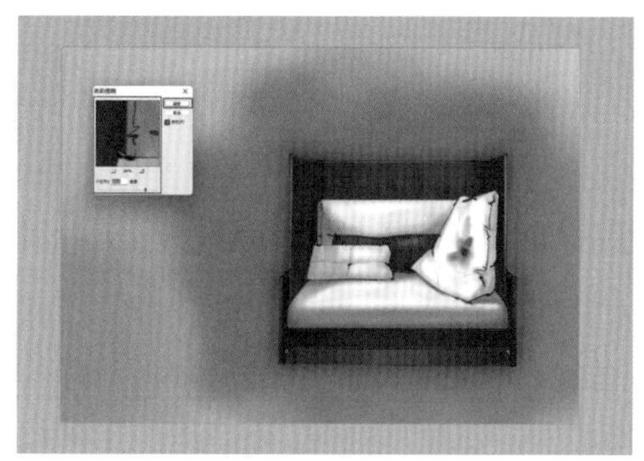
图 2-63　模糊

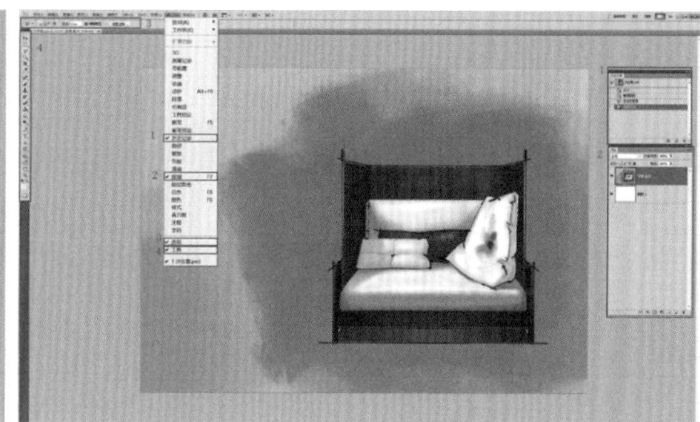
图 2-64　窗口

工具右下角如果有三角形，右键可以选择同类型其他工具，以下介绍绘画过程中的常用工具。

1）移动工具【V】

点击移动工具【V】，勾选选项面板的自动选择，即可点击任意需要移动的内容，会自动切换图层；取消自动选择，只能移动选择图层中的内容或者图像选区进行移动，如图 2-65 所示。

2）矩形框选工具【M】

选择矩形框选工具【M】，按住滑动画笔创建矩形区域，虚线框为选择的内容，如图 2-66 所示。

（注：如需要框选正方形，则按住【Shift】进行框选；如需从中心向外绘制，按住【Alt】键。创建完一个选区后，需增加选区内容，可按住【Shift】键绘制增加选区，减少原有选区区域，则按住【Alt】键绘制减少。）

3）多边套索工具【L】

点击套索工具【L】，在套索工具图标上点击右键，选择多边套索工具，多次点击套索内容，最后按下【Enter】键，自动闭合选区，如图 2-67 所示。

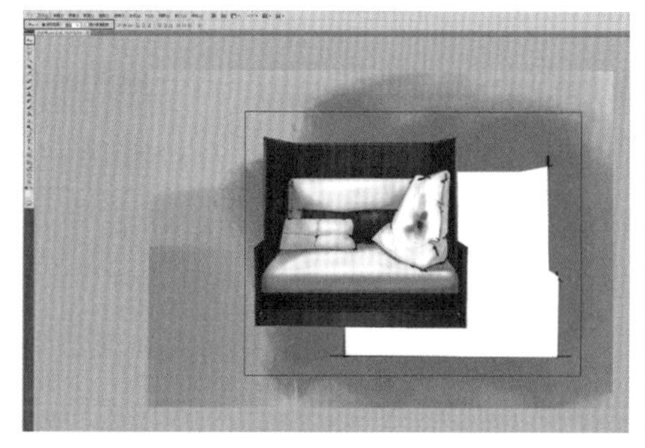
图 2-65　移动

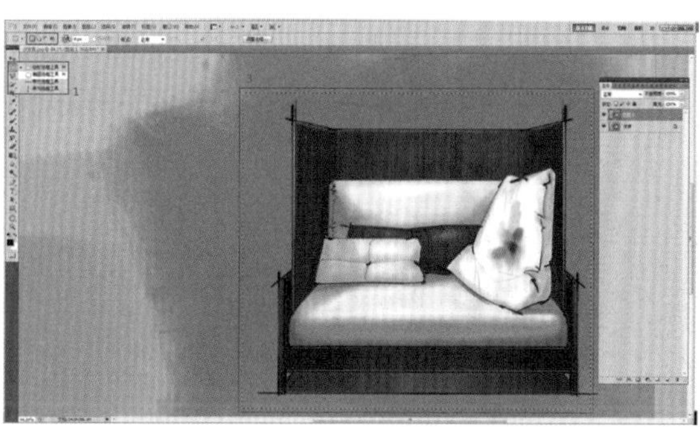
图 2-66　矩形框选

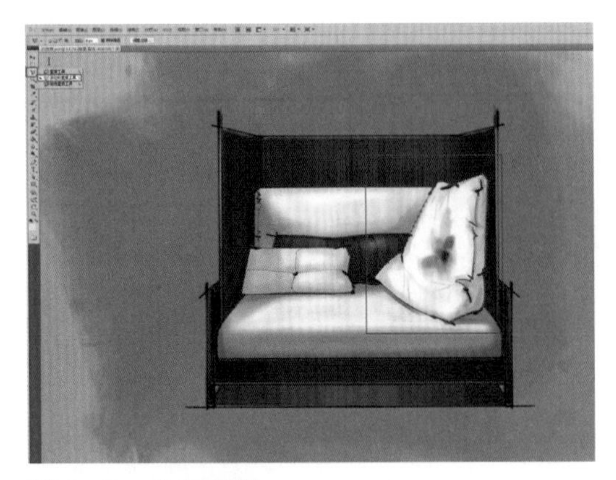

图 2-67 多边套索

图 2-68 魔法棒

图 2-69 裁剪

4）魔法棒【W】

选择魔法棒【W】，设置功能栏里的容差数值，同时勾选【连续】和【对所有图层选样】两个选项，点击图像中某个部分，即可快速对图像进行选取，虚线框内为选中的内容，如图 2-68 所示。

（注：容差数值越大，选择颜色区域就越大；反之，则区域越小。容差左侧图标是选择模式。）

5）裁剪工具【C】

选择裁剪工具【C】，框选需要保留的内容，弹出裁剪框，可按住调整点进行编辑裁剪区域，按下【Enter】键，只显示框选区域，如图 2-69 所示。

（注：常用于调整画布大小。）

6）画笔工具【B】

选择画笔工具【B】，点击右键选择使用笔刷的效果，Photoshop 自带一些笔刷效果，根据绘制内容种类，常导入加载对应画笔。点击右上角三角图标，选择替换画笔，在弹出的载入框中选择笔刷文件，点击载入，完成笔刷库替换；左大括号放大笔刷，右大括号缩小笔刷，并在选项面板设置画笔的不透明度、流量控制画笔出墨效果，结合手绘笔控制效果，如图 2-70 所示。

7）橡皮擦工具【E】

选择橡皮擦工具【E】，点击右键可以选择橡皮擦笔刷，笔刷内容与使用方法同画笔，如图 2-71 所示。

8）涂抹工具【O】

选择涂抹工具【O】，点击右键选择

笔刷，笔刷内容与使用方法同画笔，涂抹是将不同颜色通过画笔效果混合肌理，也可以用于画面瘦身，如图 2-72 所示。

（注：画笔、橡皮擦、涂抹均可使用笔刷库，选择笔刷效果进行绘制。）

9）抓手工具【H 或空格键】

按住空格键，出现一只小手图标，按住画布上下左右移动，画布内容随之移动。

10）放大缩小【Z】

选择缩放工具【Z】，出现放大镜的图标，往左下角 45°滑动缩小画面，往右上角 45°滑动放大画面，手绘笔沿箭头方向滑动放大图片，如图 2-73 所示。

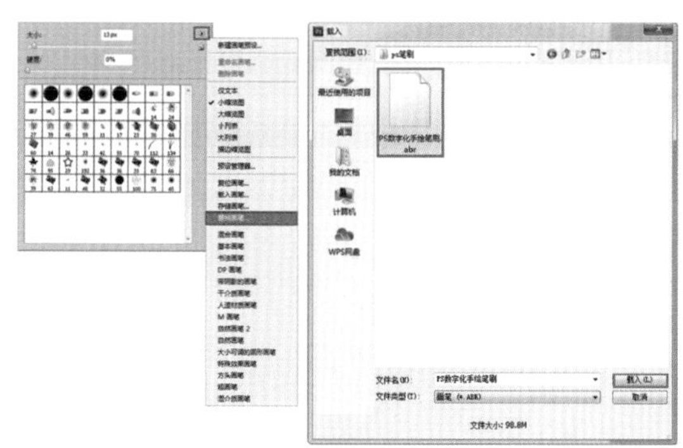
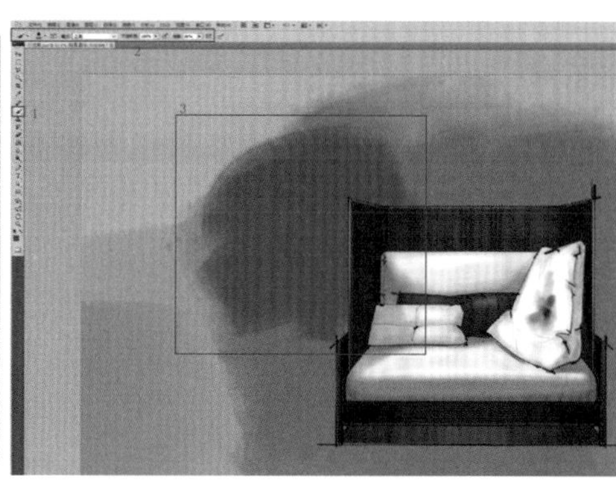

图 2-70　画笔

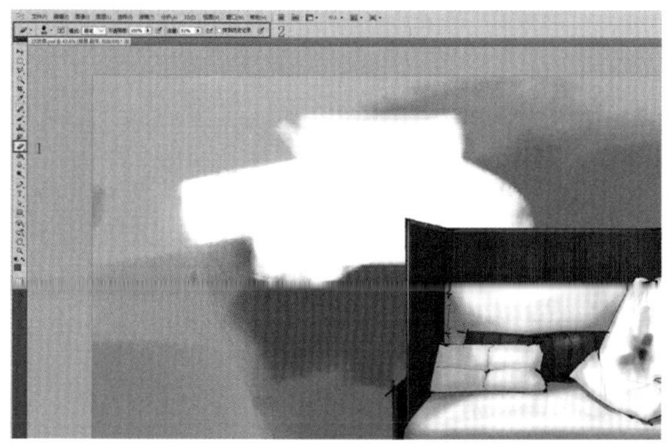

图 2-71　橡皮擦

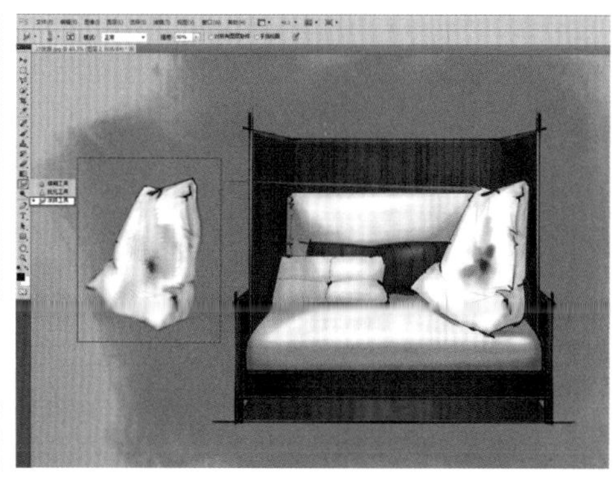

图 2-72　涂抹

图 2-73　放大缩小

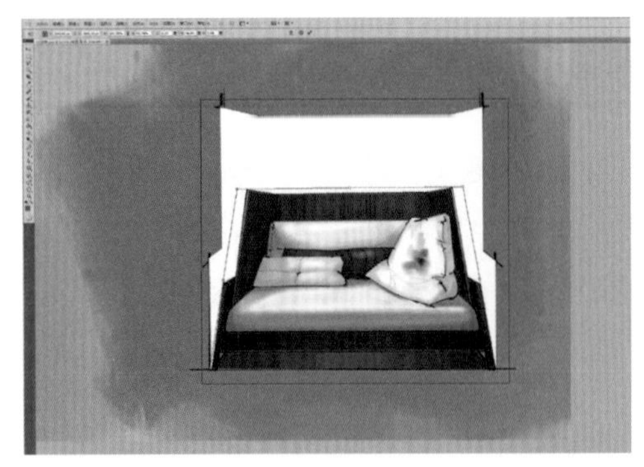

图 2-74　自由变换

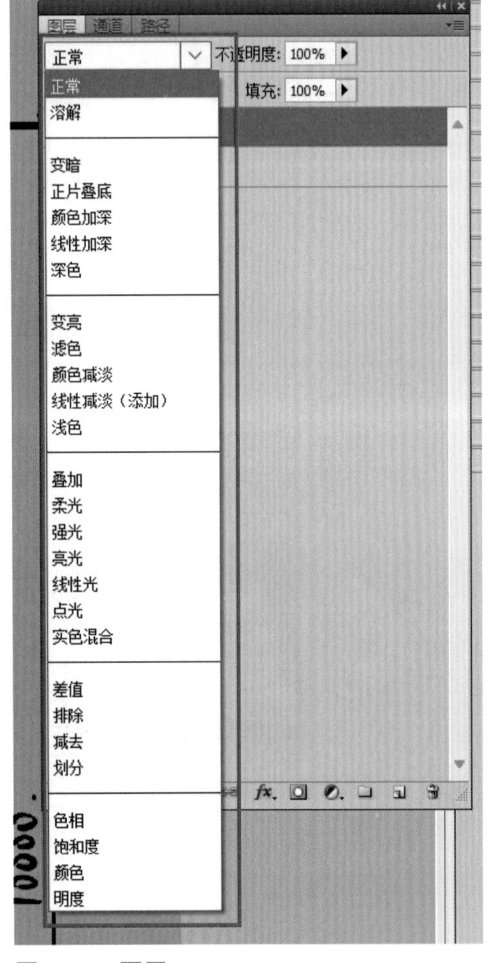

图 2-75　图层

11）自由变换【Ctrl+T】

选择变形的图像，选择编辑，点击自由变换【Ctrl+T】，移动编辑点进行调整，按住【Shift】键可以进行等比例缩放，按住【Ctrl】键可进行随意变换，如图 2-74。

3. 图层栏使用介绍

图层是将绘制的内容分层进行区域保存，多个图层叠加后呈现最终作品效果，图层可以进行缩放、绘制内容、设置样式、调整透明度等，每个图层都是单独的个体，只有在相互衬托和协作下，才会呈现完整的作品。

1）图层模式

选中一个图层，在图层工作栏中对图层模式进行设置，如图 2-75 所示。

（1）正常

每个图层最初的默认模式都为正常模式。

（2）正片叠底

选择一个图层，此时图层模式为正常模式，再把图层模式转化为正片叠底，此时图层中所有的白色区域可以消失，如图 2-76 所示。

（注：绘制过程中，常用正片叠底隐藏图层中不需要的白色区域，或进行材质叠合做效果。）

（3）强光

选择一个图层，将图层模式转换为强光模式，此时图片原本亮的地方会变得更亮，如图 2-77 所示。

（注：强光、线性减淡或添加等常用于绘制灯光效果。）

2）不透明度

选择一个灯光图层，此时图层的不透明度为 100%，将图层的透明度调至 50%，

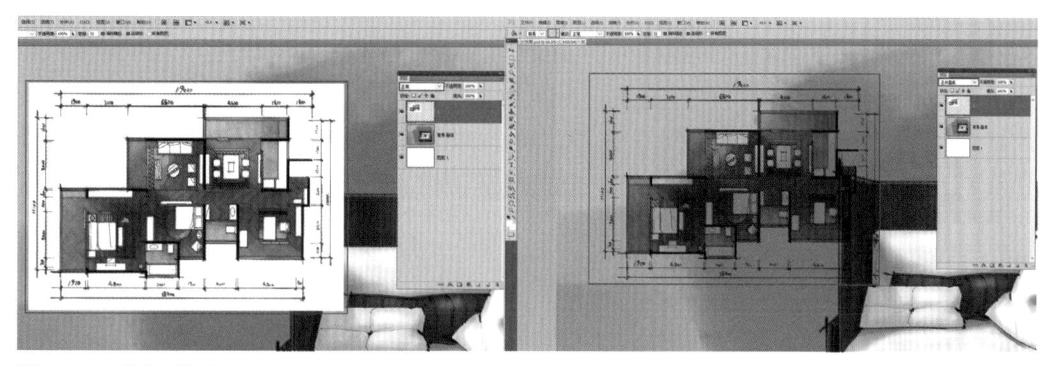

图 2-76　正片叠底

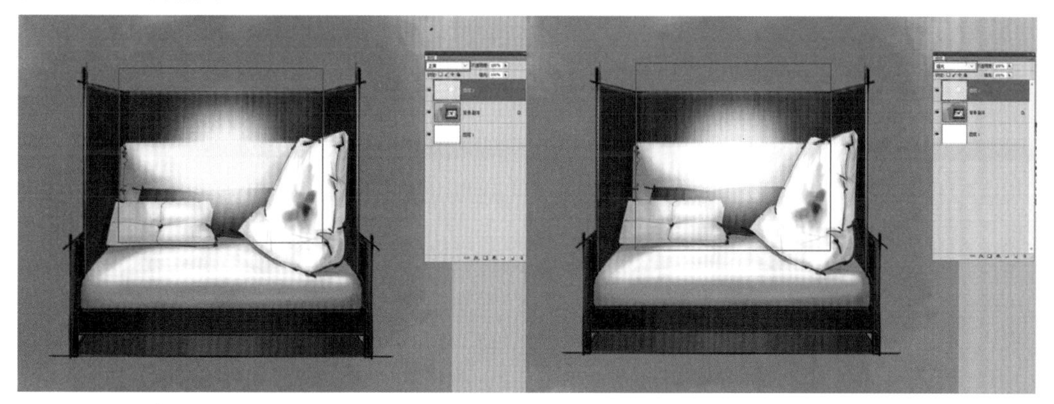

图 2-77　强光

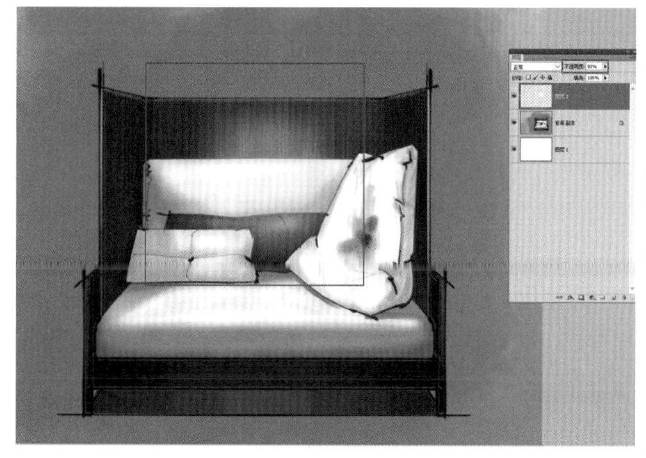

图 2-78　不透明度

对比图 2-77 图层灯光效果发生了变化，如图 2-78 所示。

3）锁定

如图层不需要修改或移动，选择图层，点击面板中的锁头标志，黑色表示该图层已经锁定，不可编辑不能移动，如图 2-79 所示。

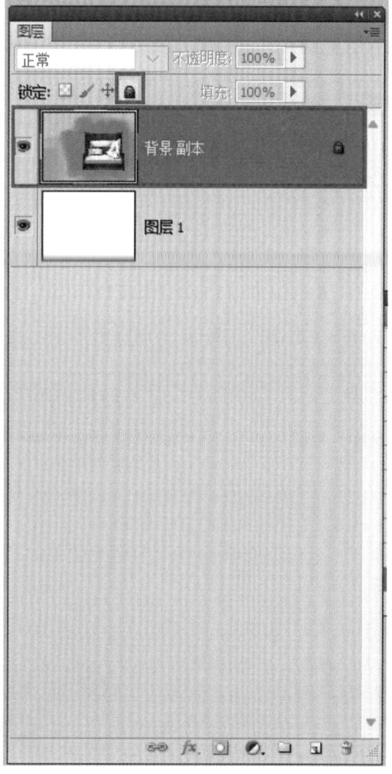

图 2-79　锁定

图 2-80 链接

4）链接图层

按住【Shift】键选择需要链接的多个图层，点击图层面板底部的链接图标，选中图层后就会出现链接标志，说明图层完成链接并关联在一起，如图 2-80 所示。

（注：链接类似成组，移动将一起移动。）

5）新建图层

点击图层右下方图标，即可新建图层【Ctrl+N】,选择图层的上方新增一个空白图层，如图 2-81 所示。

6）删除图层【Delete】

选择需要删除的图层，单击右键，再选择删除图层【Delete】，如图 2-82 所示。

7）剪贴蒙版

新建一个图层（假设为 A），在图层中绘制一个需要的图形，导入贴图图层（假设为 B），放置在图层 A 上方，在图层 B 上右键选择创建剪贴蒙版，即呈现图层 A 的形状和图层 B 的图案，如图 2-83 所示。

（注：常用于贴图材质制作。）

4. 快捷键设置

系统自带很多快捷键（详见快捷键使用介绍表），根据绘画习惯，我们可以简单设置一些提高绘画效率的操作命令。

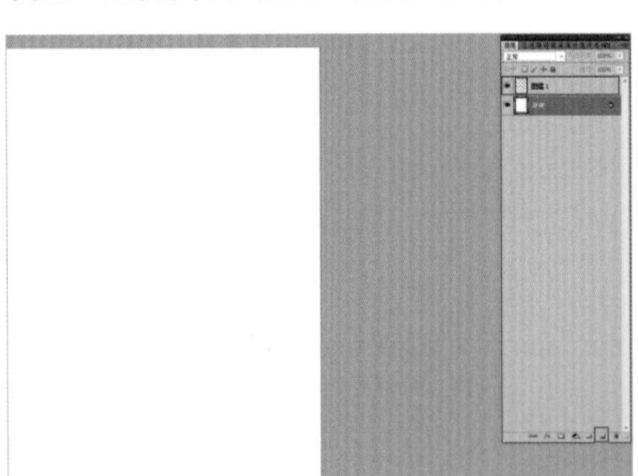

图 2-81 新建图层

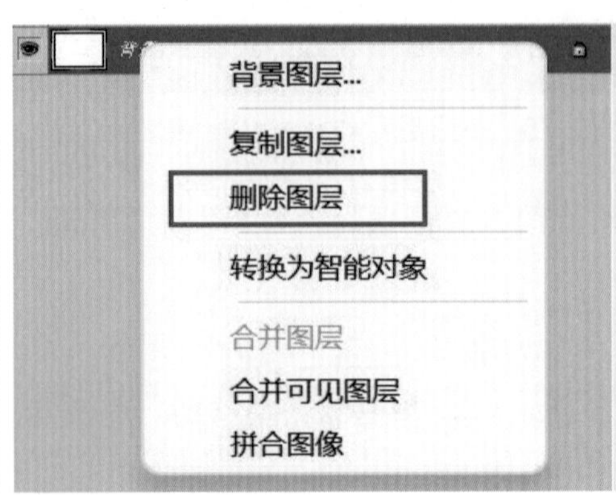

图 2-82 删除图层

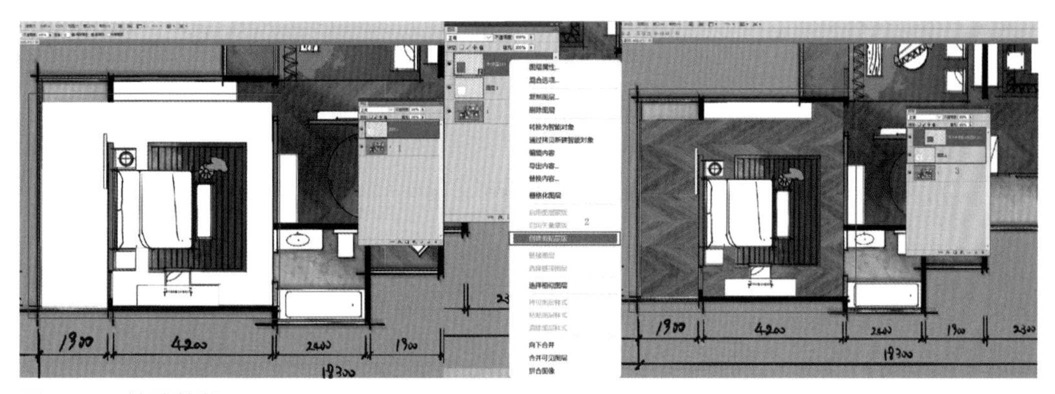

图 2-83　剪贴蒙版

1）前景色拾色器【Q】

选择编辑，再点击键盘快捷键和菜单，设置快捷键用于工具，找到前景色拾色器，设置为【Q】，点击【确定】完成设置，如图 2-84 所示。

2）后退一步【CTRL+Z】

选择编辑，点击键盘快捷键和菜单，设置快捷键用于应用程序菜单，找到编辑，再点击后退一步，设置为【Ctrl+Z】，点击【确定】完成设置，如图 2-85 所示。

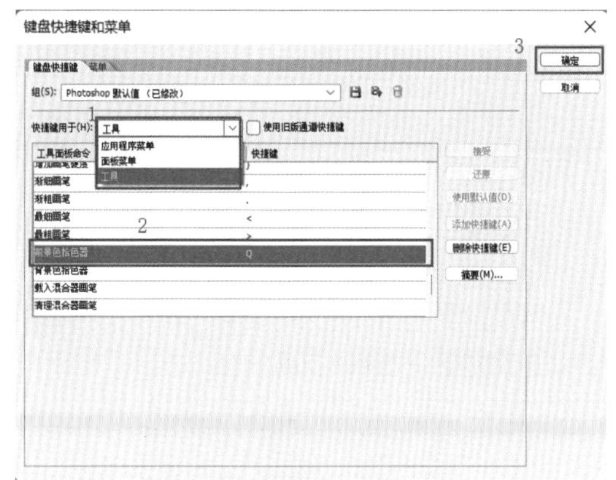

图 2-84　前景色拾色器

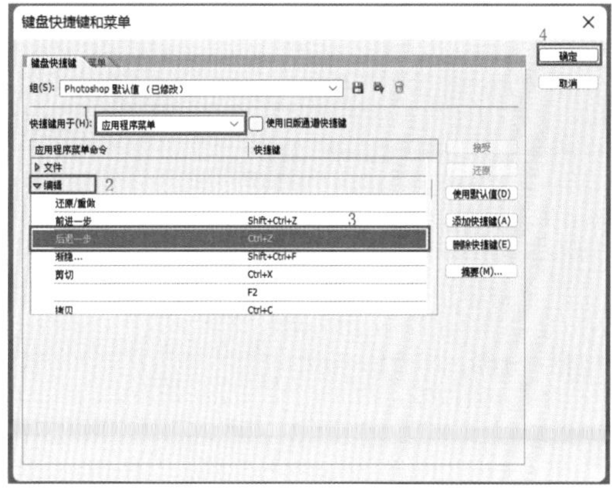

图 2-85　后退一步

Photoshop 常用快捷键列表及使用指南如表 2.2 所示。

表 2.2　Photoshop 常用快捷键列表及使用指南

序号	命令	快捷键	详解	序号	命令	快捷键	详解
1	移动	V	单击要移动的某个元素（如图层、选区或画板）	4	魔法棒	W	选择该命令后，可以对拖选的某个部分进行快速抠选
2	矩形框选工具	M	用鼠标拖选需要框选的区域，就会出现一个矩形框	5	裁剪工具	C	使用该命令，在选择图像的某个区域后，可以对选区以外的内容移除或剪掉
3	多边套索工具	L	使用这个命令后，连续点击鼠标对物体的轮廓进行框选，会形成闭合选区	6	橡皮擦工具	E	当框选了一个区域后，执行这个命令可以将框选的内容擦除

续表

序号	命令	快捷键	详解	序号	命令	快捷键	详解
7	抓手工具（移动）	空格	长按空格，鼠标就可以对图像进行移动	22	色阶	Ctrl+L	执行该命令可以对图片色阶进行调整
8	缩放	Z	当使用该命令后，按住鼠标左键进行拖动能调整图像的大小	23	曲线	Ctrl+M	执行该命令可以对图像整体的颜色进行调整
9	自由变换	Ctrl+T	选取某个区域后执行该命令，可以对框选的内容进行形状上的调整	24	取消选择	Ctrl+D	执行该命令可以取消当前的选区
10	画笔工具	B	使用画笔可以用多种笔刷对图片进行绘画	25	隐藏 / 显示选区	Ctrl+H	执行该命令可以隐藏 / 显示当前选区
11	涂抹工具	O	使用涂抹工具可以用特定笔刷对图像进行效果绘制	26	反向选择	Shift+Ctrl+I	执行该命令可以选择当前选区以外的所有内容
12	前景色拾色器	Q	执行该命令可以快速吸取鼠标点击位置的颜色	27	删除图层	Delete	选择图层执行该命令后可将图层删除
13	新建	Ctrl+N	执行该命令可以新建一个文件	28	文字	T	—
14	打开	Ctrl+O	执行该命令可以打开需要的文件	29	默认前景和背景色	D	—
15	存储	Ctrl+S	执行该命令可以对文件进行保存	30	切换前景和背景色	X	—
16	存储为	Shift+Ctrl+S	执行该命令可以更改保存图片的格式	31	前景色填充	Alt+Delete	—
17	前进一步	Shift+Ctrl+Z	执行该命令可以恢复被撤销的操作	32	背景色填充	Ctrl+Delete	—
18	后退一步	Ctrl+Z	执行该命令可以撤销当前操作	33	色阶设置	Ctrl+L	快捷键设置只对选中图层有效，如需对所有图层产生效果，需在图层栏下方点击添加“创建新的填充或调整图层”，图层以下所有图层将受此调整图层影响
19	剪切	Ctrl+X	执行该命令可以对选区进行剪切	34	色彩曲线设置	Ctrl+M	
20	拷贝	Ctrl+C	执行该命令可以对选区进行拷贝	35	色相 / 饱和度设置	Ctrl+U	
21	粘贴	Ctrl+V	执行该命令可以对拷贝内容进行粘贴	36	色彩平衡	Ctrl+B	

任务 5　Procreate 软件使用介绍

Procreate 软件介绍与使用 • 微课二维码

1. 操作——添加

包含插入文件、插入照片、拍照、添加文本、剪切、拷贝、拷贝画布、粘贴等功能，如图 2-86 所示。

1）插入文件

点击添加，选择插入文件，弹出“我的 Ipad”（即为平板存储区，如同“我的电脑”），选择需要插入的文件（如 Procreate、PSD、PDF 等文件），如图 2-87 所示。

2）插入图片

点击添加，选择插入照片，弹出相册，选择 IPad 系统相册中的图片，插入画布，如图 2-88 所示。

3）拍照

点击添加，选择拍照，点击该功能将访问 IPad 的相机，使用 IPad 相机拍摄空间场景的照片，直接导入画布进行操作，如图 2-89 所示。

4）添加文本

点击添加，选择添加文本，画布出现文本框，输入文字，编辑文字样式，调整字体设置等，如图 2-90 所示。

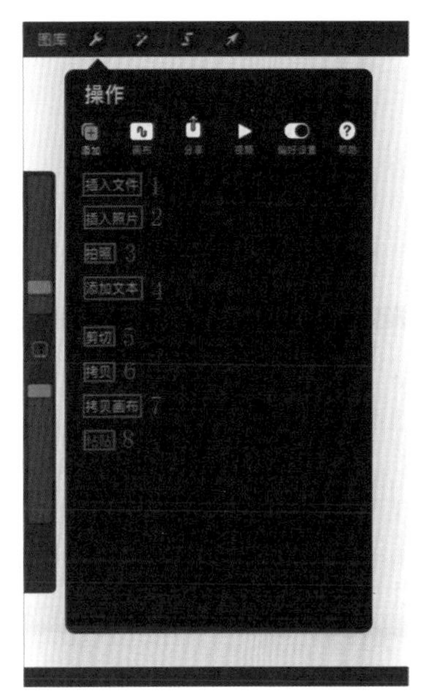

图 2-86　添加

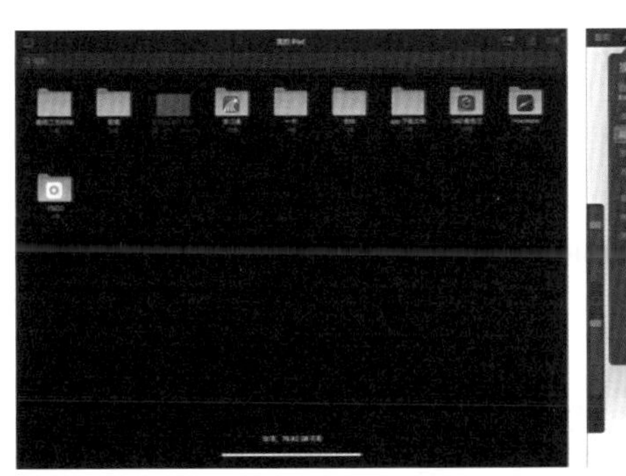
图 2-87　插入文件

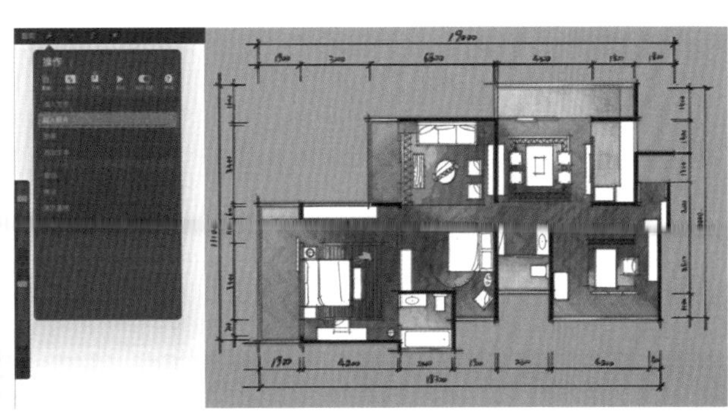
图 2-88　插入图片

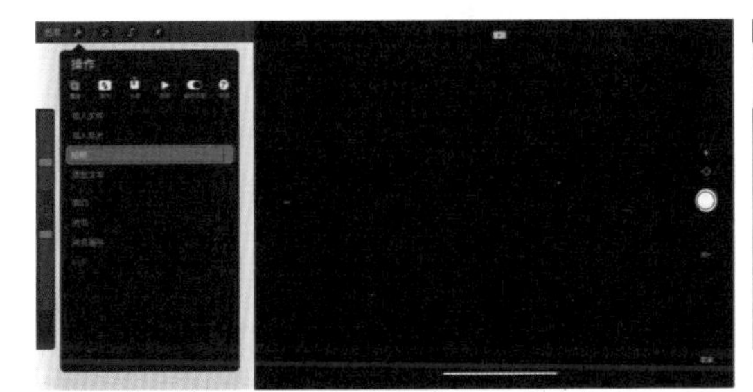
图 2-89　拍照

图 2-90　添加文本

5）剪切

点击添加，选择剪切，选中的图层内容将被剪切，变成空白图层，如图 2-91 所示，床单图层的色彩被剪切。

6）拷贝

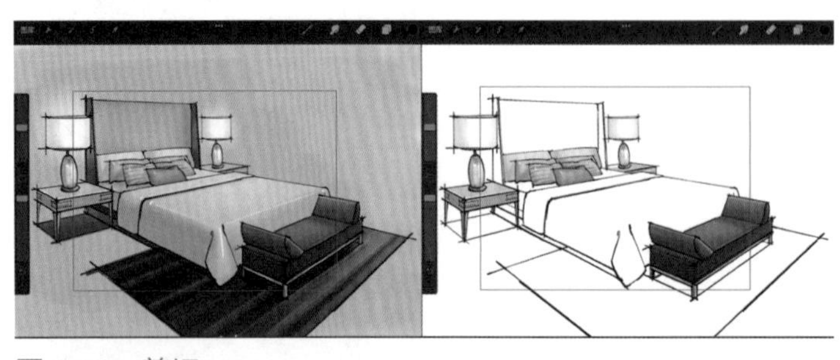

图 2-91　剪切

图 2-92　拷贝

点击添加，选择拷贝，选中的图层内容将被复制，同粘贴功能一起使用，如图 2-92 所示。

7）拷贝画布

点击添加，选择拷贝画布，将画布所建内容作为单个图像进行拷贝，如图 2-93 所示。

8）粘贴

结合上方剪切、拷贝、拷贝画布的内容，点击添加，选择粘贴，剪切、拷贝、拷贝画布的内容被粘贴在画布中。

2. 操作——画布

画布包含裁剪并调整大小、绘图指引 / 编辑绘图指引、水平翻转画布、垂直翻转画布等，如图 2-94 所示。

图 2-93　拷贝画布

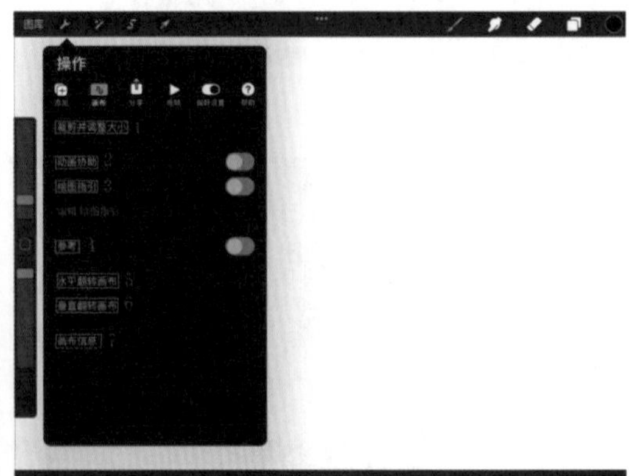

图 2-94　画布

1）裁剪并调整大小

点击画布，选择裁剪并调整大小，可以对原有的画布大小进行编辑裁剪，拖动上下左右的边缘线调整画布大小，如图 2-95 所示。

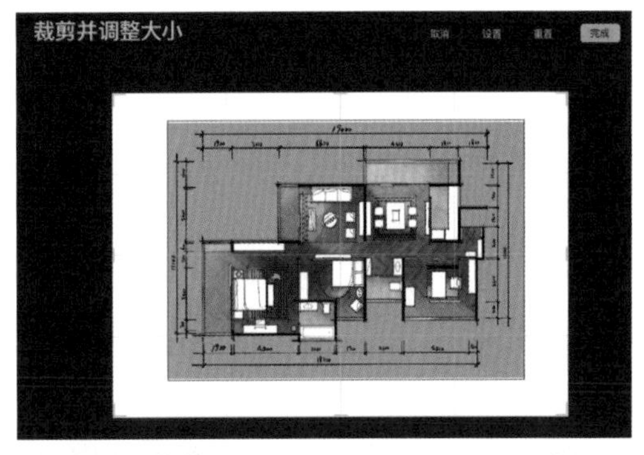

图 2-95　裁剪

2）绘图指引 / 编辑绘图指引

点击画布，选择绘图指引，再点击编辑绘图指引，进行透视与辅助设置，如图 2-96 所示。

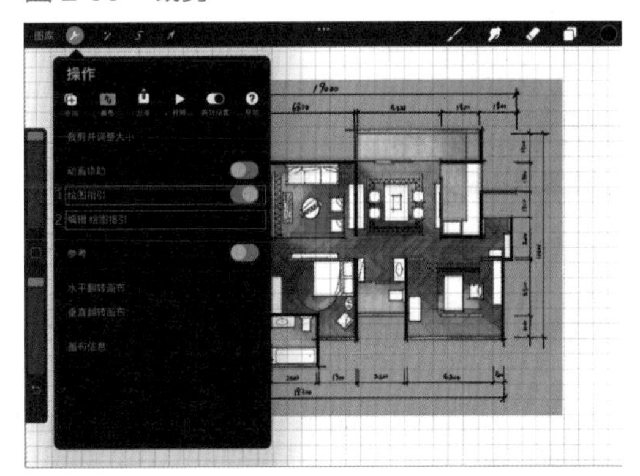

图 2-96　绘图指引

（1）2D 网格

点击编辑绘图指引，选择 2D 网格，画布操作区形成经纬网，在下方设置网格的不透明度、粗细度、网格尺寸，以达到绘画辅助要求，通过蓝色点控制网格起始点，绿色点控制角度，如图 2-97 所示。

（注：2D 网格常用于绘制平面图、立面图，开启 2D 网格后，绘制线条都为横平竖直，拟设一个网格为 500mm × 500mm，对应平立面的 500mm 距离，这样绘制时即可用网格作为度量尺寸进行绘画参考。）

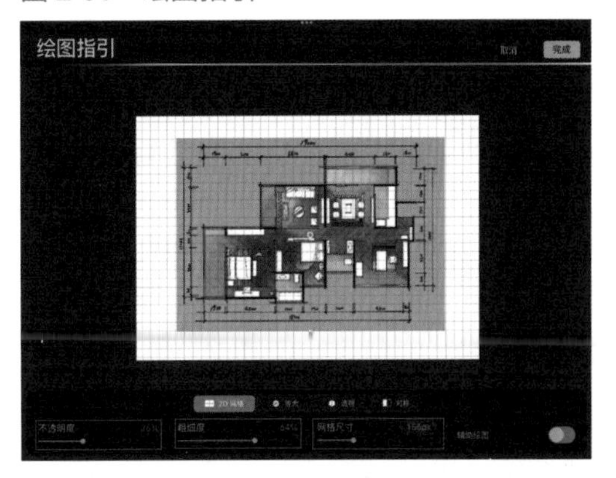

图 2-97　2D 网格

（2）透视

点击编辑绘图指引，选择透视，通过点击画布添加透视点，具体透视设置详见本书透视原理章节。

（3）对称

点击编辑绘图指引，选择对称，在选项中选择对称形式（垂直、水平、四象限、径向等），出现镜像效果，如图 2-98 所示。

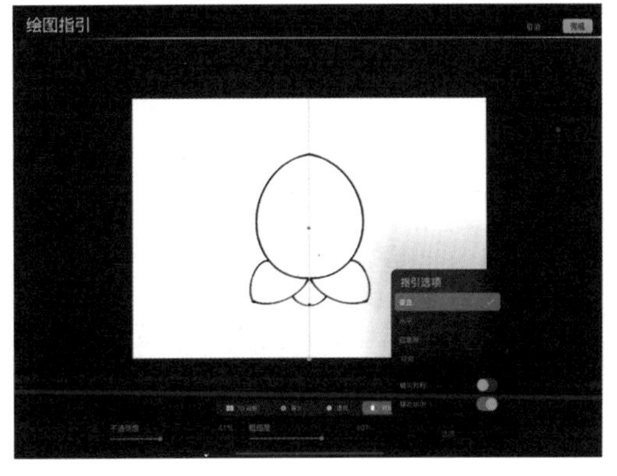

图 2-98　对称

3）参考

点击画布，选择参考，打开后可以调出参考悬浮窗，悬浮窗常用于导入参考图使用，如图 2-99 所示。绘画过程中，参考图直接加载放入画布一角，可根据习惯使用参考。

4）水平翻转画布

点击画布，选择水平翻转画布，将画布与内容进行水平（左右）翻转，如图 2-100 所示。

5）垂直翻转画布

点击画布，选择垂直翻转画布，将画布与内容进行垂直（上下）翻转，如图 2-101 所示。

6）画布信息

点击画布，选择画布信息，可以查看此画布的各项信息，如图 2-102 所示。

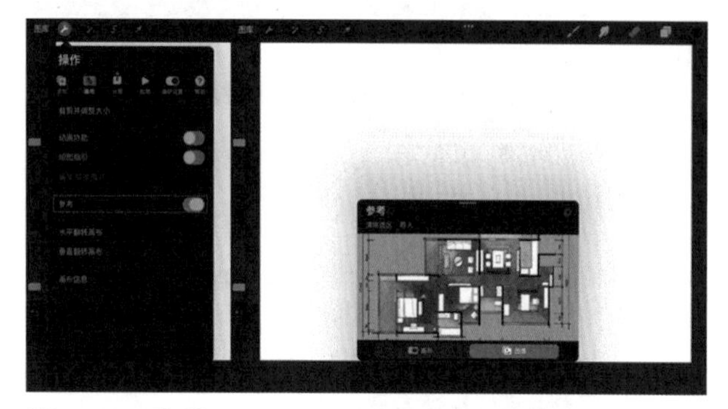

图 2-99　参考

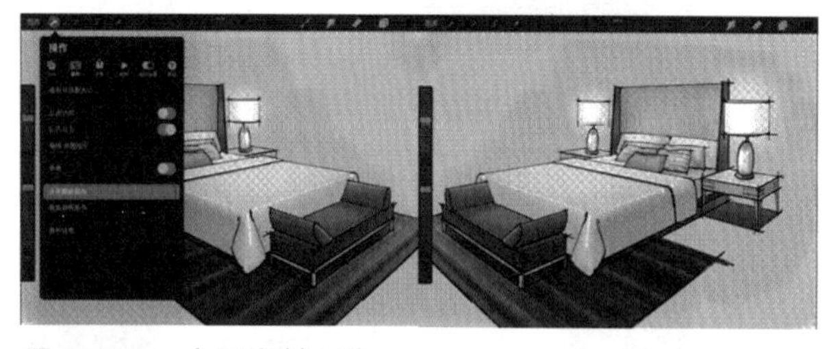

图 2-100　水平翻转画布

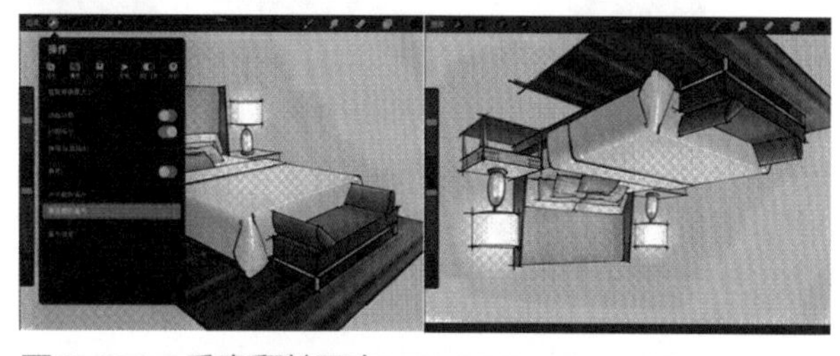

图 2-101　垂直翻转画布

图 2-102　画布信息

3. 操作——分享

在“分享”功能中能按照导出格式需求，将绘画内容导出所需格式在其他软件中打开，并以此形式进行分享。

1）分享图像

可以将绘制内容分享为 Procreate（本绘画软件原始文件格式）、PSD（Photoshop 软件文件格式）、PDF（文件阅读格式）、JPEG（照片格式）、PNG、TIFF 的格式。

2）分享图层

可以将绘制内容，按照单个图层进行分享为 PDF 文件、PNG 文件、动画 GIF、动画 PNG、动画 MP4、动画 HEVC 格式，如图 2-103 所示。

4. 操作——视频

录制缩时视频选项默认开启（关闭后不会有视频，但文件内存小），点击缩时视频回放，观看绘画加速视频；点击导出缩时视频，能将视频导出保存，如图 2-104 所示。

5. 操作——偏好设置

偏好设置包括浅色界面、右侧界面、画笔光标、投射画布、连接第三方触控笔、编辑压力曲线、手势控制、快速撤销延迟、选区蒙版可见度等工具，如图 2-105 所示。

1）浅色界面

点击偏好设置，选择浅色界面，可以根据个人习惯调整界面，开启该功能后，界面颜色变为浅色，关闭该功能后界面颜色变为深色，如图 2-106 所示。

2）右侧界面

点击偏好设置，选择右侧界面，开启该功能后，快捷栏就会显示在右边，不打开则默认在左边，如图 2-107 所示。

3）画笔光标

点击偏好设置，选择画笔光标，开启该功能后再用笔刷，屏幕上就会出现画笔的大小预览图，如图 2-108 所示。

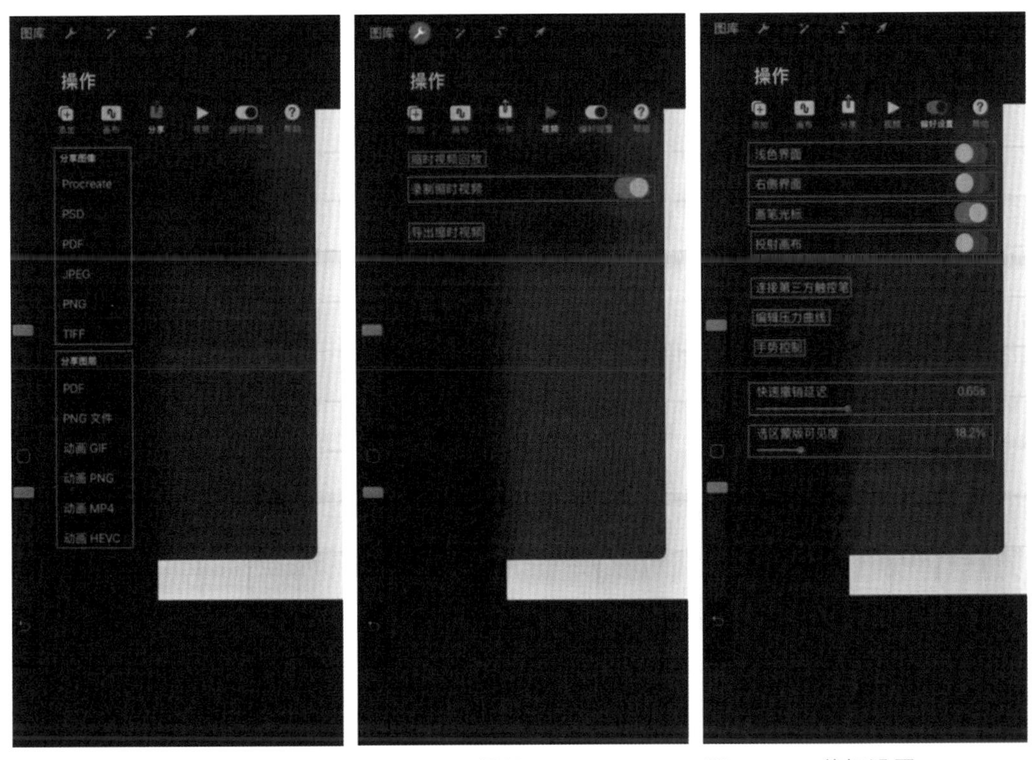

图 2-103　分享图像　　图 2-104　视频　　图 2-105　偏好设置

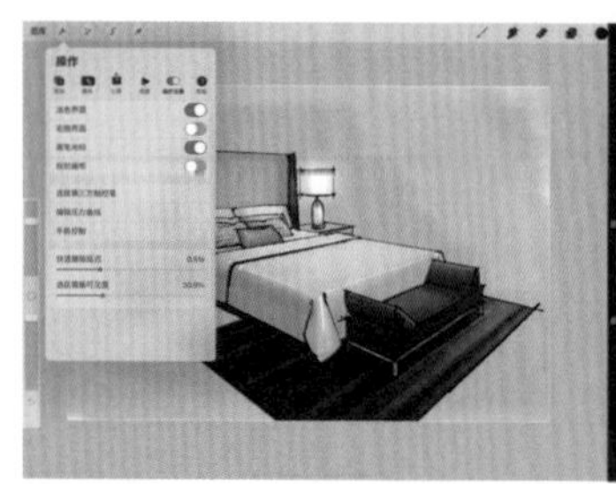

图 2-106　浅色界面

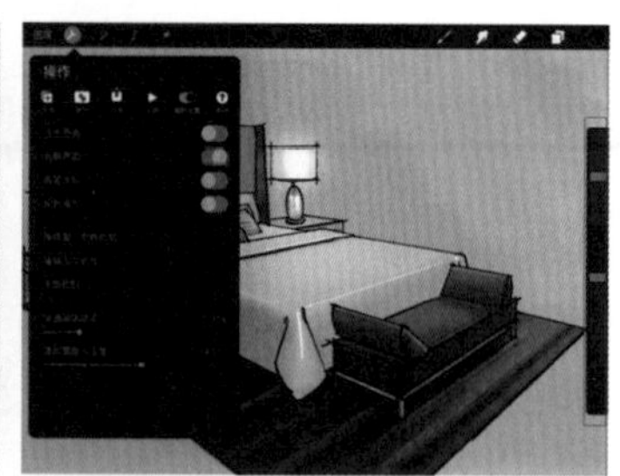

图 2-107　右侧界面

图 2-108　画笔光标

4）投射画布

点击偏好设置，选择投射画布，开启该功能后可以通过连接 AirPlay 或线缆连接第二台显示屏以投射画布，如图 2-109 所示。

5）连接第三方触控笔

点击偏好设置，选择连接第三方触控笔，可以连接 Adonit、Pogo Connect、Wacom 等设备，如图 2-110 所示。

6）编辑压力曲线

点击偏好设置，选择编辑压力曲线，压力曲线会影响手绘笔压感和敏感度，通常取默认值，也可结合自身用力情况调节设置，如图 2-111 所示。

7）手势控制

点击偏好设置，选择手势控制，可以编辑手势控制。

（注：手势设置因每个人使用习惯而设置，以下设置仅供参考。）

（1）涂抹、抹掉

左上角的涂抹、橡皮（抹掉）在绘画过程中可直接点击选择使用；全屏模式下两指在绘画区域聚拢外拉，可实现画布缩小放大。以上操作简便，可不设置手势操作。

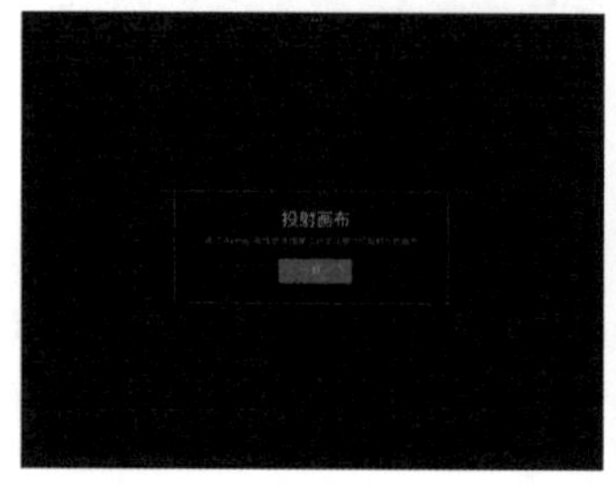

图 2-109　投射画布

图 2-110　连接第三方触控笔

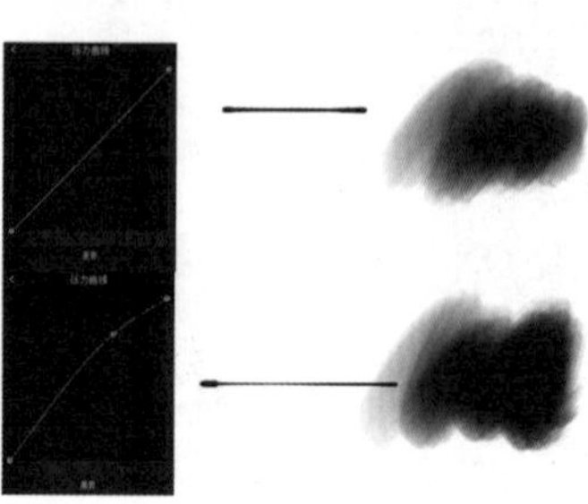

图 2-111　编辑压力曲线

（2）辅助绘图

辅助绘图是打开软件（透视绘图）辅助功能，选择轻点【□】，打开 / 关闭设置好的透视辅助功能，如图 2-112 所示。

（3）吸管

同 Photoshop 和 SketchBook 里面的拾色器是同样的原理，选择【触摸并按住】0.2s，在绘图区域出现触摸 0.2s 就可吸取触摸区域的颜色的快捷手势，如图 2-113 所示。

（4）速创形状

选择【绘制并按住】0.35s，在画布上画任意图形按住 0.35s，即出现编辑形状栏，点击设置图形参数，如图 2-114 所示。

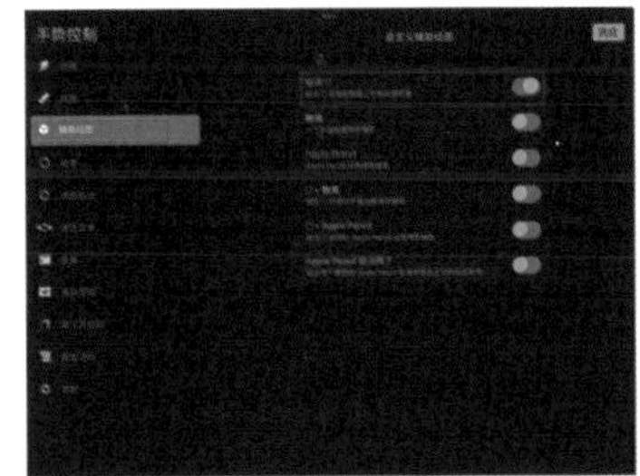

图 2-112　辅助绘图

图 2-113　吸管

（5）速选菜单

常用工具设置在速选菜单，手势控制设置速选菜单为【四指轻点】，即可以四指轻点屏幕弹出速选菜单，添加以下常用操作，阿尔法锁定、新建图层、复制图层、向下合并等功能，如图 2-115 所示。

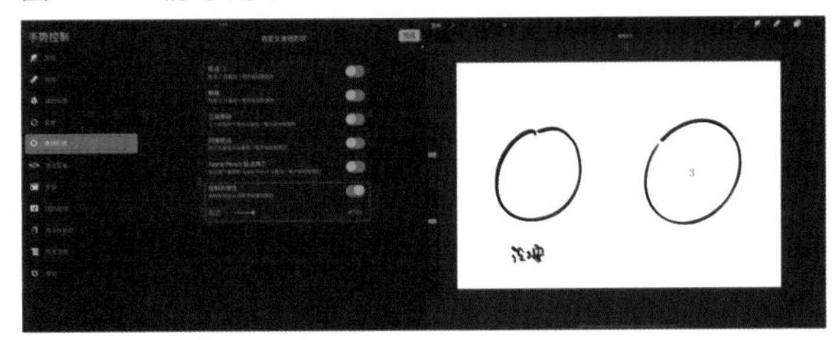

图 2-114　速创形状

（注：速选菜单可以设置多页，页面过多有些失去快速操作的性质，将频率较高的操作设置进去即可，因个人绘画习惯而定。）

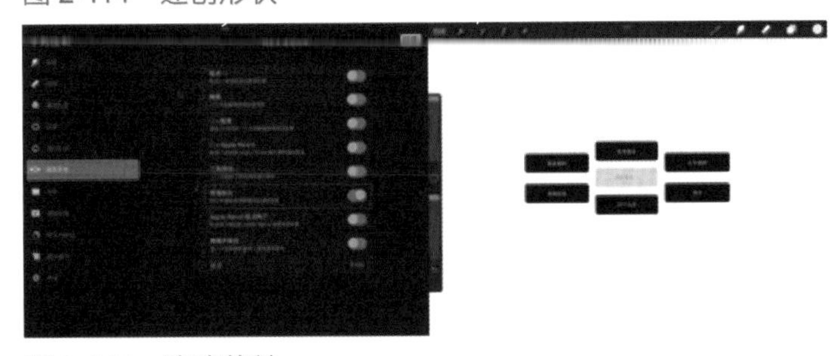

图 2-115　速选菜单

（6）清除图层

清除图层中绘制的内容，选择擦除，画布上三个手指前后擦触清除图层，如图 2-116 所示。

（7）拷贝并粘贴

选择【三指滑动】，三指向下滑动屏幕，出现拷贝并粘贴等功能，如图 117 所示。

（8）图层选择

选择【□+ Apple Pencil】，作为快速选择绘画区域内容对应所在图层位置等操作，如图 2-118 所示。

（9）常规

常规中选择的禁用触摸操作是除了已经设置的手势控制外，其他不会影响绘画；选择捏合缩放旋转，在绘图区域用两个手指捏合可以进行放大、缩小、旋转等功能，如图 2-119 所示。

8）快速撤销延迟

此设置影响不大，保持默认选项即可。

9）选区蒙版可见度

点击偏好设置，选择选区蒙版可见度，调整选区蒙版可见度的百分比，选择区域外的内容可见度发生变化，有利于编辑处理选择内容，如图 2-120 所示。

6. 调整

调整是针对图层进行优化，而不是整个画布内容，如需处理整个画布内容可以选择“操作>添加>拷贝画布>粘贴”，将所有内容合并为一个图层后再进行调整优化。

对图层内色彩进行优化与效果处理，与 Photoshop 色彩处理相似，Procreate 调整方式分为图层整体和 Pencil 画笔局部两种处理方式，图层是通过整个图层内容进行优化，常用于整体效果；Pencil 画笔的使用笔刷效果控制调整区域效果，常用于局部效果，

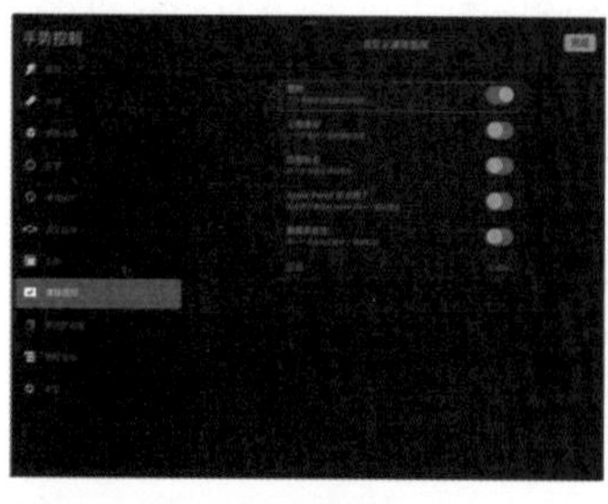

图 2-116 清除图层

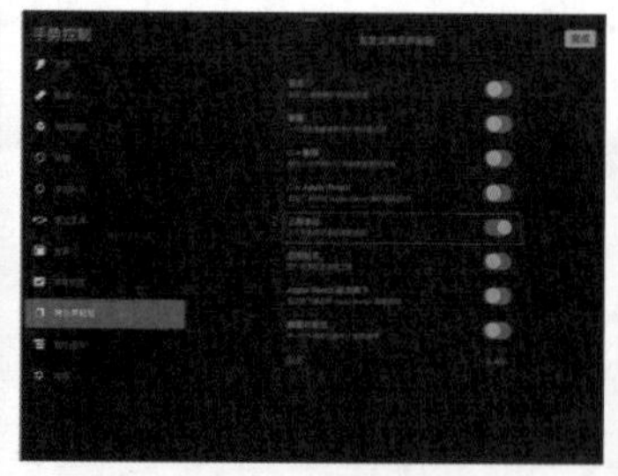

图 2-117 拷贝并粘贴

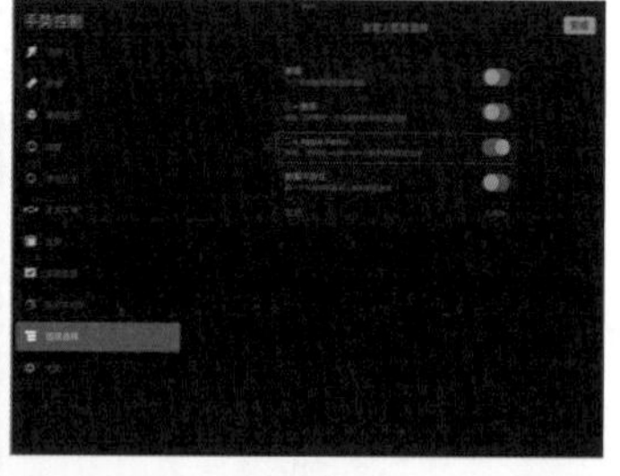

图 2-118 图层选择

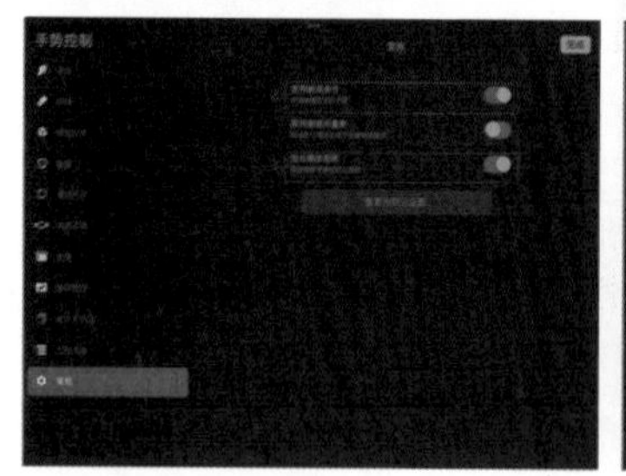

图 2-119 常规

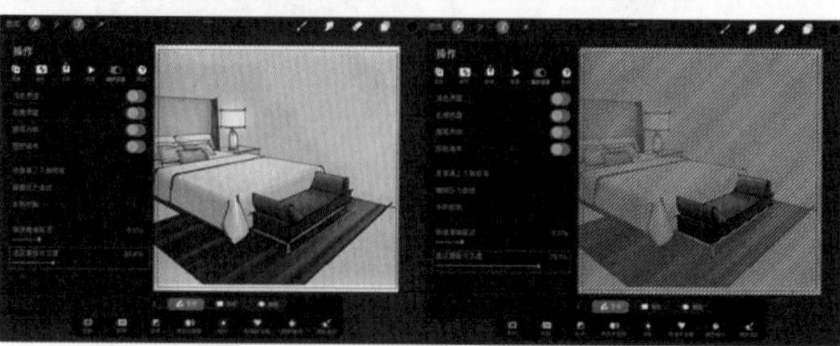

图 2-120 选区蒙版可见度

调整可选设置，如图 2-121 所示。

1）色相、饱和度、亮度

点击调整，选择色相、饱和度、亮度，对选择图层进行调整，设置下方色相、饱和度、亮度滑条调整优化，调整实时展示于画布效果，如图 2-122 所示。

2）颜色平衡

点击调整，选择颜色平衡，矫正图像颜色，通过下方色彩属性偏向滑条调整图层内容色彩属性效果，并通过“颜色平衡”分别对“阴影”“中间调”“高亮区域”进行区域调整，如图 2-123 所示。

3）曲线

点击调整，选择曲线，通过增加控制点，控制画面整体明暗关系，还能设置红色、绿色、蓝色三种颜色进行微调效果，如图 2-124 所示。

4）高斯模糊

点击调整，选择高斯模糊，用 Pencil 画笔选择合适的笔刷效果，对需要虚化、弱化的区域进行涂抹，营造景深效果或虚实效果，如图 2-125 所示。

（注：使用边缘虚化效果的笔刷处理模糊，如灯光笔刷、上色笔刷等。）

图 2-121　调整

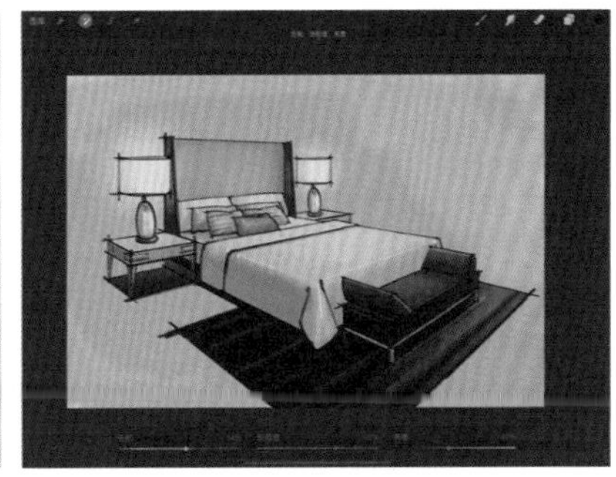

图 2-122　色相、饱和度、亮度

图 2-123　颜色平衡

图 2-124　曲线

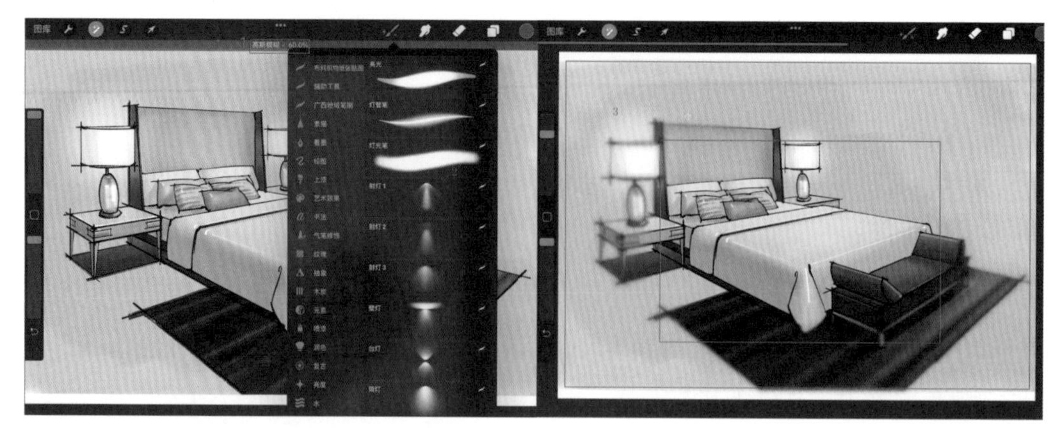

图 2-125　高斯模糊

图 2-126　动态模糊

图 2-127　透视模糊位置

图 2-128　透视模糊方向

5）动态模糊

选择背景图层，点击调整，选择动态模糊，在屏幕上设置动态模糊参数值与模糊方向，增加背影动态虚化，如图 2-126 所示。

6）透视模糊

（1）位置

点击位置，移动圆点设置透视模糊的位置后，在屏幕上左右滑动设置位置模糊强度，如图 2-127 所示。

（2）方向

点击方向，移动圆盘位置，调整圆盘内的三角形设置透视模糊的方向，在屏幕上左右滑动设置方向模糊强度，如图 2-128 所示。

7）杂色

选择图层，点击调整，选择杂色，左右滑动屏幕即可调整杂色效果的强弱，如图 2-129 所示。

8）锐化

选择图层，点击调整，选择锐化 Pencil，选择合适的笔刷效果，绘制锐化区域，左右滑动屏幕设置锐化值，如图 2-130 所示。

9）泛光

选择图层，点击调整，选择泛光 Pencil，

图 2-129　杂色

图 2-130　锐化

选择灯光类笔刷，在需要制作光效的地方绘制涂抹，左右滑动屏幕控制泛光效果强弱，如图 2-131 所示。

（注：泛光能够使局部产生曝光、光晕、高光、发光等效果，结合不同笔刷可以制作不同效果。）

10）故障艺术

点击故障艺术，故障艺术使画面出现电脑花屏的滤镜效果，如图 2-132 所示。

11）半色调

选择图层，点击调整，选择半色调，使画面形成类似多孔、蜂窝特效画面，如图 2-133 所示。

12）色像差

选择图层，点击调整，选择色像差，产生类似幌影、晕眩效果，如图 2-134 所示。

13）液化

选择图层，点击调整，选择液化，通过液化方式（推、捏、展等），设置液化尺寸、压力、失真值、动力值控制液化程度，如图 2-135 所示。

（注：液化可以用于瘦身塑形、艺术抽象画面等处理。）

图 2-131　泛光

图 2-132　故障艺术

图 2-133　半色调

图 2-134 色像差

图 2-135 液化

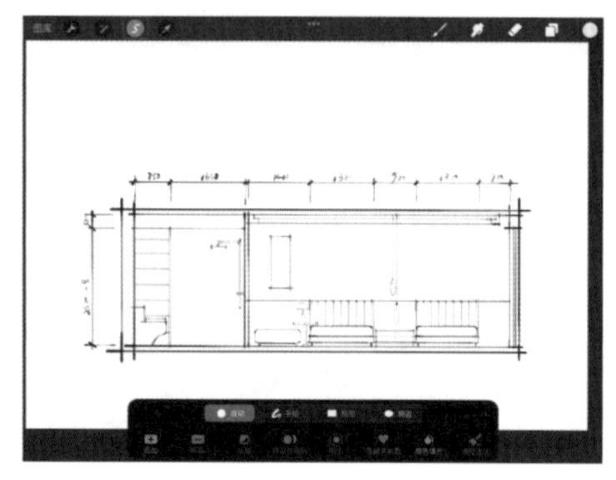
图 2-136 选区

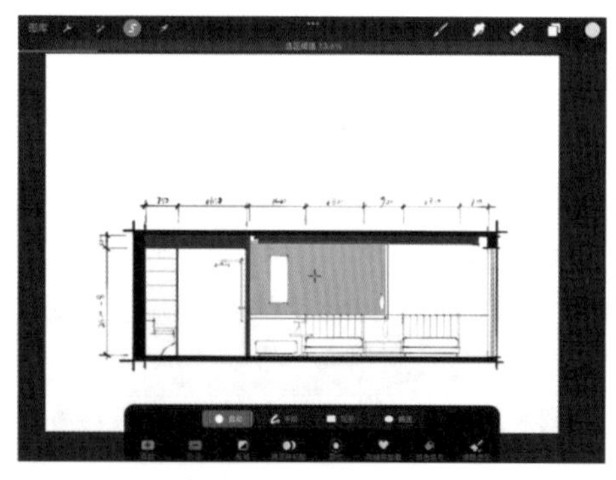
图 2-137 自动

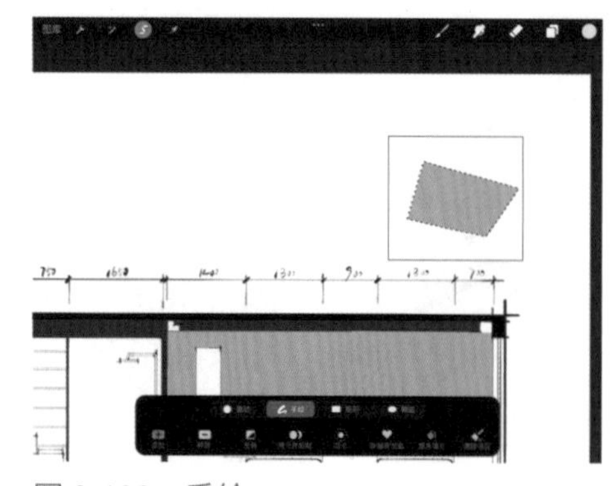
图 2-138 手绘

14）克隆

类似于 Photoshop 的仿制图章功能，主要用于修图，在室内设计手绘中很少用。

7. 选区

点击选区工具，选择下方自动、手绘、矩形、椭圆工具，进行选择物体的形式，如图 2-136 所示。

1）自动

自动选区，左右滑动屏幕设置选区阈值，阈值越高，边缘效果越好；阈值过高时，会超出选择区域。点击创建选区，如图 2-137 所示。

[注：自动、手绘、矩形、椭圆可以随意切换使用，并能结合下方的添加(绘制多个选区)、移除(在原有选区上去除部分选区)、反转(选择未被选择部分)、拷贝并粘贴、羽化(选区边缘模糊)、存储并加载(选区形状存储使用)、颜色填充(选区被颜色工具中的颜色填充)、清除选区一同使用。]

2）手绘

手绘选区，在画布上绘制任意闭合图形或点击创建闭合区域，如图 2-138 所示。

3）矩形

矩形工具，点击滑动创建矩形选区，如图 2-139 所示。

4）椭圆

椭圆选区工具，可绘制出椭圆形选区；也可绘制圆形，绘制时一只手指轻点屏幕，椭圆自动变形成圆形，可绘制圆形选区，如图 2-140 所示。打开颜色填充后不可绘制正圆，可先绘制选区再点击填充。

5）添加、移除

点击底部工具栏上的“【+】”添加按钮，可以同时绘制多个选区。点击底部工具栏上的“【−】”移除按钮，在原有选区内部绘制选区，绘制内容将做减法删除，如图 2-141 所示。

6）反转

创建选区后，点击反转，区域变成创建选区以外的全部，如图 2-142 所示。

7）拷贝并粘贴

选中区域，复制选区内容，复制的内容将作为一个新的图层出现，完成内容的辅助和粘贴，如图 2-143 所示。

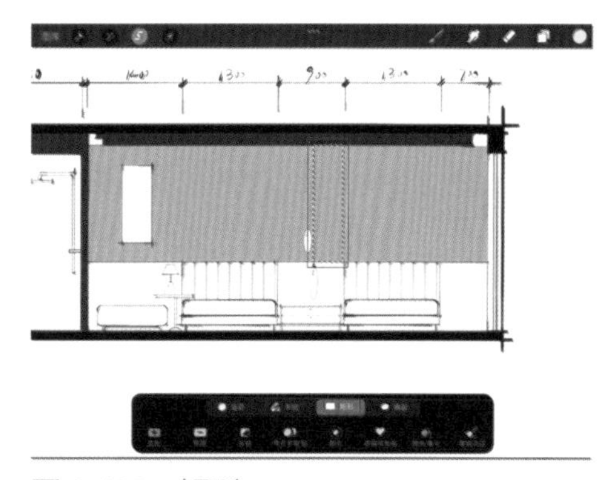

图 2-139　矩形

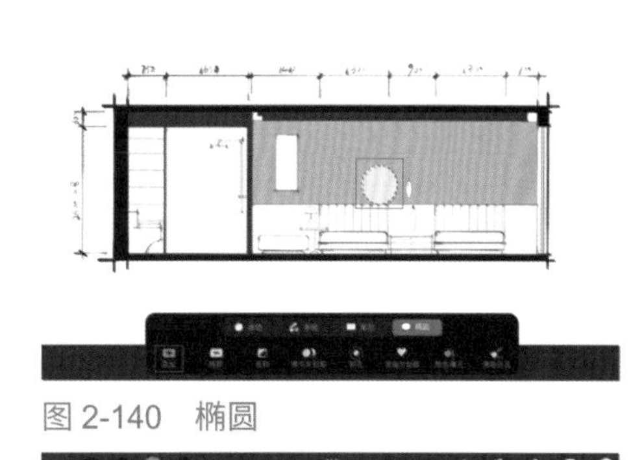

图 2-140　椭圆

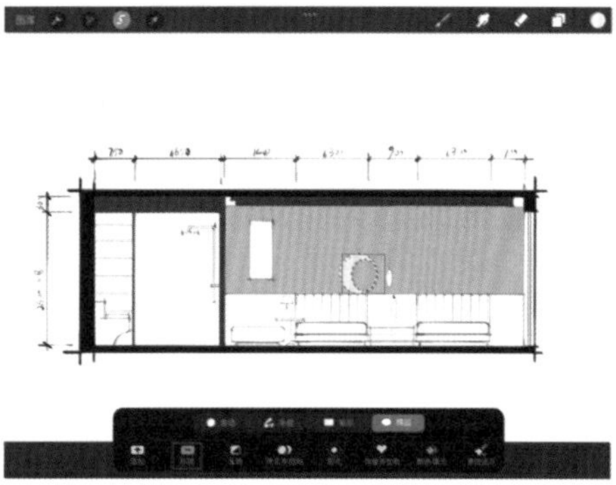

图 2-141　添加、移除

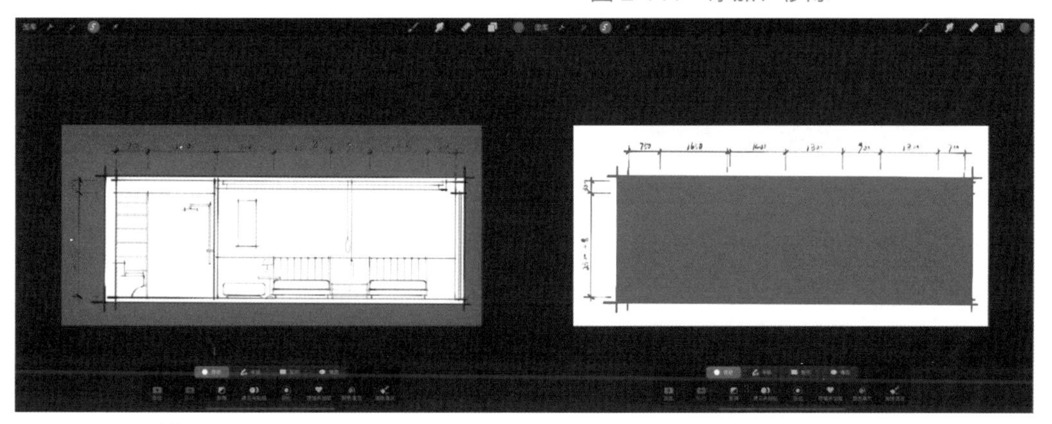

图 2-142　反转

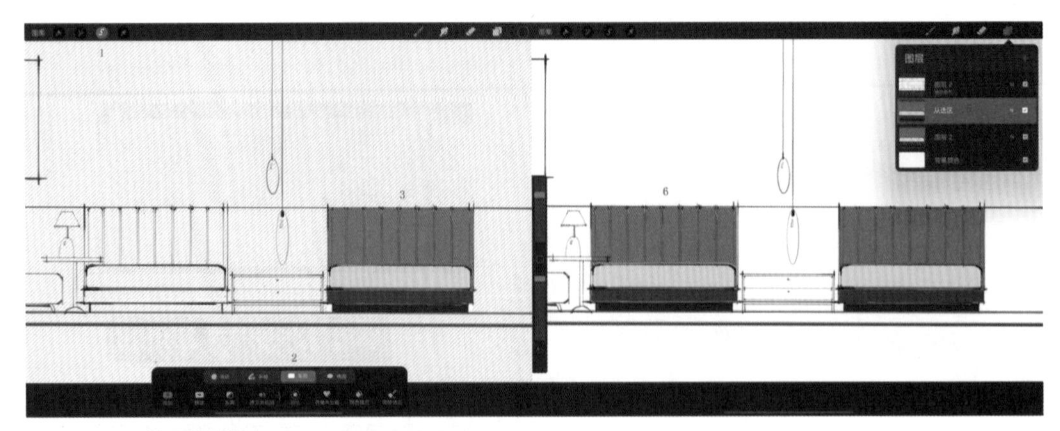

图 2-143　拷贝并粘贴

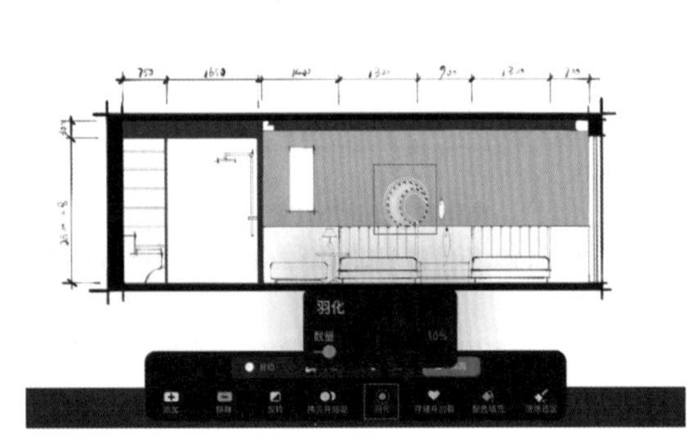

图 2-144　羽化

8）羽化

羽化是对选区边缘进行虚化，调整数量大小来控制羽化范围，如图 2-144 所示。

9）清除选区

点击清除选区，可以撤销选区，如图 2-145 所示。

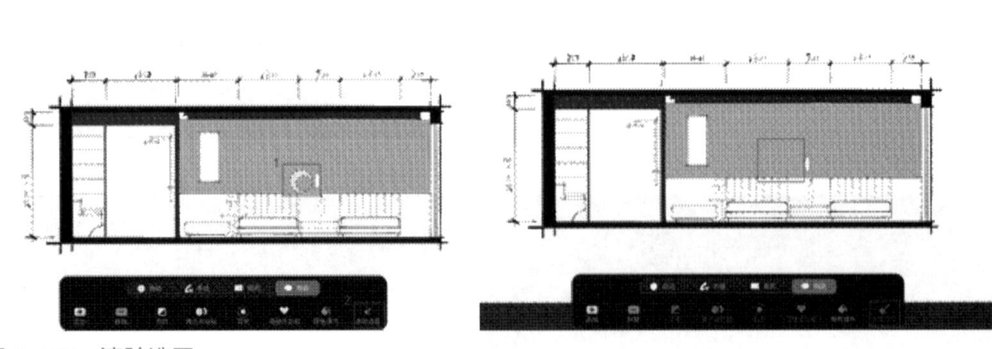

图 2-145　清除选区

8. 选择

选择工具包含自由变换、等比、扭曲、弯曲四个操作，对图片或内容进行对齐、水平翻转、垂直翻转、旋转 45°、适应画布等编辑变换选项，如图 2-146 所示。

1）自由变换

点击自由变换，通过八个控制点自由移动，调整图像比例，如图 2-147 所示。

2）等比

点击等比，图片或内容按照原有长宽比例进行放大缩小和移动位置，如图 2-148 所示。

3）扭曲

扭曲常用于调整透视平面，点击扭曲，选中控制点，调整控制点位置来设置整体扭曲透视角度，如图 2-149 所示。

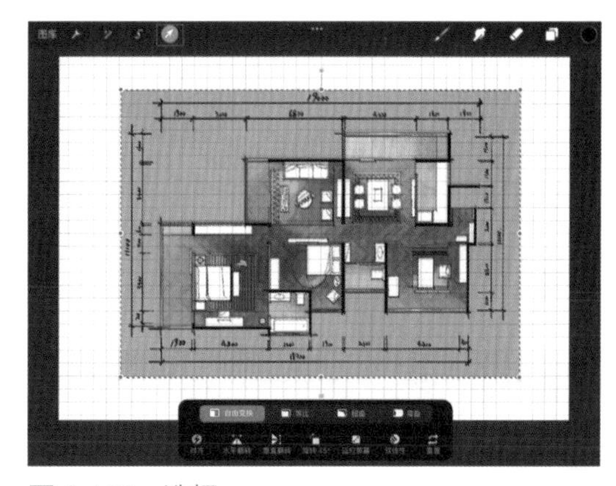

图 2-146 选择

4）弯曲

点击弯曲，控制九宫格内任意一点移动，即可扭曲形状，如图 2-150 所示。

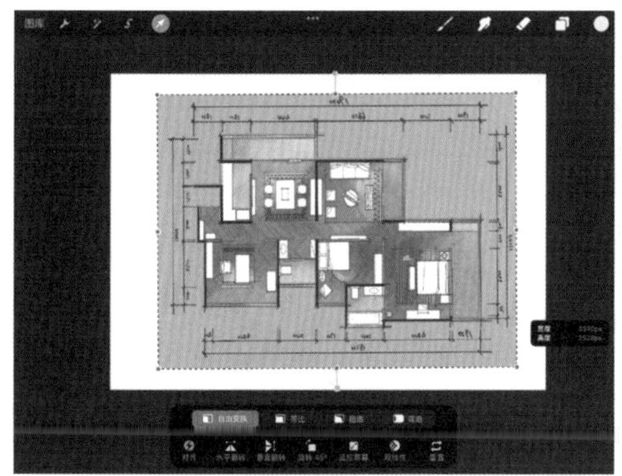

图 2-147 自由变换

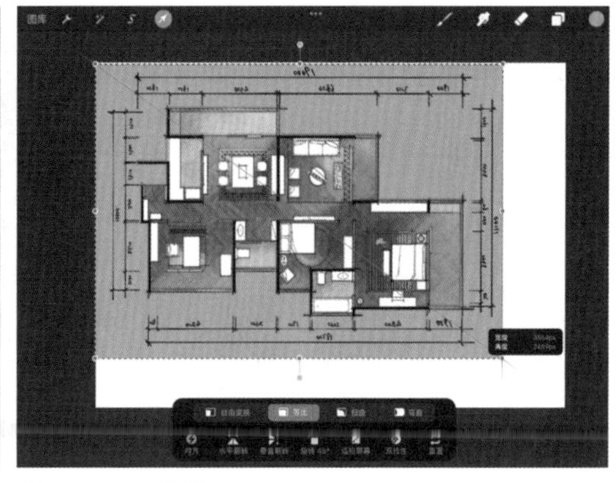

图 2-148 等比

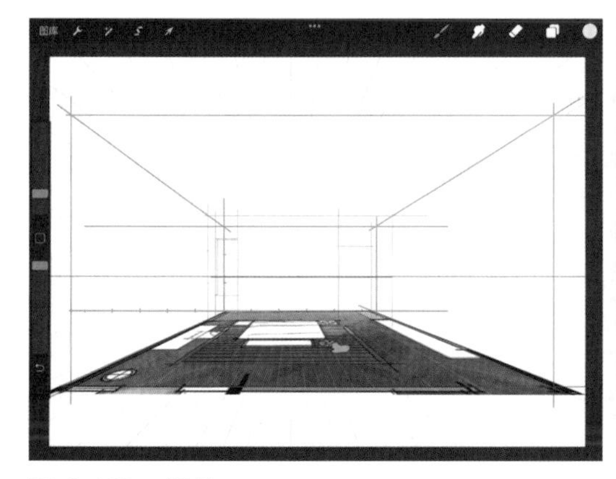

图 2-149 扭曲

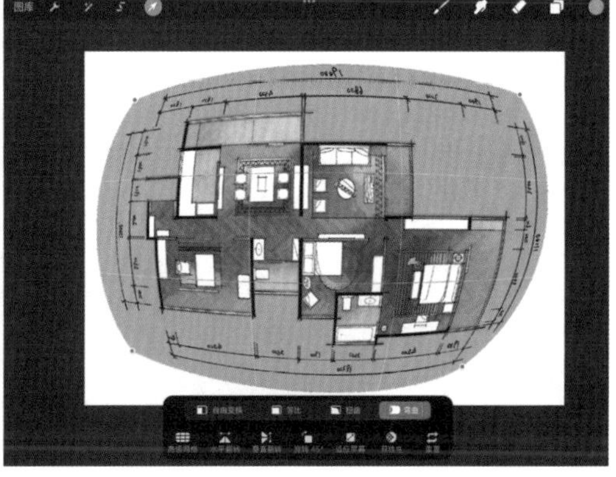

图 2-150 弯曲

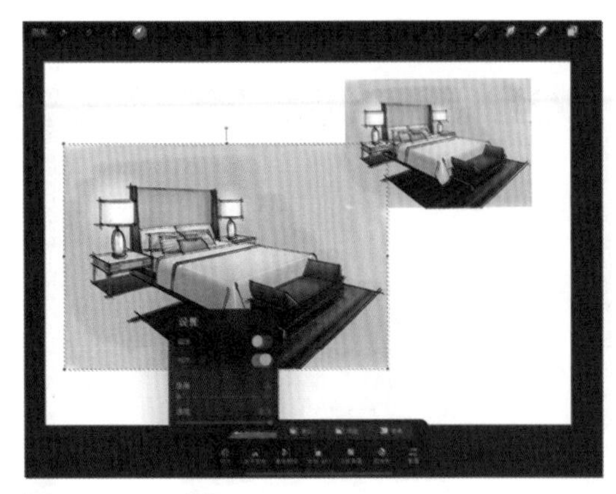
图 2-151　对齐

5）对齐

点击对齐，设置移动图片辅助参考，使移动图片对齐靠准，如图 2-151 所示。

6）水平翻转

点击水平翻转，选中区域或者图形进行水平方向镜像，如图 2-152 所示。

（注：绘制内容左右一样时，常先绘制一侧内容后拷贝画布，粘贴后进行水平翻转，移动至合适位置形成完整图形。）

7）垂直翻转

点击垂直翻转，选中的区域或者图形进行上下垂直镜像，如图 2-153 所示。

（注：常运用绘制倒影效果。）

8）旋转 45°

点击旋转 45°，将选中的区域或者图形进行顺时针旋转 45°，如图 2-154 所示。

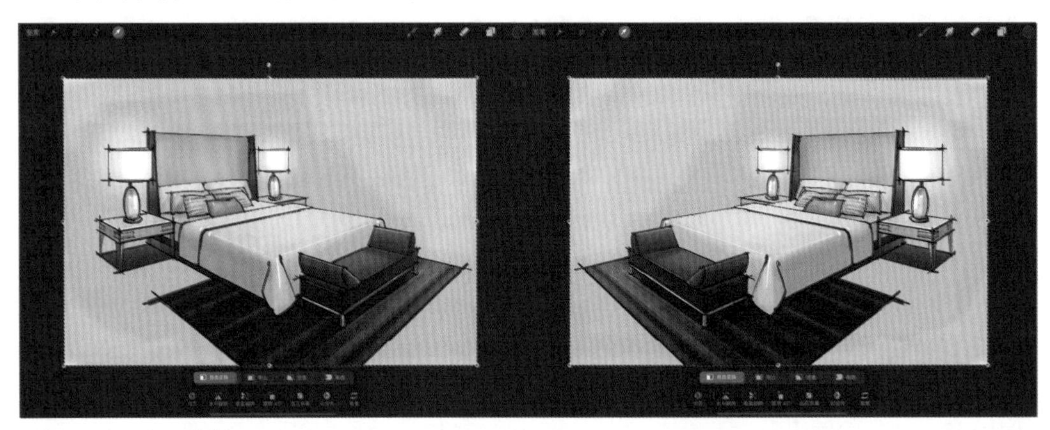
图 2-152　水平翻转

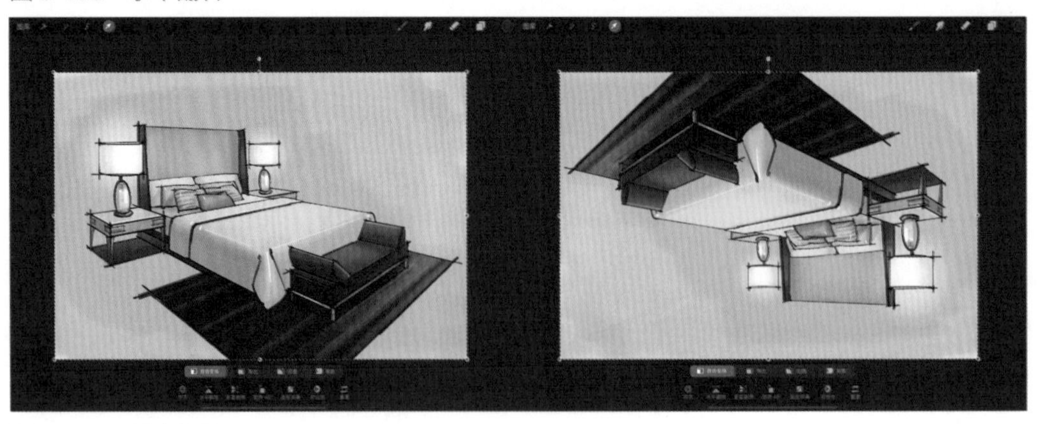
图 2-153　垂直翻转

9）适应画布

点击适应画布，将选中的区域或者图形自动居中对齐屏幕界面最大化展示，如图 2-155 所示。

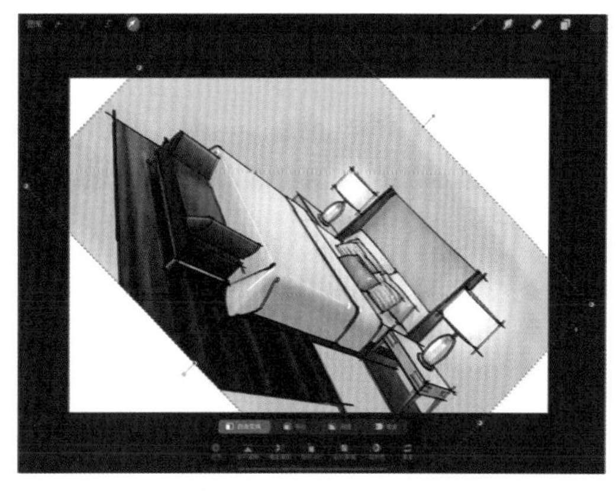

图 2-154　旋转 45°

9. 画笔

画笔库，如同文具盒、画笔工具盒，放着绘画使用的各种笔，通过数字化形式模拟各种画材的绘制效果，使用画笔可以进行各种效果绘制，如图 2-156 所示。

（注：软件自带丰富的画笔效果，在原有画笔库基础上可进行绘画，也可根据绘画内容自制专属笔刷，导入画笔库。同时画笔、涂抹、擦除共同使用画笔库中的画笔效果。）

图 2-155　适应画布

10. 涂抹

涂抹工具起到混合作用，即同一个图层的不同颜色进行混合，通过选择涂抹画笔库画笔效果，让不同颜色过渡对应笔刷效果，也可在颜色边缘做肌理效果，如图 2-157 所示。

图 2-156　画笔

11. 橡皮擦

点击橡皮擦工具，选择橡皮擦画笔库对应画笔，对图中需要擦除的地方进行绘制，如图 2-158 所示。

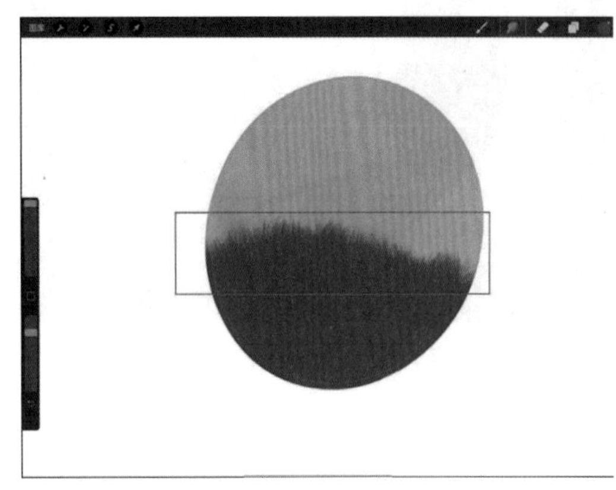

图 2-157　涂抹

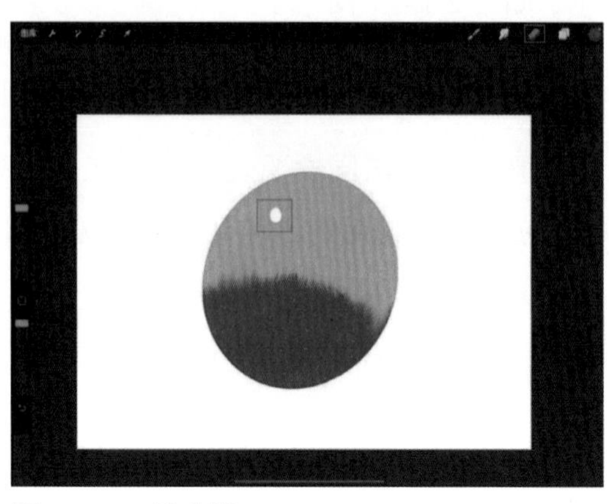

图 2-158　橡皮擦

12.Procreate 图层栏使用介绍

1）图层模式

点击图层 N，图层模式默认正常模式，上下滑动调整图层模式，如图 2-159 所示。常用图层模式介绍：正片叠底，绘画中图层白色底去除或用于整体灯光、夜景效果的使用；添加，绘制高光、灯光、灯带效果使用。

2）图层功能

向左滑动图层出现锁定（图层不可编辑）、复制（复制出一个同样的图层内容）、删除（删除此图层及其内容），如图 2-160 所示。

3）透明度

选择设置图层，点击图层 N 图标，出现不透明度进度条，左右滑动不透明度进度条设置图层的透明度，如图 2-161 所示。

4）显示 / 关闭图层

图层右侧【□】，表示图层内容不可见，点击出现【☑】，图层内容可见，如图 2-162 所示。

5）合并

两个指头向中间并拢，选择的多个图层即合并成一个图层，如图 2-163 所示。

6）移动图层

按住要移动的图层并拖到想放置的位置松开手即可完成移动，如图 2-164 所示。

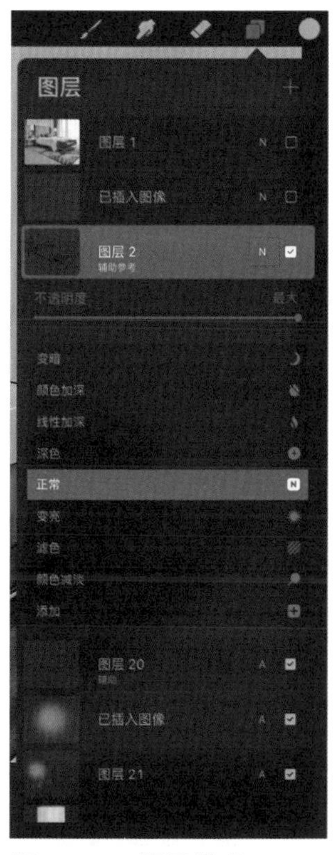

图 2-159　图层模式

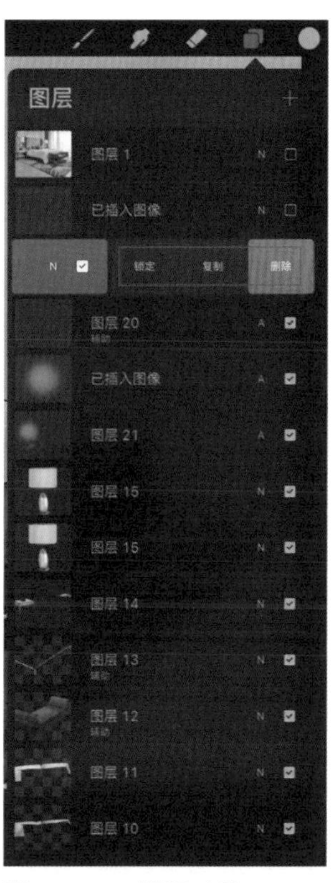

图 2-160　图层功能

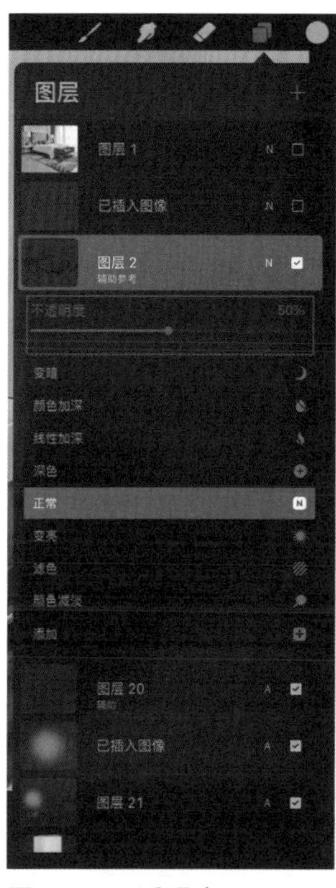

图 2-161　透明度

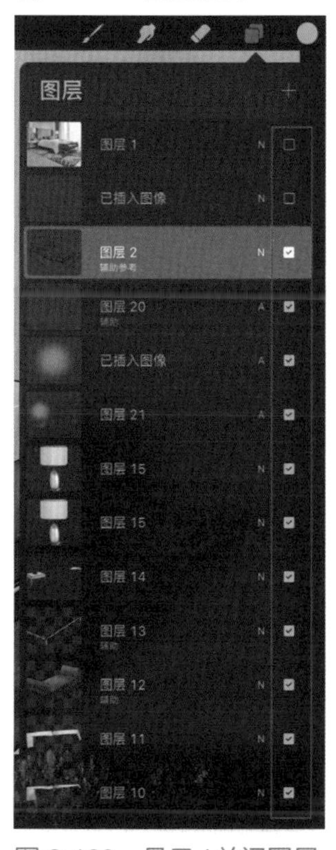

图 2-162　显示 / 关闭图层

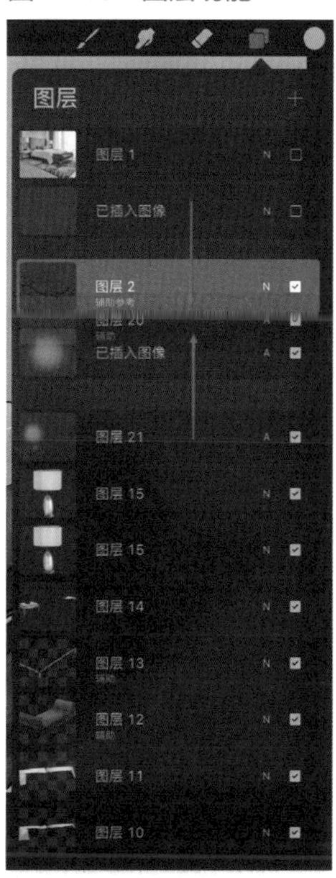

图 2-163　合并

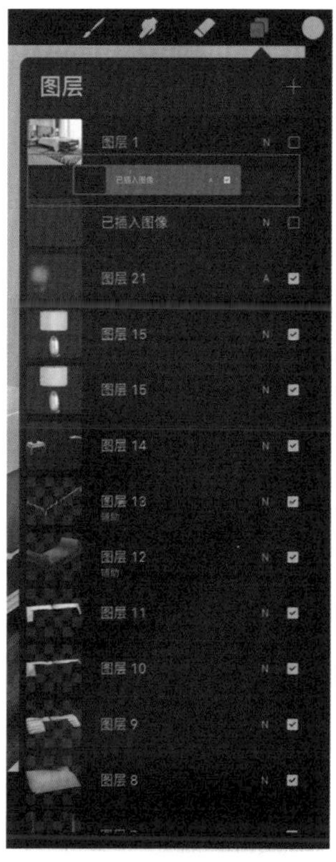

图 2-164　移动图层

7）多选

点击一个图层，在其他需要同时选中的图层上右划，同时选中多个图层，按住移动将选中的多个图层移动到需要的位置；多选图层后，长按选中的图层拖至画布中，所选图层全部复制，并置于图层顶部，如图 2-165 所示。

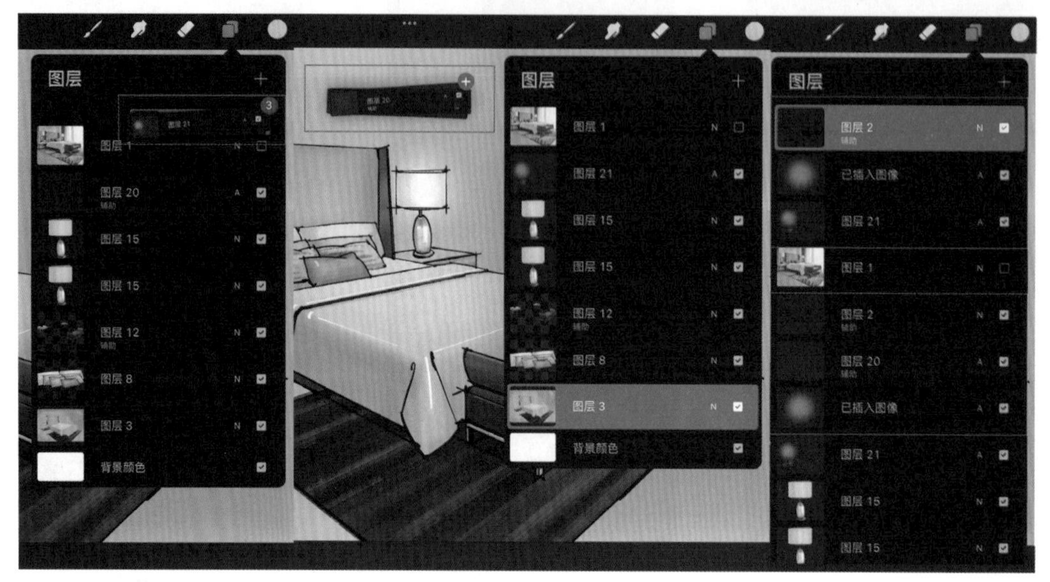

图 2-165　多选

13. 颜色

1）色盘

色盘颜色模式，点击色环面板，外环控制色相，内环控制明度、纯度，调选后新颜色显示在预览区左侧，右侧是之前使用过的颜色，方便进行比较，如图 2-166 所示。

2）经典

典型颜色模式，直接在色彩面板中选择色彩，通过色相改变颜色色彩，再通过明度、纯度进度条微调色彩，如图 2-167 所示。

3）色彩调和

色彩调和模式，色盘通过选择两种色彩作为互补色，进行调色，设置下方明暗进度条调整色彩亮暗，如图 2-168 所示，色彩调和更加适用于做灰色调画面。

4）值

值模式，通过 RGB、HSB 色彩数值，精准设置色彩色相，如玫瑰花 RGB 为 231.27.100，CMYK 为 339.88.91，如图 2-169 所示。

5）调色板

调色板自带部分套色，点击右上角，添加图片生成图片套色，长按色块进行删减，可根据用色习惯设置套色模板，如图 2-170 所示。

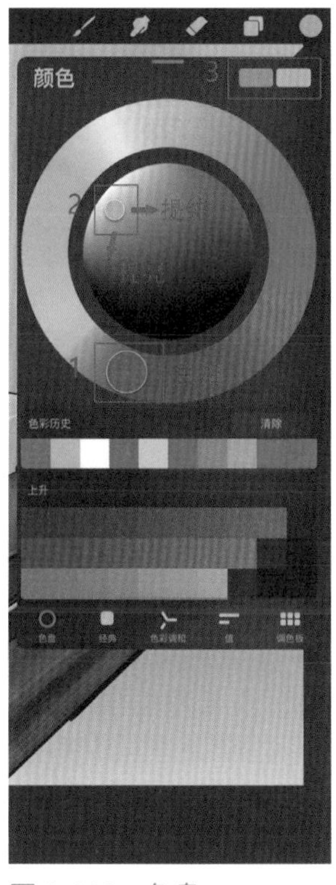

图 2-166　色盘

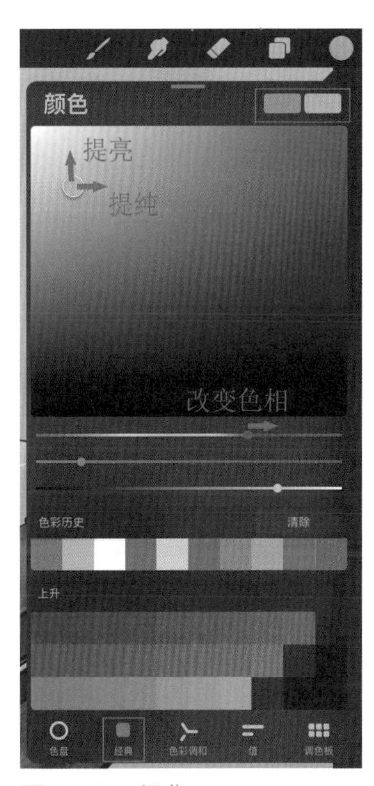

图 2-167　经典

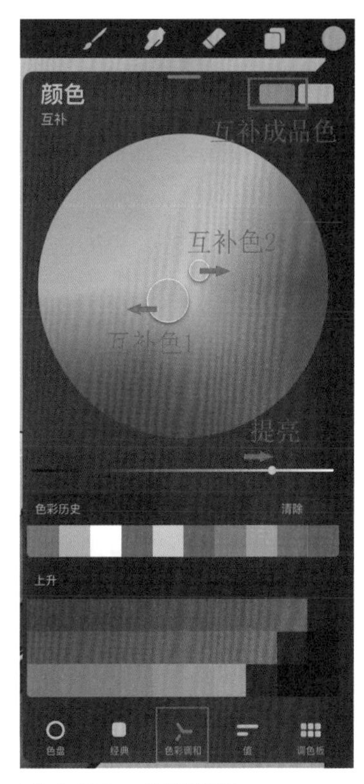

图 2-168　色彩调和

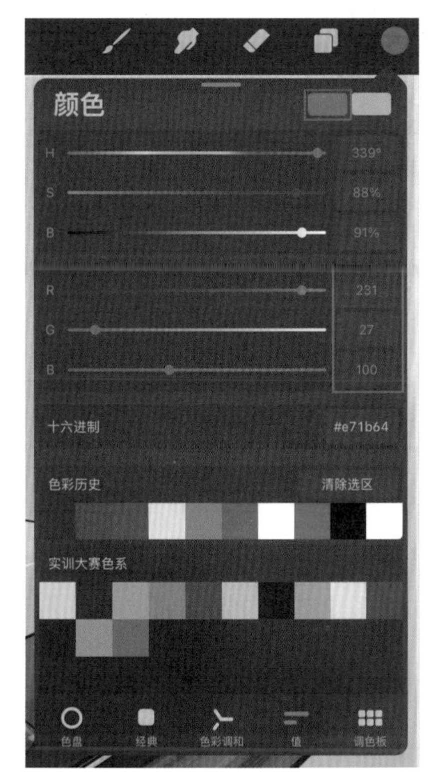

图 2-169　值

图 2-170　调色板

Procreate 常用手势列表如表 2.3 所示。

表 2.3 Procreate 常用手势列表及使用指南

序号	命令	快捷键	详解	序号	命令	快捷键	详解
1	辅助绘图	轻点【□】	在绘图区轻点【□】，在当前图层上切换绘图助理，作为绘图区域打开已经设置好的透视功能的快捷手势	5	清除图层	三个手指前后擦除清除图层	在绘图区上三个手指前后移动清空本图层
2	吸取颜色	手指触摸并按在画布上调用吸管	在绘图区域触摸并按住约 0.2s，在绘图区域吸取颜色	6	拷贝并粘贴	三指向下滑动	在绘图区域三指向下滑动屏幕，出现拷贝并粘贴等功能
3	速创形状	绘制并按住该画笔开始绘图	在绘图区域画一个图形按住 0.35s，出现编辑形状，点击进行图形编辑	7	图层选择	口 +Apple Pencil	快速选择绘画区域内容对应所在图层位置等操作
4	速选菜单	四指轻点	在绘图区域四指轻点屏幕就会出现速选菜单，添加常用操作：阿尔法锁定、新建图层、复制图层、向下合并等功能	8	捏合缩放旋转	两指捏合放大	在绘图区域用两个手指捏合放大，可以进行放大、缩小、旋转等功能

实操码 1-1 软件通识知识题

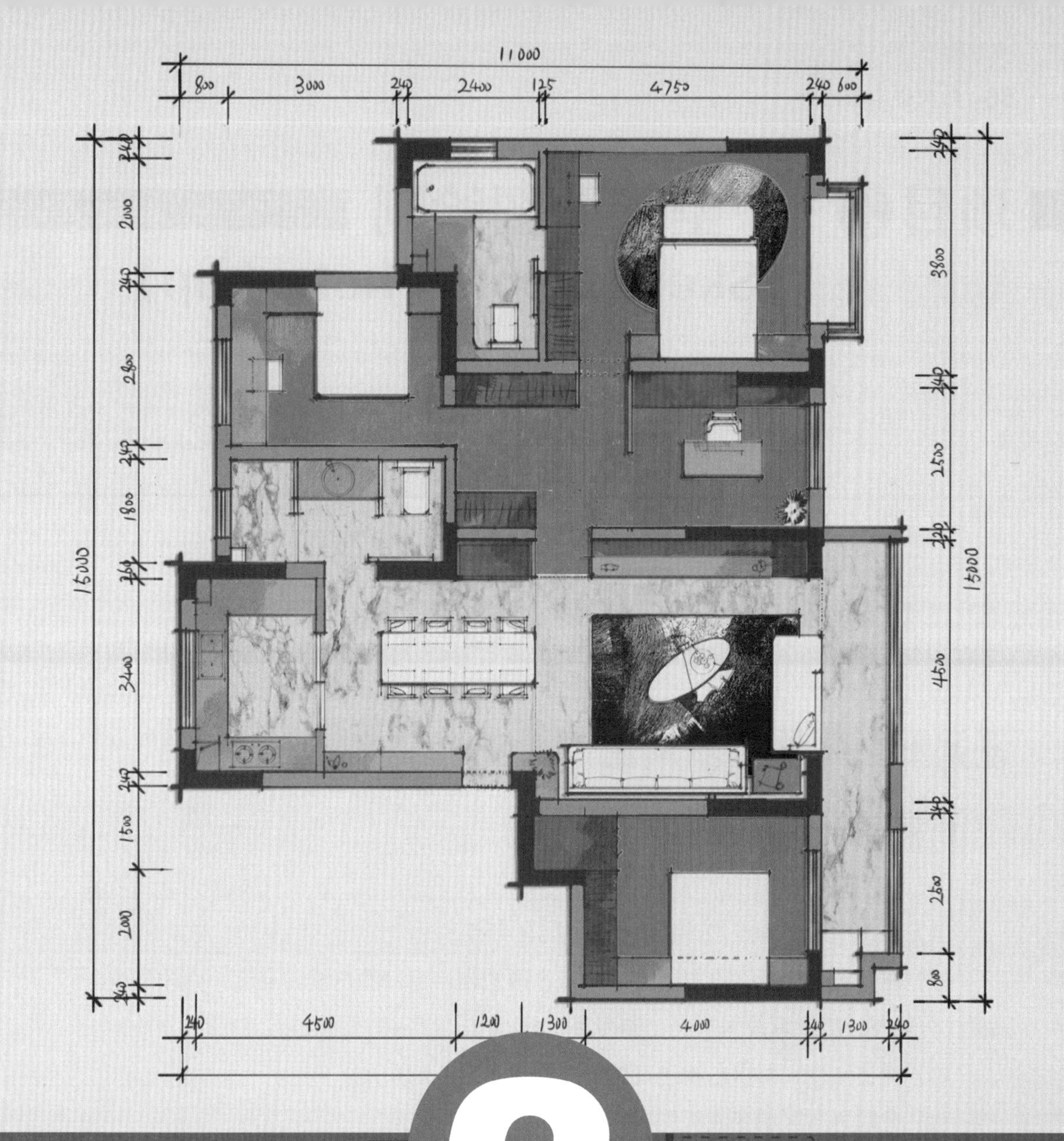

模块2 平面与立面制图要求

项目③ 户型平面图绘制（SketchBook+Photoshop）

彩色平面效果制图·微课二维码

任务6 平面图线稿绘制

1. 平面图绘制设置

1）设置画布

（1）点击编辑，再点击首选项，如图3-1所示。

（2）在首选项面板，点击画布，再点击取消使用窗口的宽度和高度，修改宽度、高度、分辨率，把像素改为毫米，如图3-2所示。

（3）点击文件，再点击新建【Ctrl+N】，如图3-3所示。

（4）此时画布区域变成新的A3画布，如图3-4所示。

2）添加图像

点击添加图像，加载参考平面图进入画布，按住键盘【V】调整图片，将图调整

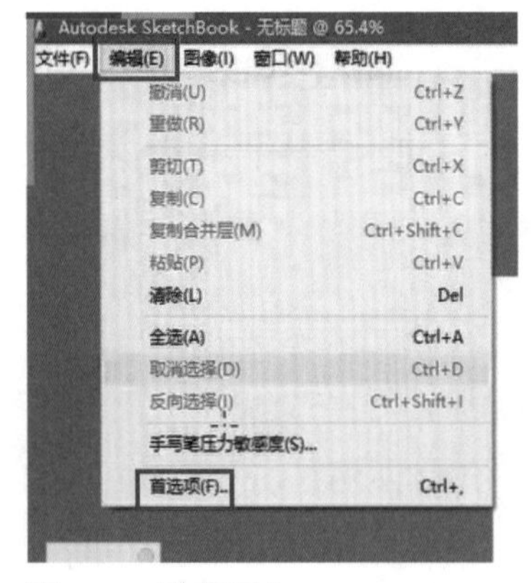

图3-1 设置画布1

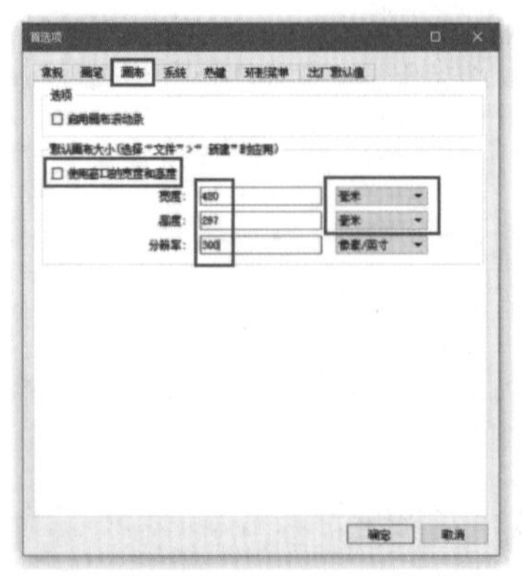

图3-2 设置画布2

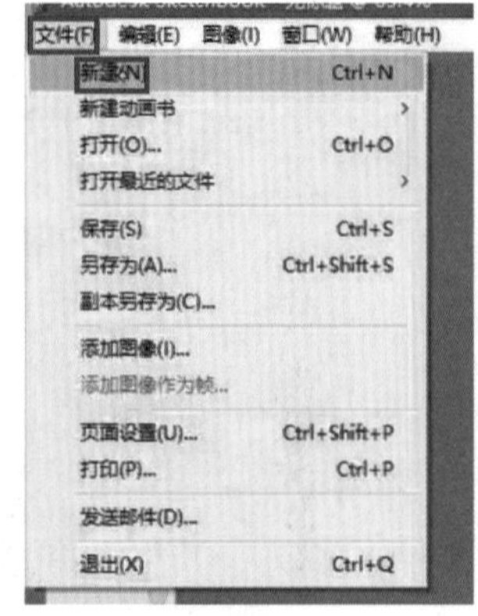

图3-3 设置画布3

到适当位置，如图 3-5 所示。

3）网格参考

点击载入相册，选择载入网格线，将平面图移至网格线前上方，设置网格图层模式为正片叠底，如图 3-6 所示。

4）设置参考

选择网格线图层，编辑【V】调整网格大小（拟设网格一格为 500mm × 500mm），移动至原始平面图尺寸对应位置，设置好网格尺寸参考图，如图 3-7 所示。

5）设置透视辅助

打开透视辅助【P】，选择一点透视，将透视点移动至画布左上方，这样绘制的线即为横平竖直，用于绘制平面立面图，如图 3-8 所示。

2. 绘制墙体

1）绘制外墙线

新建图层，使用铅笔（铅笔线的粗细，可参照建筑制图线标准设置），打开透视辅助【P】绘制墙体，先绘制墙体大框架，如图 3-9 所示。

图 3-4　设置画布 4

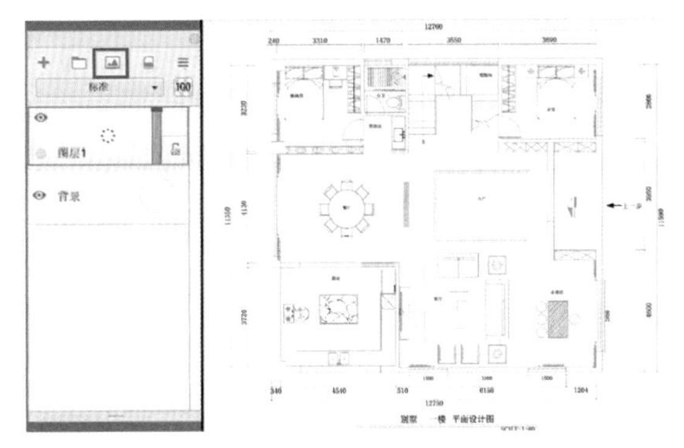

图 3-5　添加图像

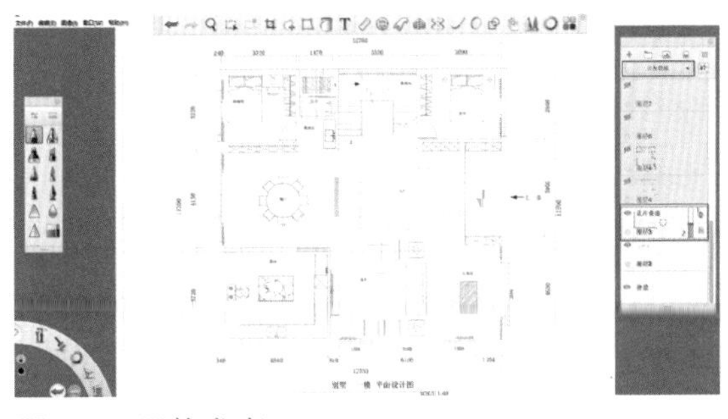

图 3-6　网格参考

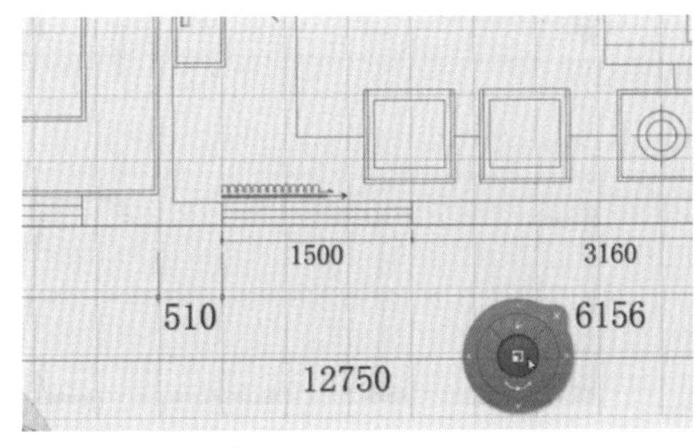

图 3-7　设置参考

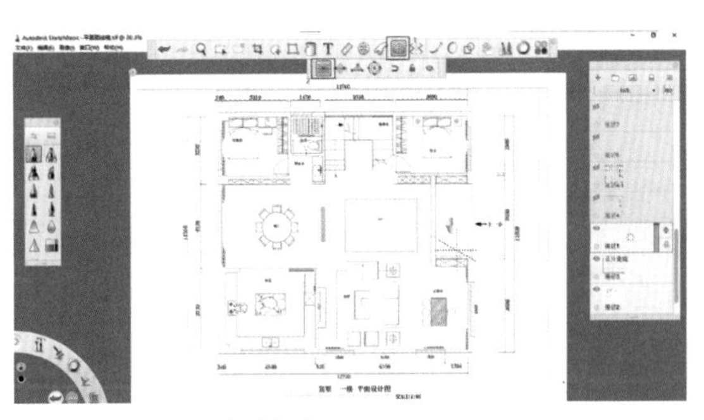

图 3-8　设置透视辅助

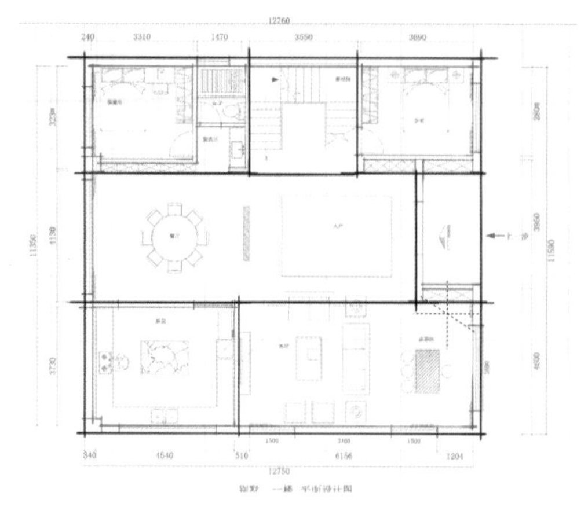

图 3-9 绘制外墙线

2）绘制内墙线

绘制内墙体时，内线不出外线，较为美观，依次绘制所有墙体线，如图 3-10 所示。

3）绘制门窗洞

绘制门窗洞，墙内增加两条细线，为窗的样式，见标注 1，按【P】键关闭透视辅助，绘制门扇，如标注 2，如图 3-11 所示。

4）填充

点击填充，设置容差值，长按色环工具选颜色，点击承重墙部分填充深灰色，点击墙体部分填充浅灰色，如图 3-12 所示。

完成平面空间墙体线稿绘制，如图 3-13 所示。

图 3-10 绘制内墙线

图 3-11 绘制门窗洞

图 3-12 填充

图 3-13 平面户型

3. 陈设绘制

1）绘制楼梯

新建图层，打开透视辅助【P】，先绘外轮廓再绘踏步；关闭透视辅助【P】，点击打开直尺，调整直尺位置，绘制断层符号，如图 3-14 所示。

2）绘制柜体

新建图层，打开透视辅助【P】，点击画笔库的铅笔，先绘制柜体轮廓，再划分柜体；新建图层，使用直尺工具绘制柜体斜线，如图 3-15 所示。

3）完成固装

依此步骤，绘制整屋柜子，完成后可将所有柜体图层合并，如图 3-16 所示。

4）绘制床

新建图层，打开透视辅助【P】，先用直线完成轮廓造型，点击预测笔迹，短圆弧线绘制床的角，如图 3-17 所示。

5）绘制餐桌

新建图层，点击圆形工具，调整圆形大小及位置，使用铅笔进行绘制，绘制餐桌；

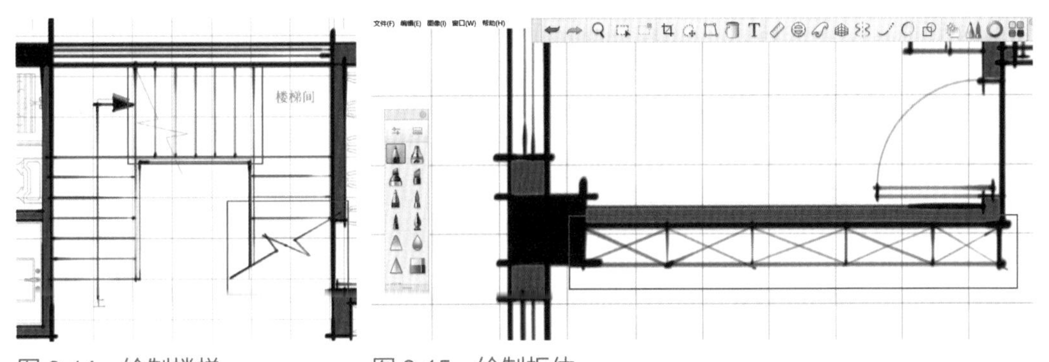

图 3-14　绘制楼梯　　图 3-15　绘制柜体

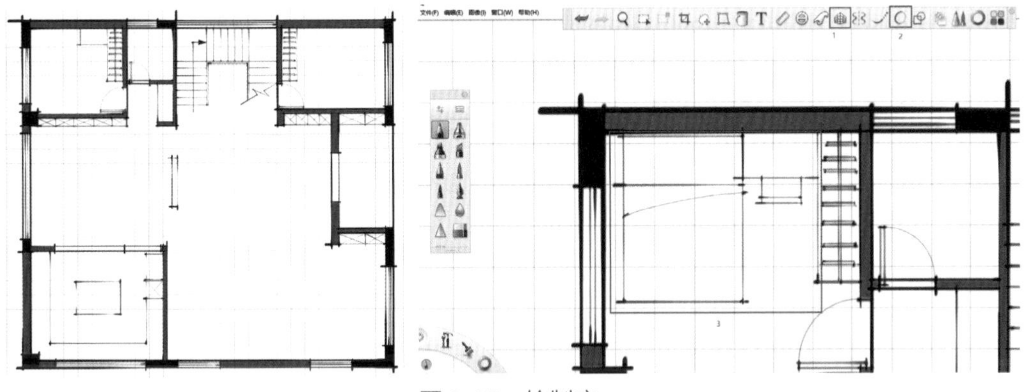

图 3-16　完成固装　　图 3-17　绘制床

新建图层，点击预测笔迹，打开镜像，绘制餐椅平面造型；合并餐桌线稿图层，如图 3-18 所示。

6）绘制沙发

新建图层，打开透视辅助【P】，先绘制沙发形体轮廓，再细化沙发造型；新建图层，打开椭圆工具，调整椭圆大小与位置，绘制圆形台灯；新建图层，绘制几何体茶几，合并沙发区域图层，如图 3-19 所示。

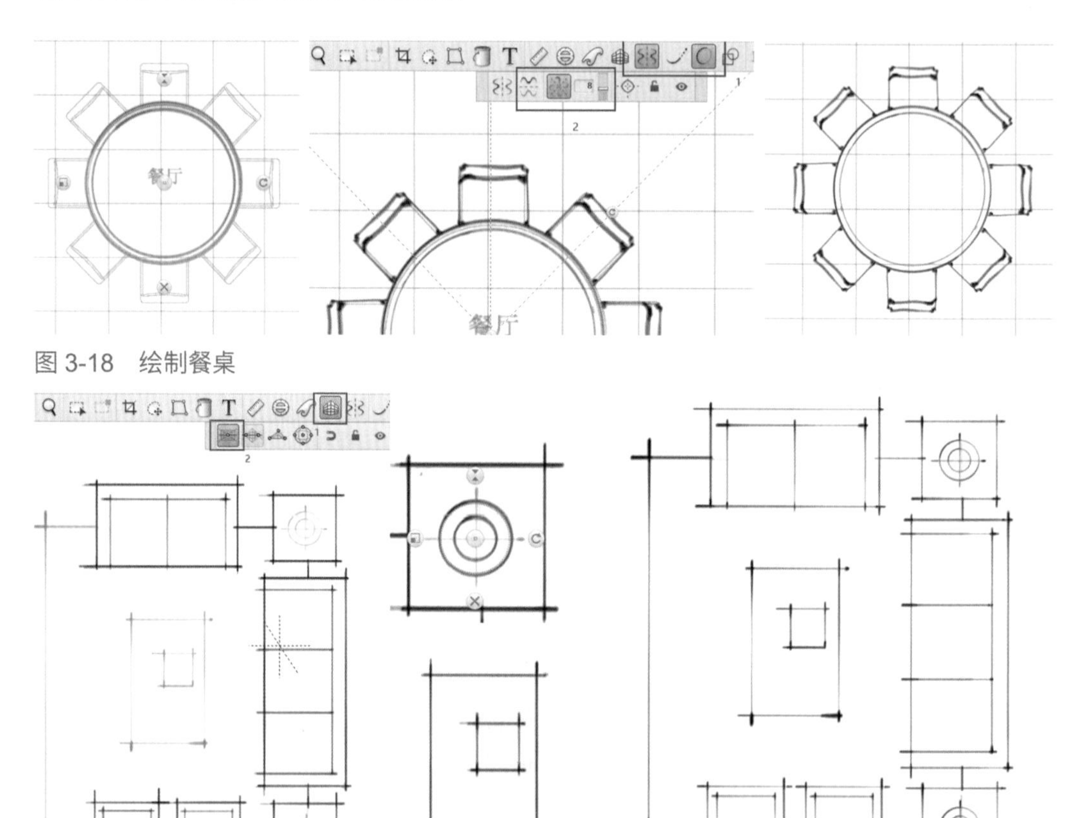

图 3-18　绘制餐桌

图 3-19　绘制沙发

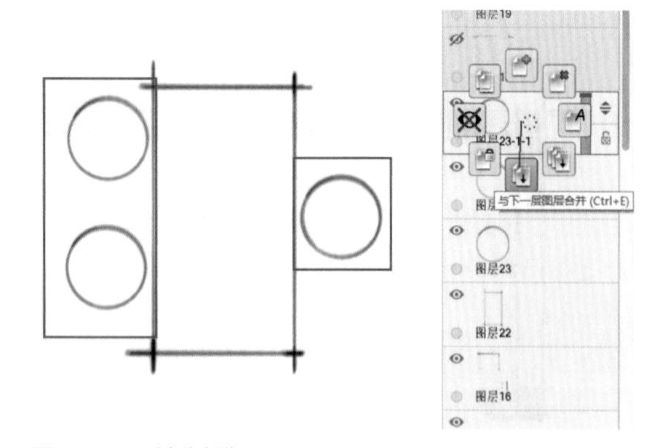

图 3-20　绘制凳子

7）绘制凳子

新建图层，使用椭圆工具绘制凳子，复制凳子图层，移动【V】到合适的位置，再对所有凳子图层进行合并，如图 3-20 所示。

4. 标注绘制

打开网格线图层，按照前期网格

线设置（500mm × 500mm），作为标写空间尺寸的参考，建立新图层，打开透视辅助【P】，选择铅笔，绘制尺寸标注符号线，如图 3-21 所示。

新建图层，关闭透视辅助，参考网格线，先标注上下水平尺寸数据；点击图像，选择逆时针旋转图像，完成左右竖向尺寸标注，如图 3-22 所示。

5. 整体优化

新建图层，手写空间布局名称与图名，再新建图层，打开透视辅助【P】，在背光的墙体或物体外轮廓适当加重，整体绘制一遍，统一画面效果，如图 3-23 所示。

绘制过程需要经常性保存【Ctrl+S】，绘制完成后，再次保存【Ctrl+S】，此时保存格式为 TIF 格式；点击另存为【Ctrl+Shift+S】，保存类型选择 PSD 格式，即可在 Photoshop 软件打开以上内容并保持原有图层设置，使用 Photoshop 软件开展色彩效果绘制。

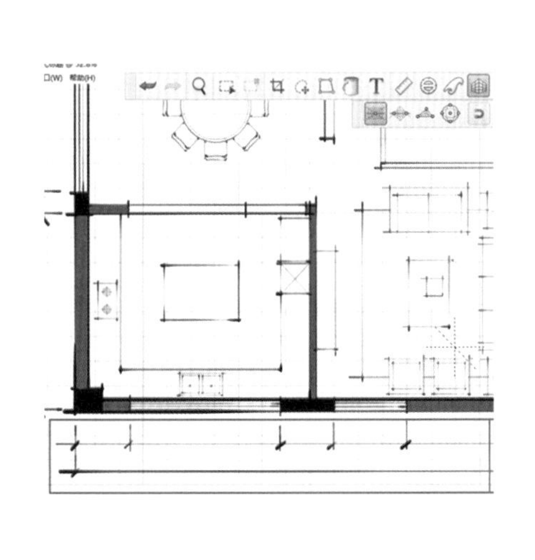

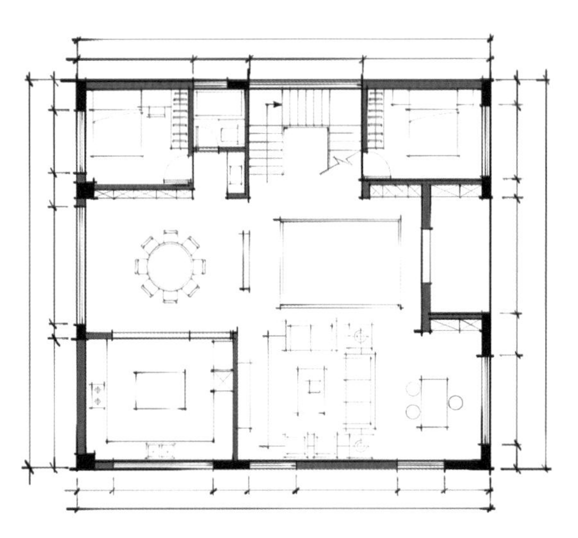

图 3-21　标注

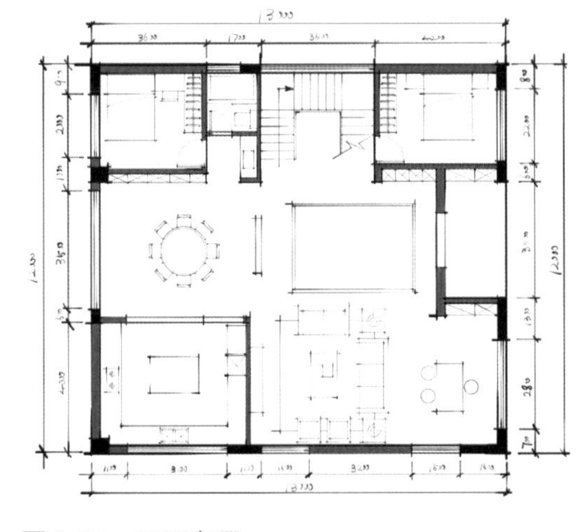

图 3-22　平面布局

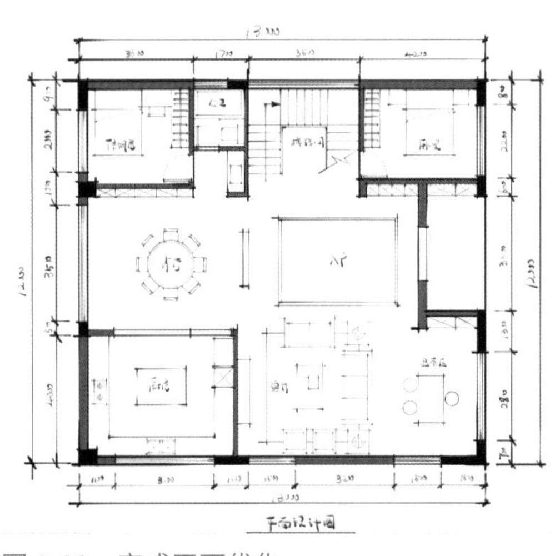

图 3-23　完成平面优化

实操码 2-1　户型平面图线稿临摹

任务 7　户型彩平图绘制

彩色平面图形式多样，常用效果有色块彩平图、色彩彩平图等，下面就平面图常用的两种效果进行详述。

1. 色块彩平图

1）设置线稿图层

上色前设置，打开平面图 PSD 格式文件，按住【Shift】键选择所有可见且需要呈现的内容，合并图层【Crtl+E】，双击图层名称进行修改，设置为“平面图线稿”，如图 3-24 所示。

图 3-24　设置线稿图层

2）创建底图

在线稿图层的下方新建一个图层，默认前 / 背景色【D】，将前景色变成黑色，背景色变成白色，将新建的图层填充背景色【Ctrl+Delete】，如图 3-25 所示。

（注：线稿图层，置于图层最上方，保留整体线稿呈现色彩效果。）

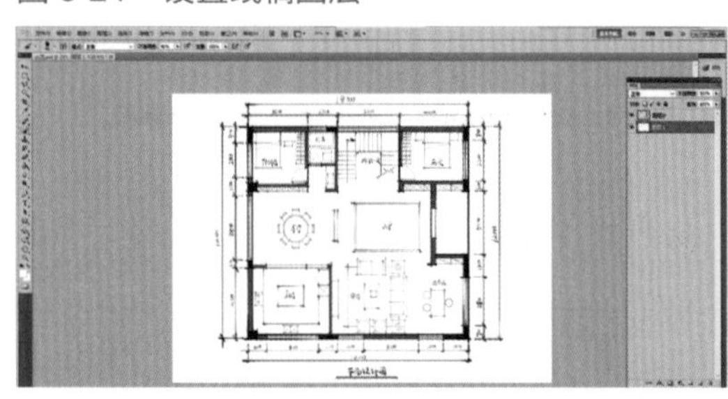

图 3-25　创建底图

3）衣柜填色

新建图层，使用矩形选区【M】框选需要填色的区域，拾取前景色【Q】，设置木地板颜色，填充前景颜色【Alt+Delete】，如图 3-26 所示。

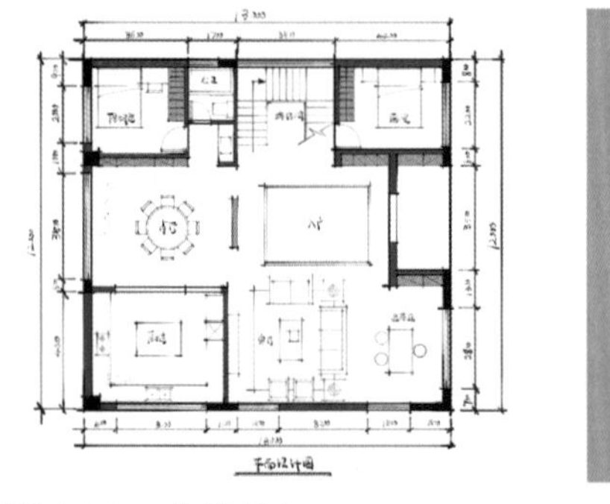

图 3-26　衣柜填色

（注：同一种地面材质，用同一种颜色表示。）

4）地面填色

重复以上操作，给不同功能区域新建一个图层填充颜色，可适当调整透明度，如图 3-27 所示。

5）彩平图填色

选择线稿图层，使用选区工具【W、L、M】，将家具与柜体区域选出后，选择色块图层后删除选区色块区域【Delete】，如图 3-28 所示。保存【Ctrl+S】，再另存为【Shift+Ctrl+S】为“色块彩平图”JPG 格式。

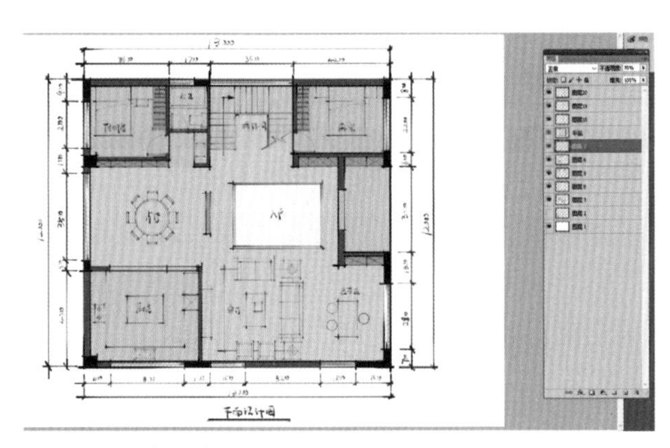

图 3-27　地面填色

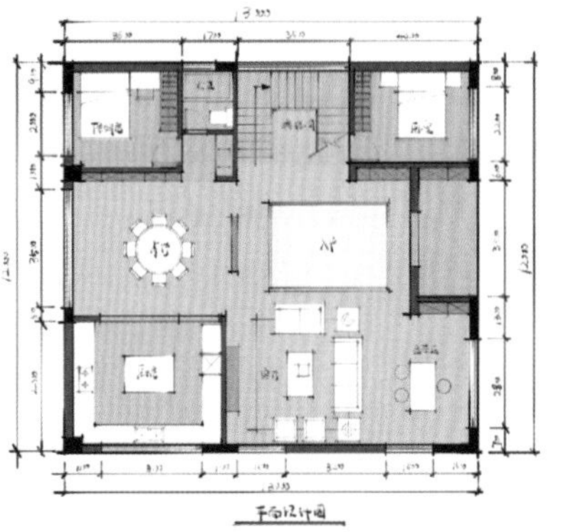

图 3-28　彩平图填色

2. 色彩彩平图

结合材质贴图，进行平面效果处理，使用素材如图 3-29 所示。

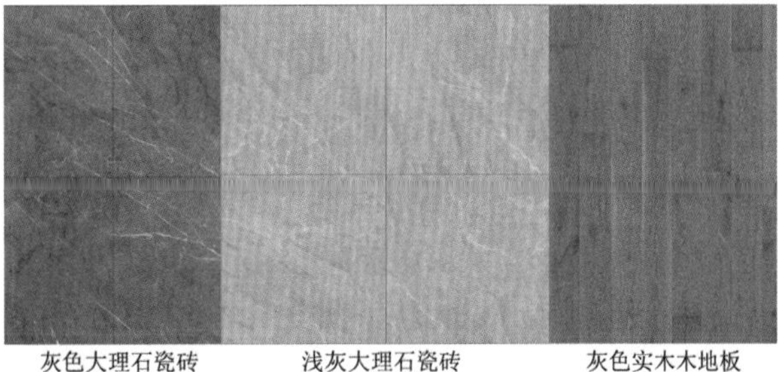

图 3-29　材质

1）木地板地面制作

（1）使用无缝灰色实木木地板贴图素材，拉进 Photoshop 中，放在使用木地板空间的色块图层上方，按住【Shift】键等比例缩放图片至合适大小，按回车键取消编辑【Enter】，如图 3-30 所示。

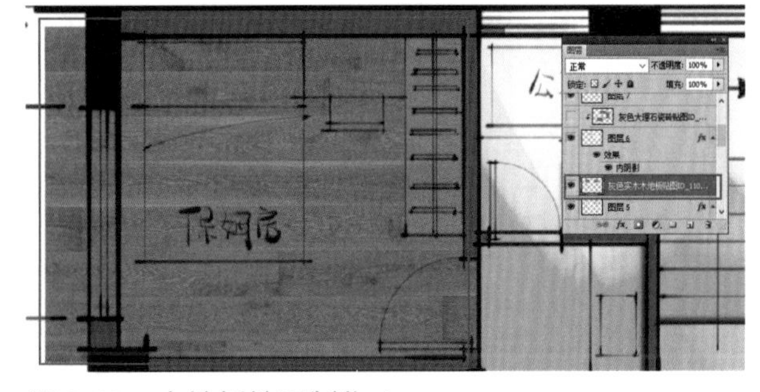

图 3-30　木地板地面制作 1

（2）移动【V】灰色实木木地板贴图，同时按住【Alt】键可复制素材，移至卧室区域，如图 3-31 所示。

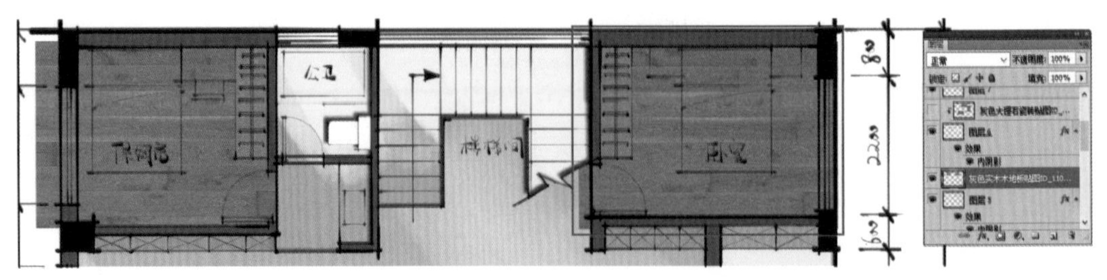

图 3-31　木地板地面制作 2

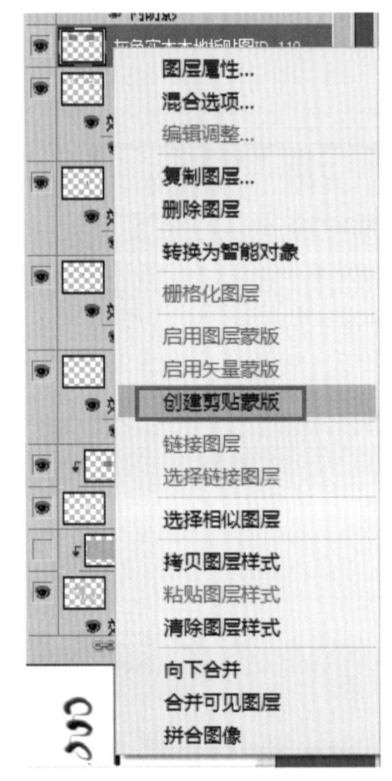

图 3-32　创建剪贴蒙版

（3）选择全部木纹素材合并【Ctrl+E】，右键单击素材文字，选择创建剪贴蒙版，如图 3-32 所示。

2）木地板光影制作

（1）在灰色实木木地板贴图素材图层，把图层模式标准改为正片叠底，如图 3-33 所示。

（2）隐藏木纹素材不可见，点击下方色块图层，吸取前景色【Q】，先拾取色块颜色，点击确定，如图 3-34 所示。

（3）打开显示素材图层，点击色块图层，使用画笔【B】，右键选择上色笔刷，前景色调重，绘制背光区域。前景色调浅，绘制受光区域，如图 3-35 所示。

按照上述方法，逐一绘制其他地面材质效果，如图 3-36 所示。

（注：绘制地面材质时，要统一光源方向。）

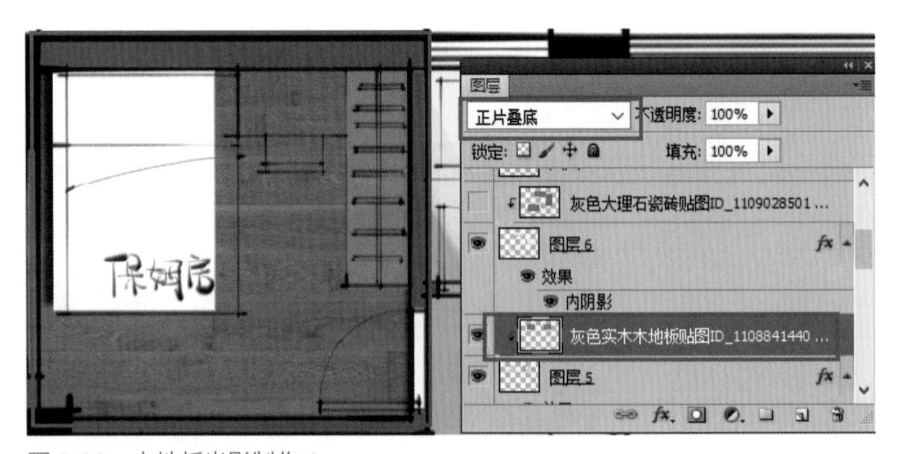

图 3-33　木地板光影制作 1

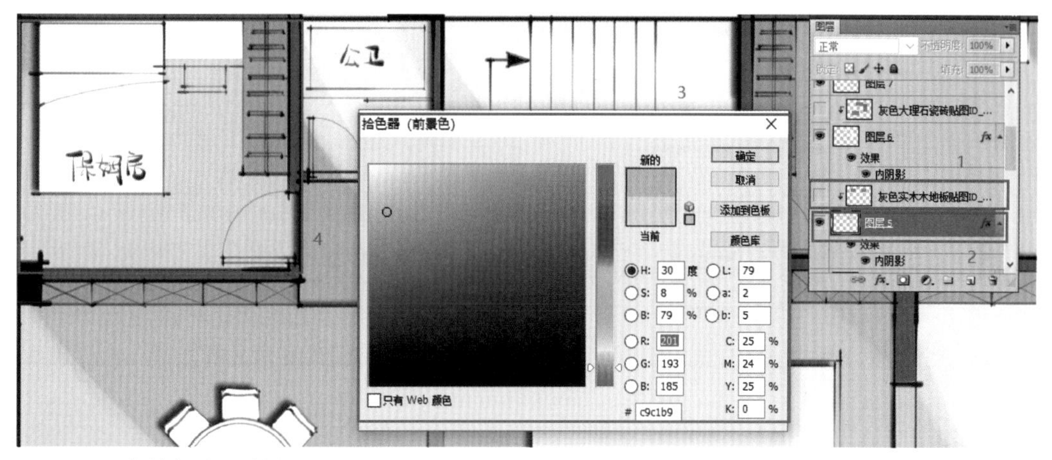

图 3-34　木地板光影制作 2

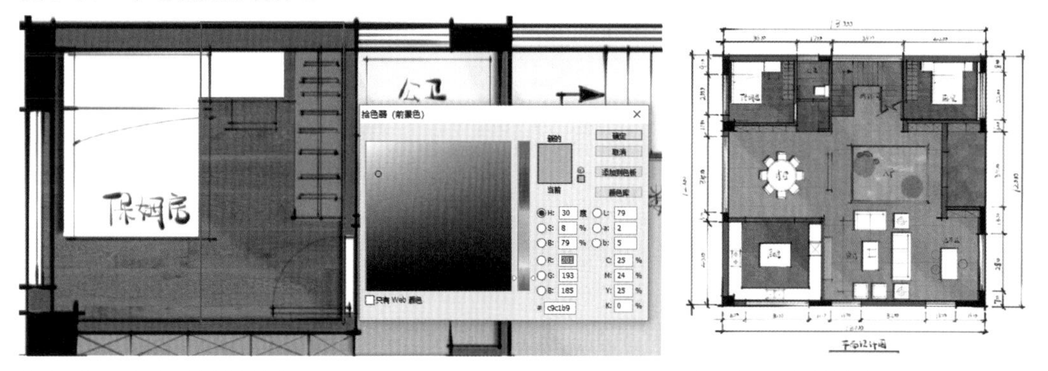

图 3-35　木地板光影制作 3

图 3-36　地面材质

3）添加平面图底色

点击图层最下方的背景图层，拾取前景色【Q】选择底色颜色，填充图层【Alt+Delete】，完成如图 3-37 所示。

4）室外光源设置

（1）选择对应空间区域色块图层，双击图层，弹出图层样式，点击内阴影，调整角度，再调整距离，确认完成设置，如图 3-38 所示。

（2）点击设置好的效果，按住【Ctrl】移动至其他色块图层，即可复制内阴影效果，如图 3-39 所示。

（3）在平面图层下方新建图层，把图层模式正常改为变亮，不透明度改为 73%（按照最终效果调节），如图 3-40 所示。

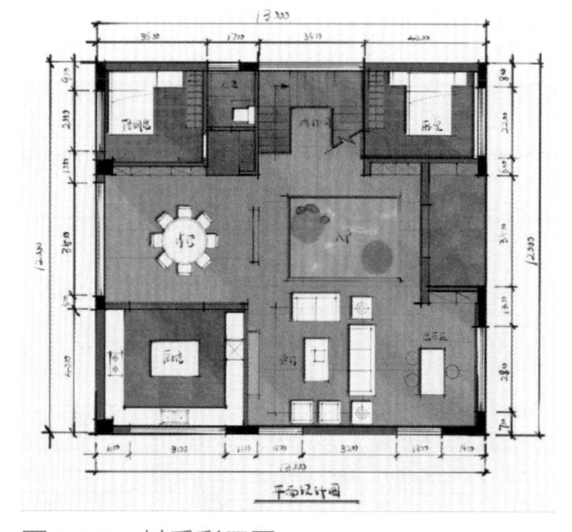

图 3-37　材质彩平图

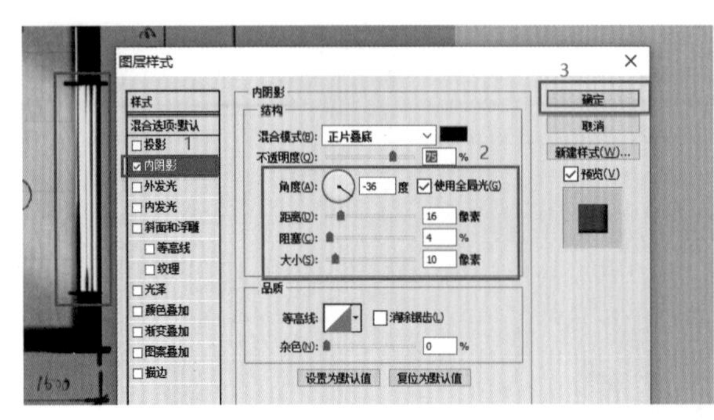

图 3-38　室外光源设置 1

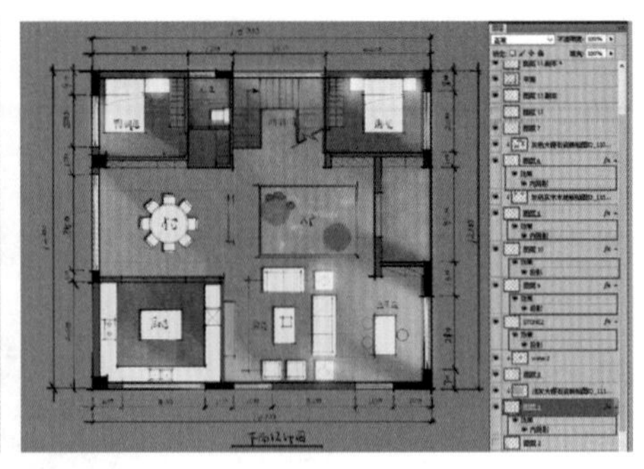

图 3-39　室外光源设置 2

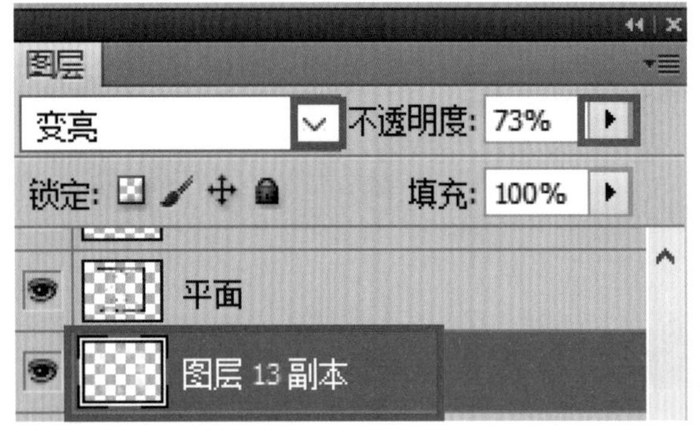

图 3-40　室外光源设置 3

（4）使用多边形套索工具【L】，根据门窗洞的位置，绘制出光线照射区域；使用画笔【B】，右键选择灯光画笔，前景拾色器【Q】，选择室外环境色彩，拾取淡蓝色；放大灯光笔刷，从强光源向弱光源的区域轻轻涂抹绘制室外光源效果，如图 3-41 所示。

（5）取消选区【Ctrl+D】，点击滤镜，选择“模糊＞高斯模糊”，打开预览，调整半径，使绘制光线区域产生模糊效果，点击确定，如图 3-42 所示。

（6）按照如上步骤依次绘制空间全部室外光效果，也可同步绘制完成，最后按照整体光源效果调整不透明度，使光效柔和，烘托画面效果；加强光影效果，将背景色调整为冷深灰色，如图 3-43 所示。

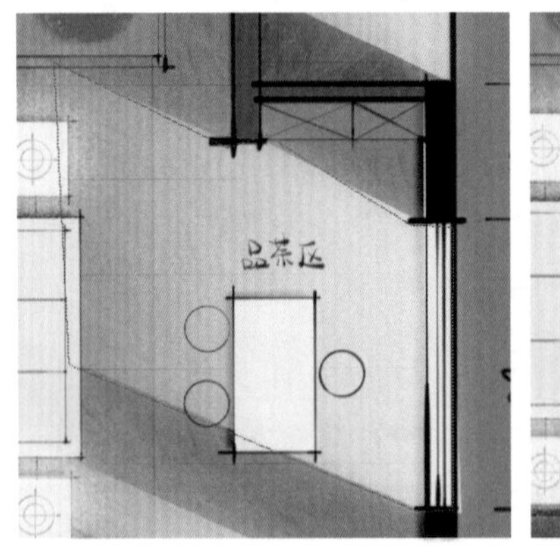

图 3-41　室外光源设置 4

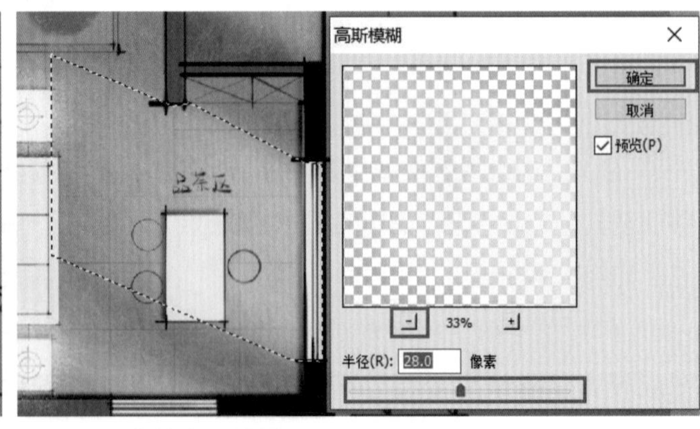

图 3-42　室外光源设置 5

5）室内光源设置

（1）新建图层，使用画笔【B】，右键选择灯光笔刷，前景色为暖白色，用笔轻轻绘制同心圆，绘制筒灯、台灯效果，再点击前景色【Q】，将颜色调整白一些，把笔刷缩小，在之前绘制的灯光中心打圈绘制一层偏白的光效，完成灯光光源效果，如图 3-44 所示。

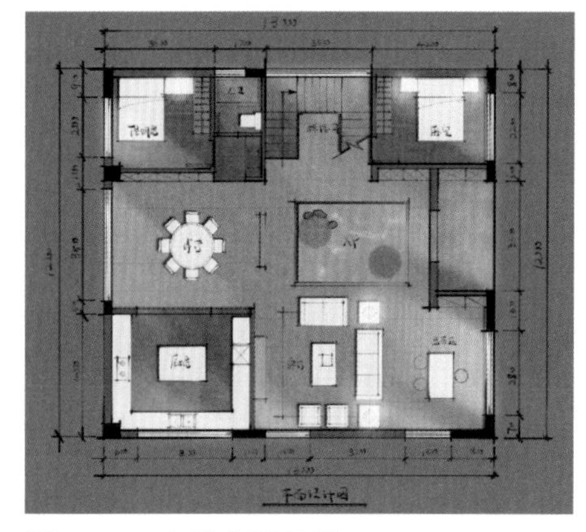

图 3-43　室外光源效果

（2）复制灯光到对应区域，全部合并灯光图层，将图层模式改为变亮，调整透明度，完成灯光效果，如图 3-45 所示。

户型平面图案例欣赏如图 3-46 ～图 3-48 所示。

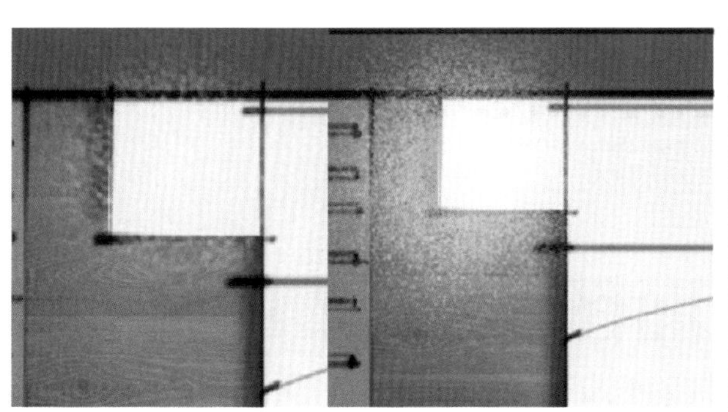

图 3-44　室内光源设置

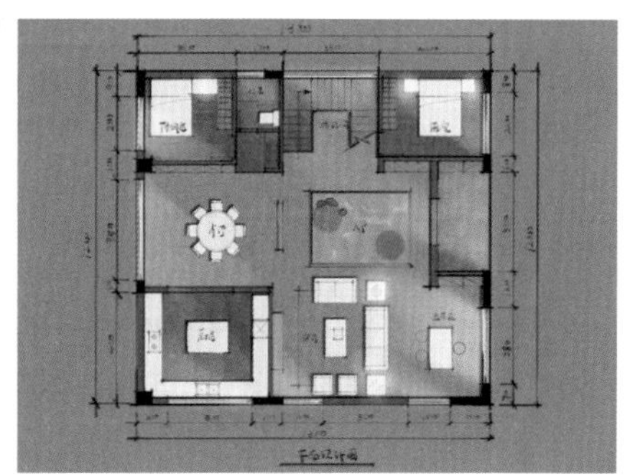

图 3-45　户型平面效果

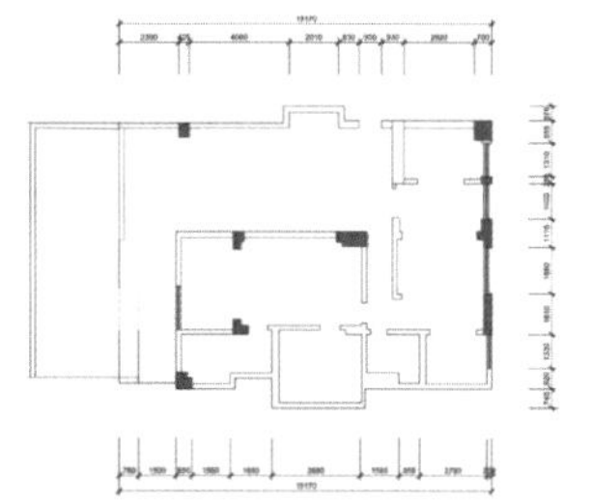

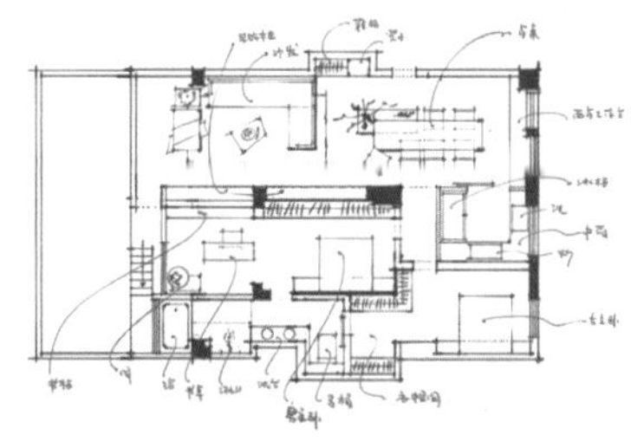

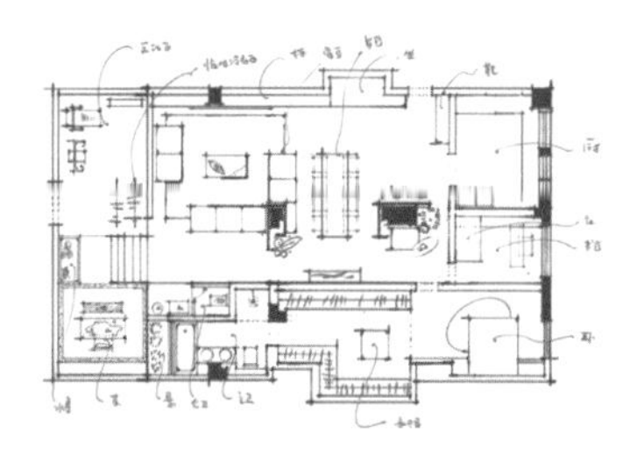

图 3-46　半山丽园户型改造方案

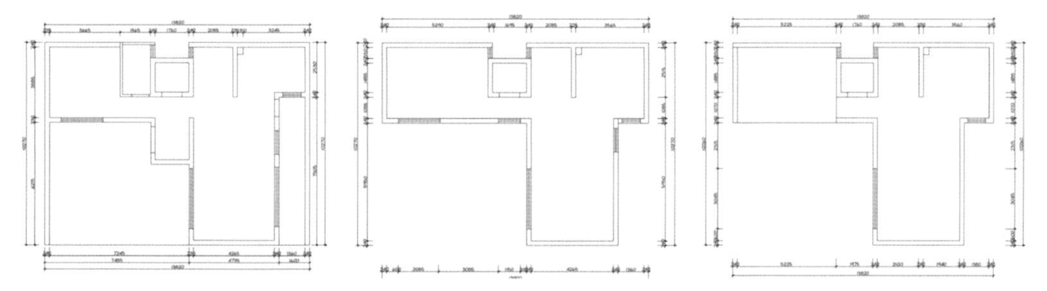

图 3-47　绿地城 • 十里春风 • 别墅原始平面图

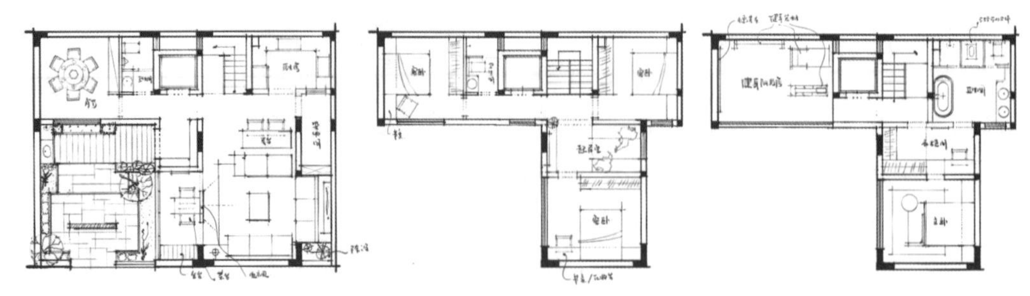

图 3-48 绿地城·十里春风·别墅平面方案

实操码 2-2 平面布置设计及绘制彩平图

项目④ 户型立面图绘制（Procreate）

彩色立面效果制作·微课二维码

任务 8 立面图线稿绘制

1. 参考设置

点击【+】，创建 A3 画布；添加平面图作为参考，点击操作，选择添加，插入照片，从相册中选择参考平面图；点击套索工具，选择矩形（注意关闭颜色填充），框选书房平面图区域，点击拷贝并粘贴，选择区域自成一个新图层，如图 4-1 所示。

（注：选择区域为书房套内面积往外一些，确保选择区域能看到门窗洞口位置，便于绘制空间框架。）

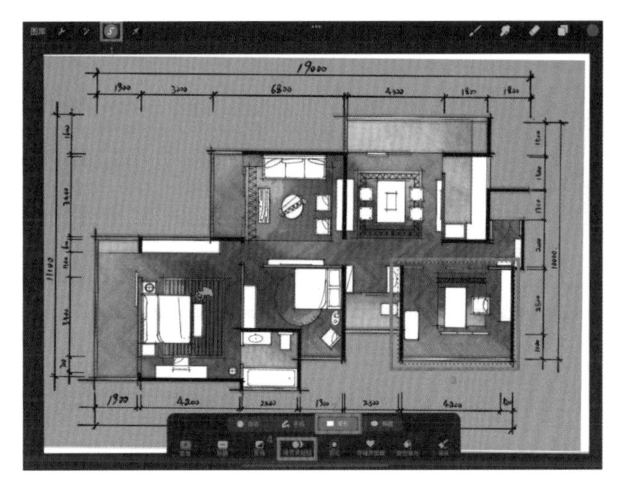

图 4-1　设置参考 1

2. 引线定型

1）编辑绘图指引

隐藏平面图层，移动旋转书房选择平面，保留绘制立面区域；点击操作，选择画布，点击绘图指引，选择编辑绘图指引，如图 4-2 所示。

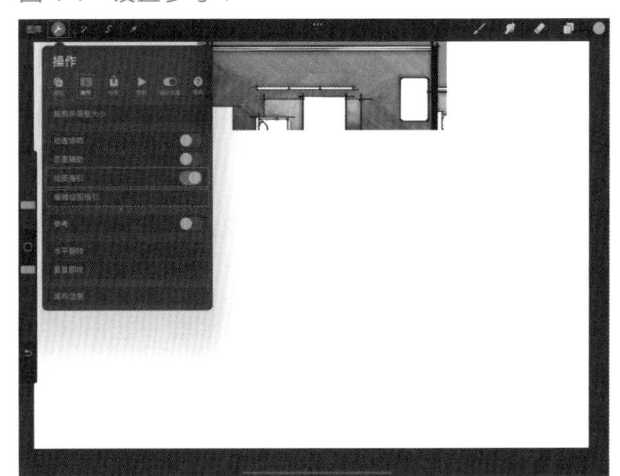

图 4-2　设置参考 2

2）调整网格尺寸

点击 2G 网格，选择网格尺寸，将网格控制点对齐墙体，调整网格尺寸，如图 4-3 所示。

（提示：网格调整应参考平面图尺寸，如平面宽度为 4000mm，一格表示 500mm，则需设置 8 格对应此平面。）

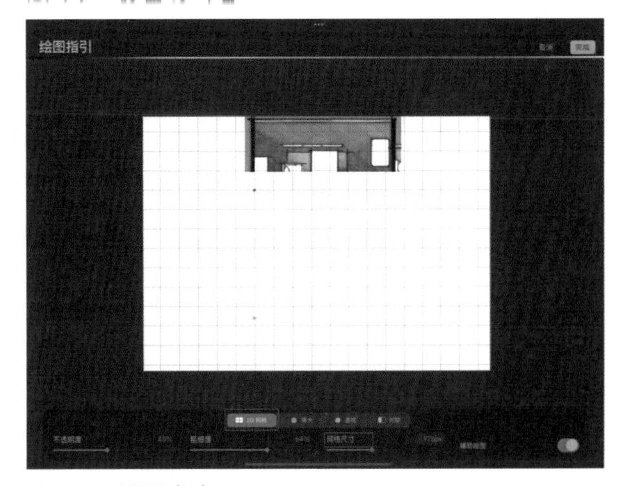

图 4-3　设置参考 3

3）绘制分析线

（1）新建图层，打开绘制辅助【□】，沿参考平面绘制出立面墙线，如书房高为 3000mm，单位网格拟为 500mm，绘制地面线与天花线（6 格 =3000mm），如图 4-4 所示。

（2）新建图层，选用蓝色 / 青色，从平面家具定位绘制引线，确定出立面造型所处位置，再按照网格推算高度，绘制出柜体、家具等造型参考线，如图 4-5 所示。

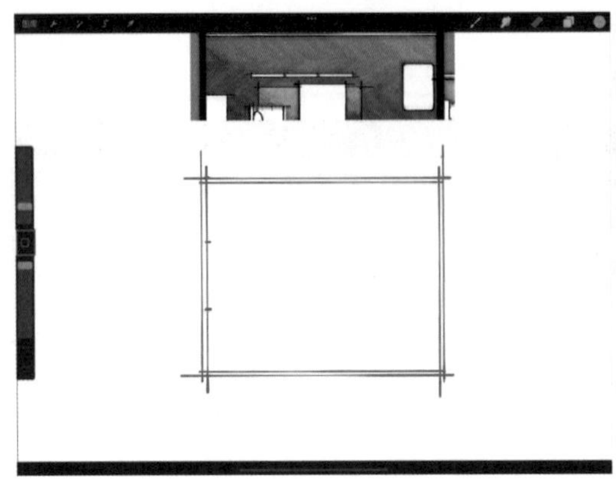

图 4-4 绘制分析线 1

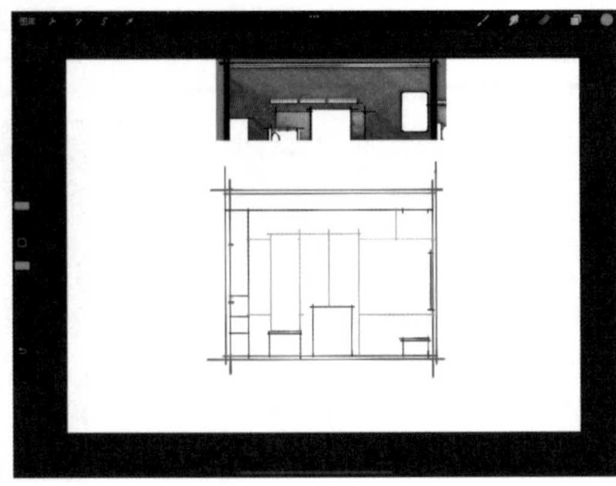

图 4-5 绘制分析线 2

（提示：前期定位分析，根据内容的不同，选用不同颜色作为分析线，有利于观看整体造型效果，以便修改和后期深化。）

3. 立面线稿效果绘制

1）调整透明度

将定型分析图层透明度调整为 50%，在顶部新建图层，如图 4-6 所示。

2）绘制立面框架

点击画笔，选择线稿画笔，设置画笔为黑色，打开绘画辅助【⊔】，以红色线为参考，绘制立面墙体，如图 4-7 所示。

（提示：绘制线时，时刻保持线与线相交，便于后期色彩处理。）

3）绘制陈设

新建图层，以蓝色线为参考，在透视辅助下绘制直线造型，取消辅助后绘制异型造型，将立面物体造型逐一刻画，如图 4-8 所示。

4）绘制细节

新建图层，以青色线为参考，绘制屏风造型及阳台栏杆时，控制线的粗细，让空

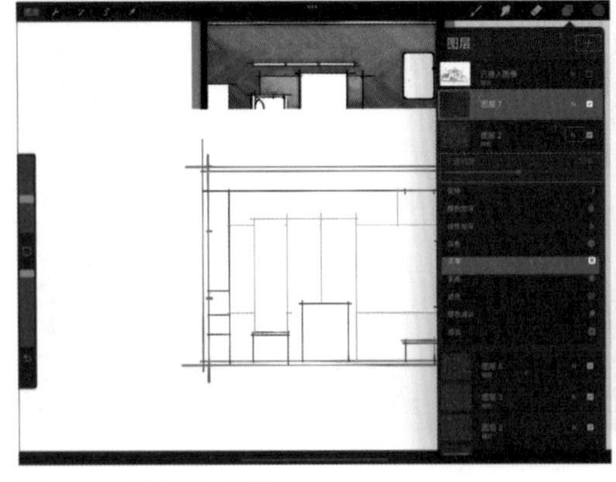

图 4-6 绘制分析线 3

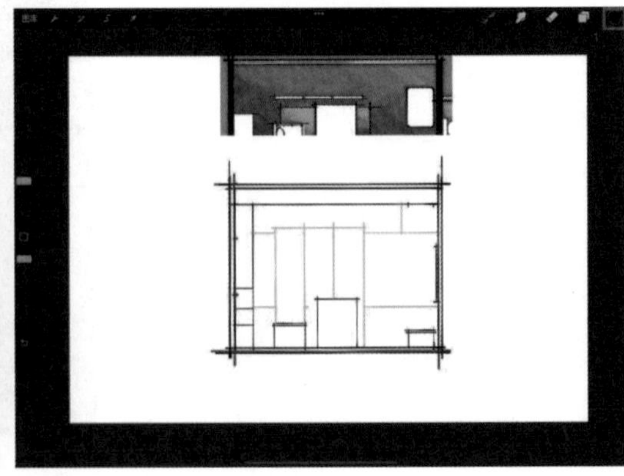

图 4-7 绘制立面框架

间产生进深感，也可适当降低图层透明度，拉开空间效果；新建图层，装饰点缀画面，刻画出吊灯、装饰物，适当加重画面局部，强调画面效果，如图 4-9 所示。

4. 尺寸标注

将辅助线稿的图层关闭，呈现立面线稿效果；编辑绘图指引，设置透明度让平面网格可见，新建图层，绘制标注线；新建图层，关闭绘画辅助【□】，使用线稿笔刷或文字类笔刷，参考平面网格编写尺寸数据，如图 4-10 所示。

保存文件并将其命名为书房立面线稿，如图 4-11 所示。

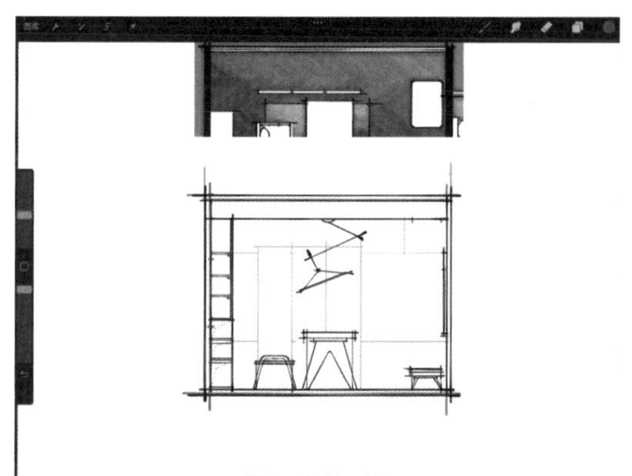
图 4-8　绘制陈设

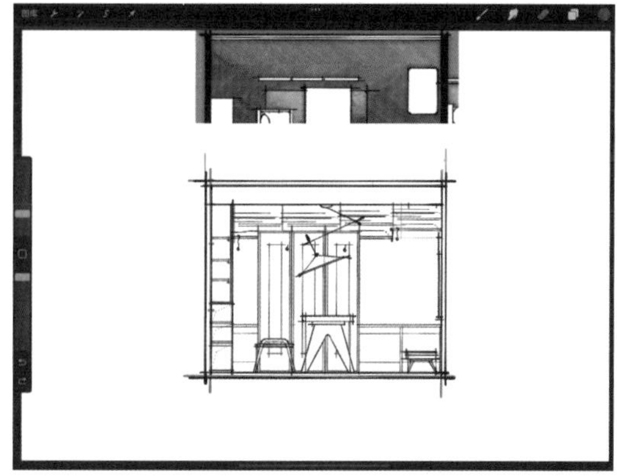
图 4-9　绘制细节

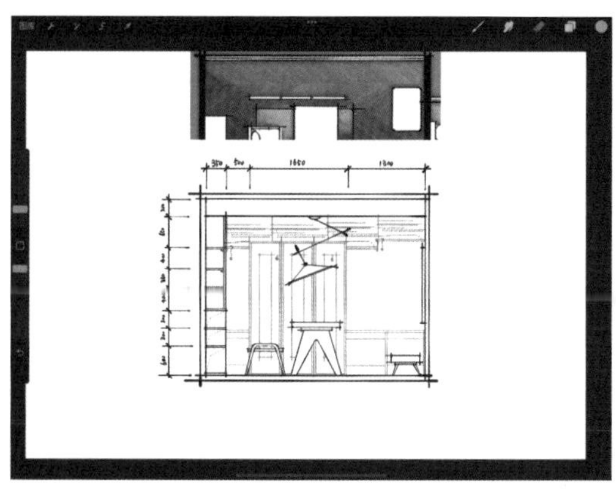
图 4-10　尺寸标注

图 4-11　保存

实操码 2-3　立面施工图线稿临摹

任务 9 立面效果图绘制

1. 整体色彩

1）色彩参考

将书房立面线稿文件进行复制，设置复制后文件名称为书房色彩效果，打开线稿图层合并，点击图层设置为参考；点击操作，选择添加，点击插入照片，添加一张氛围图作为配色参考，置于画面空白一角，如图 4-12 所示。

2）室外环境

新建图层置于线稿下方，点击画笔，选择树叶画笔绘制室外效果，如图 4-13 所示。

3）陈设色彩绘制

（1）新建图层绘制竹帘，长按参考图片中窗帘的颜色【吸取颜色】，点击套索工具，选择自动或手动，点击颜色填充；点击图层，选择阿尔法锁定图层内容区域，选择对应肌理画笔，制作竹帘纹路效果，如图 4-14 所示。

（2）运用同样的方法，使用先填充各个造型区域颜色色彩，再使用玻璃笔刷制作玻璃、直木纹制作木板等效果，如图 4-15 所示。

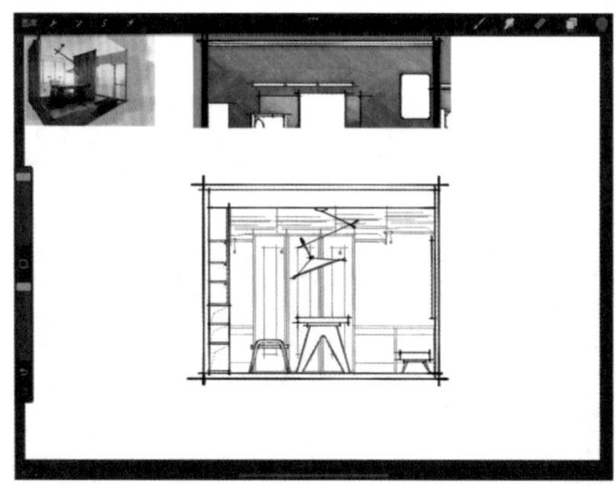

图 4-12 色彩参考

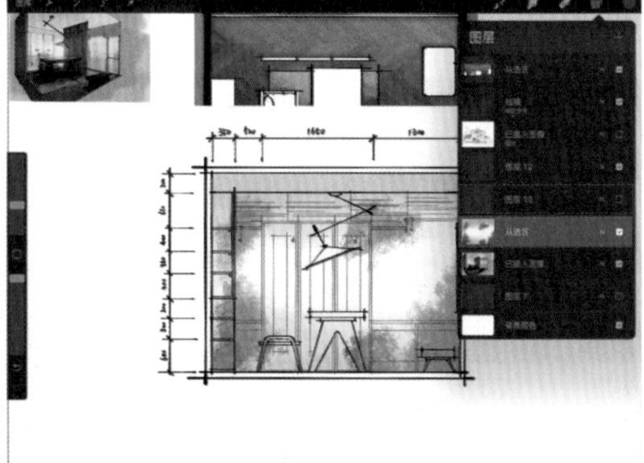

图 4-13 室外环境

图 4-14 陈设色彩绘制 1

图 4-15 陈设色彩绘制 2

（提示：立面墙面或立面大造型物体，基本色彩填充后，横向中间提亮色彩，上下两头加重，是由室内筒灯灯光照射于墙体中间部位上下扩散光效果影响所致。）

（3）长按参考图吸取家具颜色，选择自动、手绘，点击自动填充家具颜色，点击家具图层设置为阿尔法锁定，选择上色画笔笔刷，将家具中间提亮，左右两边适当加重；选择木纹画笔，将颜色调深，绘制家具木纹；运用同样的方法，绘制桌椅及筒灯，如图 4-16 所示。

图 4-16　陈设色彩绘制 3

2. 灯光效果绘制

1）绘制点光源

新建图层，调整图层模式为【添加】，点击画笔，选择灯光笔刷，将颜色设置为暖白色，在吊灯造型处进行绘制，从中间向外绘制圆形，绘制光源效果，如图 4-17 所示。

2）绘制筒灯光源

新建图层，调整图层模式为【添加】，点击画笔，选择筒灯笔刷，将颜色设置为暖白色，对应筒灯照射位置点击绘制光域网，如图 4-18 所示。

3. 画面优化

点击操作，选择添加，点击拷贝画布，将所有可见图层效果进行整体拷贝，此时再点击粘贴，将拷贝效果复制成新图层，如图 4-19 所示。

按照画面整体效果需求，点击调整，选择色相、饱和度、亮度 / 颜色平衡、曲线、

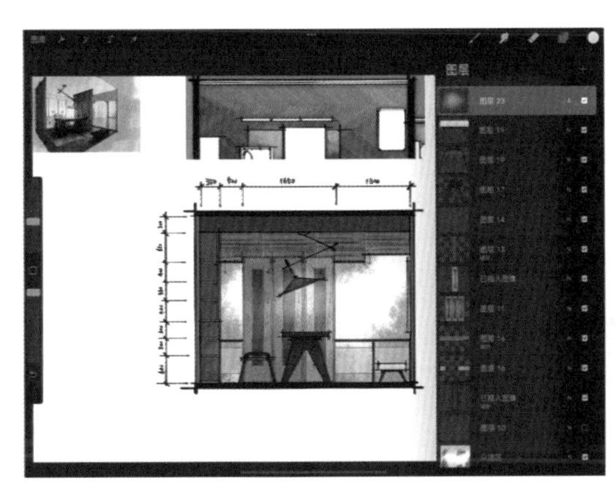
图 4-17　灯光绘制 1

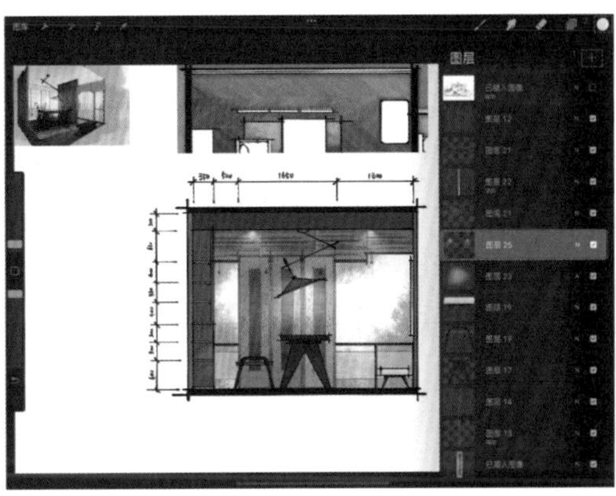
图 4-18　灯光绘制 2

高斯模糊、锐化等进行优化调整，前后对比，如图 4-20 所示。

户型立面图案例欣赏如图 4-21 ～图 4-23 所示。

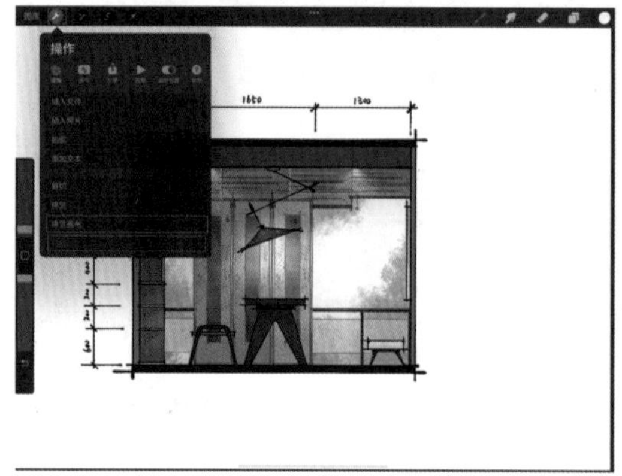

图 4-19　画面优化

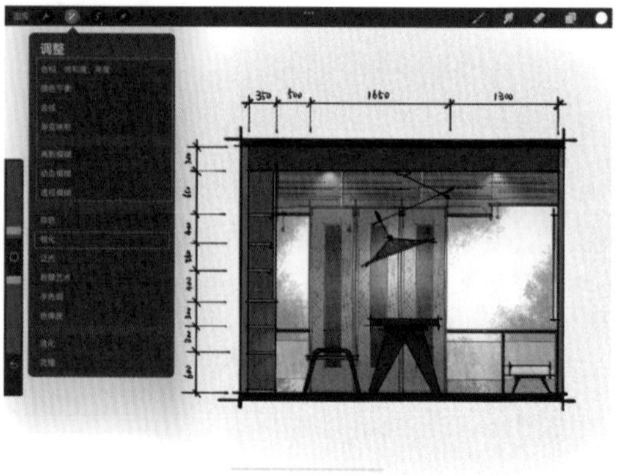

图 4-20　立面效果

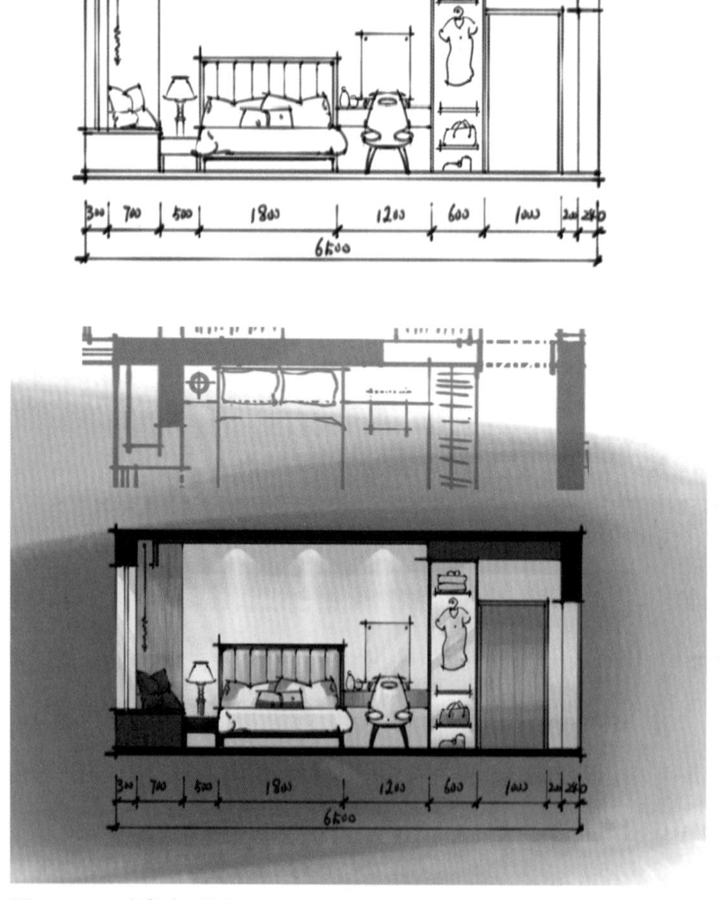

图 4-21　卧室立面图

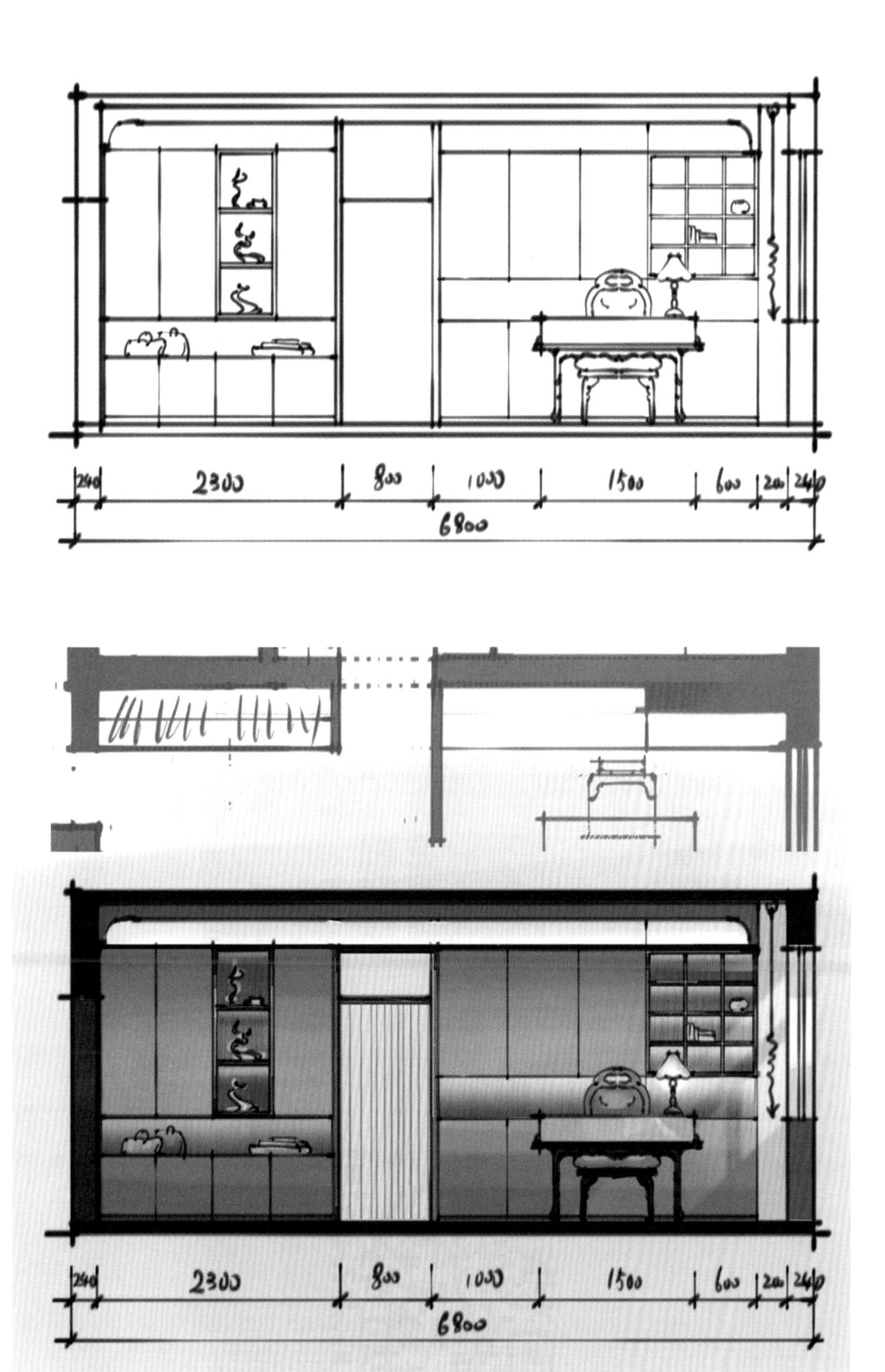

图 4-22　书房、衣帽间立面图

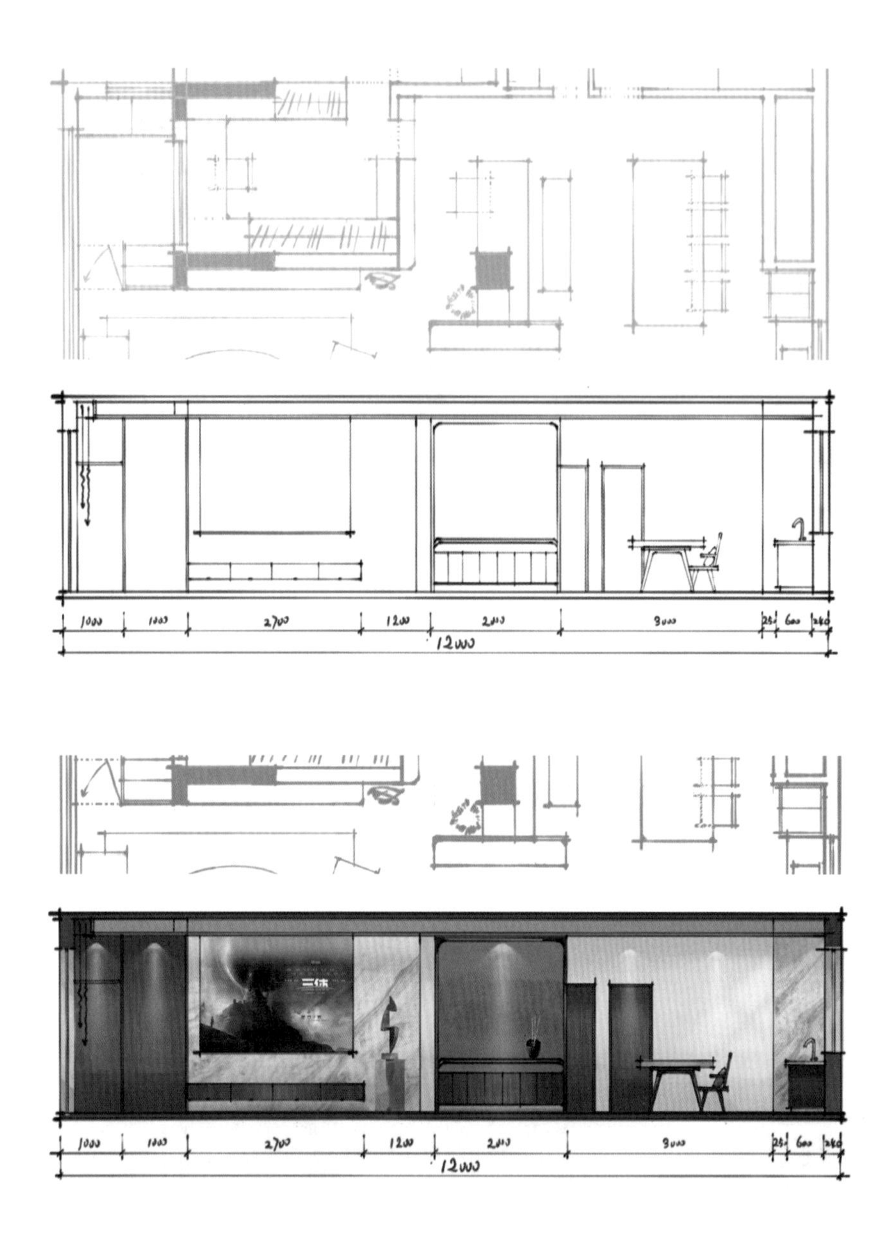

图 4-23 客厅、餐厅立面图

实操码 2-4 手绘设计立面空间布置

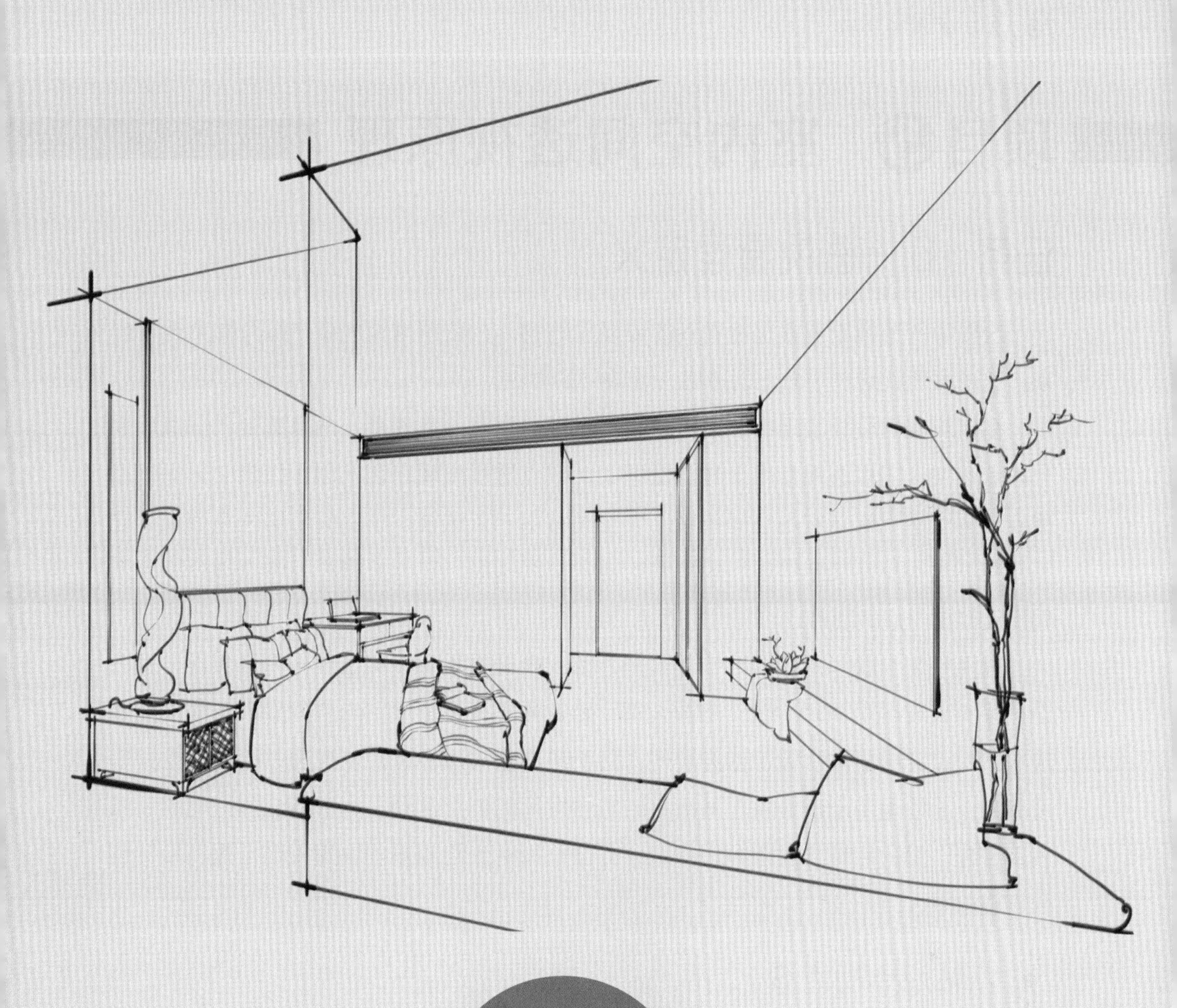

模块 3 空间透视原理解析

项目⑤ 室内空间透视原理

任务 10 透视原理定义

绘图中的透视原理就是将看到的或设想的物体，依照透视规律在媒介物上表现出来，透视原理就是在平面上创造出三维效果的方法。

在建筑室内设计表现中，最常呈现的透视原理有一点透视、两点透视、三点透视和散点透视。三点透视常用于建筑绘画中，散点透视出现在艺术创作绘画中，而一点透视、两点透视则是室内空间效果，大空间常用一点透视，小空间常用两点透视，介于一些不大不小而又想呈现出较宽敞的视觉空间画面，在一点透视与两点透视原理基础上延伸出一点斜透视。

透视原理步骤形式多样且推理紧密，透视表现效果有写实表现与创意表现，室内设计写实表现可用 3D MAX、草图大师、酷家乐等软件还原室内空间效果，而手绘表现在室内设计中更加注重于创意表现，将所思所想与感性认知快速通过绘画描绘并呈现出来。手绘是基于理性原理基础上的感性发挥的创意活动。本书结合室内电脑手绘表现过程，简化原理，凝练技巧，汇总方法，以达到绘画基础快速入门，提高设计创作表现水平。

1. 站点 s 视点 S

观看空间场景时，我们会选择一个合适的位置去观看，这样才能更加完整更加全面地观看到场景效果。人站立在空间地面的位置为站点 s，站立地点处人眼观看物体的位置为视点 S，正投影下视点 S 与站点 s 重合，如图 5-1 所示。

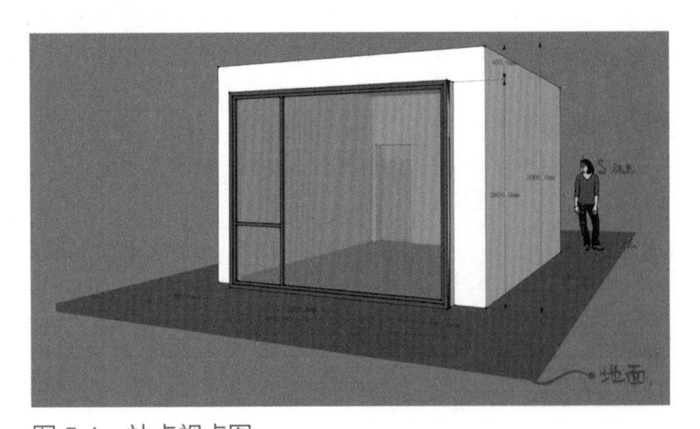

图 5-1 站点视点图

2. 视域

视线的可视范围，即所观看到的画面区域，称为视域。人眼观看场景的视角是固定的，但相机拍摄画面可以通过配置不同镜头，形成多种角度观看，绘画同相机，可根据画面选择绘画视角范围。视域与视角、视点有关。视点相同下，视角越大，视域越大；视角相同下，视点越远，视域越大；反之则越小，如图 5-2 所示。

3. 地平线 G

所绘物体、空间与画布相交，画布垂直于地面形成的线为地平线 G，默认为所绘物体或空间最远处，并与空间立面重合，由远向近处进行空间推理与构思，便于绘画参考与推理，如图 5-3 所示。

（注：透视绘画分由近至远或由远至近，本书透视主要围绕由远至近绘制方法讲解。）

4. 视平线 H

人眼平视空间形成视平面，视平面与画布相交形成视平线 H，视平线与地面垂直距离叫视线高度 h，视平线与地平面的距离相等，均为 h，如图 5-4 所示。

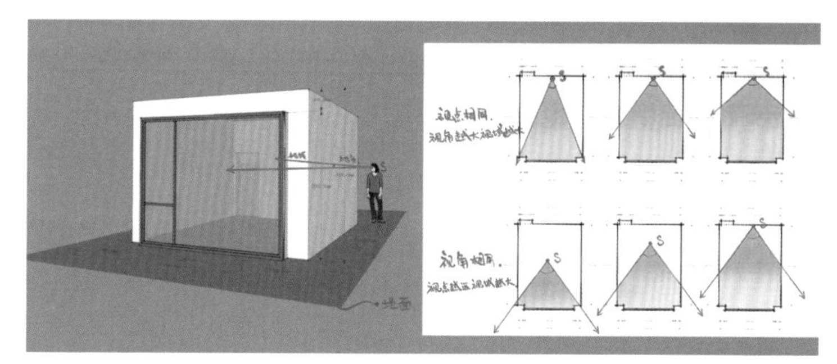

图 5-2　视域图

图 5-3　地平线图

5. 消失点 V

空间中物体与视线汇聚于一点，称为消失点 V(也叫灭点)，消失点始终都在视平线 H 上，正如我们站在马路上，房子、树、路灯等逐渐变小、变矮、变窄直至形成一点，此时的点就是消失点，如图 5-5 所示。

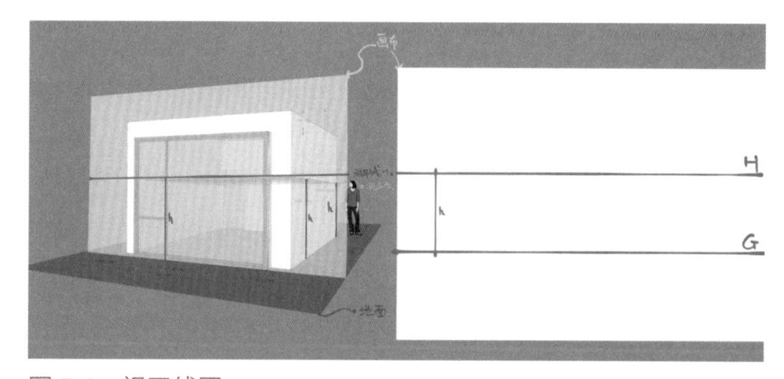

图 5-4　视平线图

6. 距点 D

距点的位置影响

空间景深效果，合理确定距点能优化空间呈现的画面效果，如图 5-6 所示，距点位置不同形成的空间大小不同，并影响画布设置，距点的确定方法参考透视原理分析。

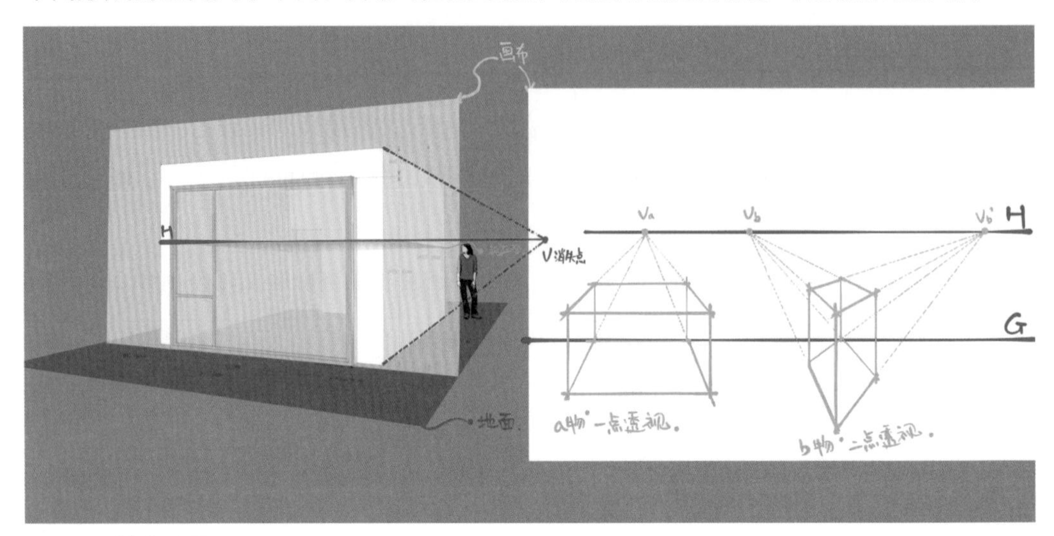

图 5-5 消失点图

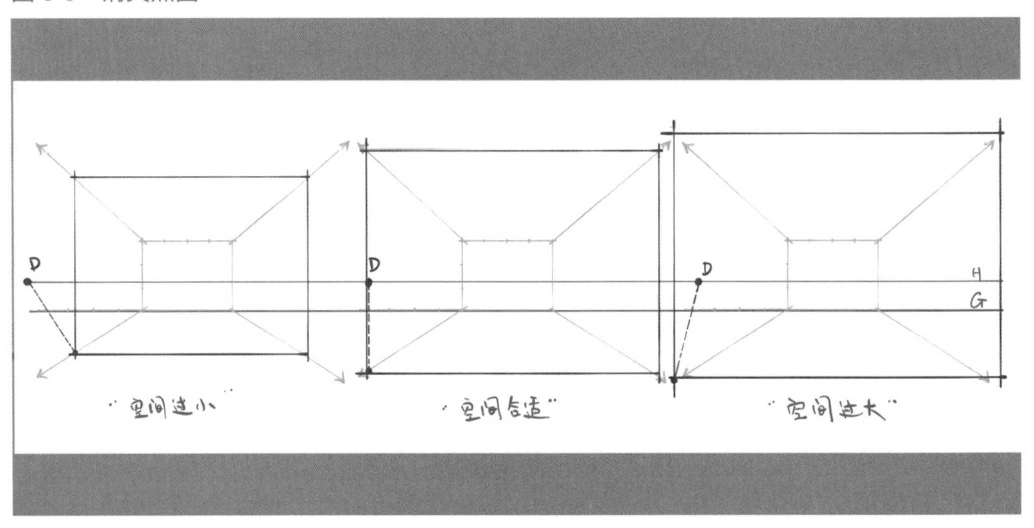

图 5-6 距点图

任务 11 视高分析

1. 视线高度与空间的关系

我们站在山脚下，会感受到大山的巍峨和气势，当我们登上山顶，又会俯瞰到群山林海的壮丽。同一空间不同的视高，会带来截然不同的视觉感受。同理，在室内空间中，不同的观看高度也会呈现出不同的空间效果。

人在室内环境中，最常出现的状态是站立或坐卧。根据这一特点，观察室内的视高主要参考我们在站立时和坐卧时的高度，也就是人在室内的实际视点高度。那到底多高是我们在室内数字手绘时常用的视高呢？这和我们人体自身高度以及家具尺寸的相关数据有关。

家具的尺寸是来自人体工程学，对于桌椅类的高度，国家已有标准规定。其中，桌类家具高度尺寸标准可以有 700mm、720mm、740mm、760mm 四个规格；坐卧 / 椅凳类家具的座面高度可以有 400mm、420mm、440mm 三个规格。另外还规定了桌椅配套使用标准尺寸，桌椅高度差应控制在 280 ～ 320mm 范围内。

坐高是指头顶至椅面的垂直距离。那么，当我们坐在 400 ～ 440mm 规格的坐具上，加上我们人体上半身的高度，刚好就是我们坐着时看到的位置高度了。也就是头顶到坐骨结节的长度，即头顶点至左右两侧坐骨结节最下点所在平面的垂距。一般正常情况下，坐骨关节刚好位于我们人体结构的中间位置，以大多数人体高度 1680 ～ 1700mm 为例，到坐骨关节的高度是 850mm 左右，再加上坐具高度，坐卧时视点的高度就在 1200mm 左右的位置。

综上所述，我们将室内常见视高定为两种，即坐卧视高，约在 1.2m；站立视高，约在 1.6m，如图 5-7 所示。

当然也有更高的视线高度，因室内实际结构高度而定，比如下沉空间设计或者复式空间设计，但是并不是室内较为常见的视高类型。以下我们就这两种常见视高进行具体分析。

图 5-7　室内常见视高图

1）室内 1.2m 视高空间效果

在观察者坐卧时，视高在 1.2m。此时视线偏低，对于 700 ～ 760mm 的桌类家具表面的陈设物，能够观看的范围非常有限。所以处在这种视高时，观看到室内陈设物较少且更为紧凑。但是，因为视高较低，此时对室内的造型结构，尤其是天花等造型都会看得更多一些，所以当处于视高 1.2m 时，观察者可以看到更多的框架结构与造型，整个空间造型呈现明显，更为突出。

因此，1.2m 的视高，在数字手绘中主要用于绘画公共大空间或陈设简单但结构装饰丰富的室内空间，如图 5-8 所示。

（注：数字化手绘表现主要是为快速传达整体空间效果，让我们快速了解空间构造与空间效果，较多地去呈现空间，能更好地表达前期创意，再通过三维软件塑造空间。本书绘画展示以 1.2m 视高为主。）

2）室内 1.6m 视高空间效果

当观察者站立时，视高在 1.6m。此时视线略高，对于 700 ～ 760mm 的桌类家具表面的陈设物基本处于俯视的观看效果，对于立面上的装饰也看得更为具体且没有遮挡；而且因为对桌类和坐卧类家具都有俯视效果，可以更加容易地对家具的布局有直观感受。处在这种视高时，观察者能较好地观看室内空间布局与陈设效果，弱化天花板等结构造型，立面呈现相对完整。

因此，1.6m的视高，在数字化手绘中主要用于绘画小空间或结构装饰简单但陈设细节丰富的空间，如图 5-9 所示。

图 5-8 视高 1.2m 的室内效果

图 5-9 视高 1.6m 的室内效果

项目⑥　空间透视原理分析

室内透视常用绘图原理有一点透视、两点透视和衍生的一点斜透视。以卧室空间平面为例，使用草图大师软件建立三维空间（长 5m、宽 4m、高 3m），结合平面与三维开展透视原理分析，通过标注点逐步建立空间框架，展示透视布置与操作原理运用。适用于电脑手绘和传统手绘分析，并通用于 SketchBook 与 Procreate 软件，如图 6-1 所示。

任务 12　室内一点透视解析

室内一点透视原理解析 • 微课二维码

1. 地平线与视平线

创建 A3 画布（420mm × 297mm），将画布高度划分为三等分，在 1/3 处画一根线，定义为地平线 G，在 G 线上任意取一点往上画一根参考线 K=3m（参考线 K 设置为所绘空间高度为宜，或者 1m 的整数，用于作为比例参考推算空间其他距离）。按照参考线 3m 取 1.2m 的位置绘制视平线 H，如图 6-2 所示。

［注：参考线垂直于地平线往上，参考线长度设定影响空间完整性，参考线大于 1/3，空间框架超出画布，如图 6-3（a）所示；小于画布高度 1/3，空间框架相对完整，

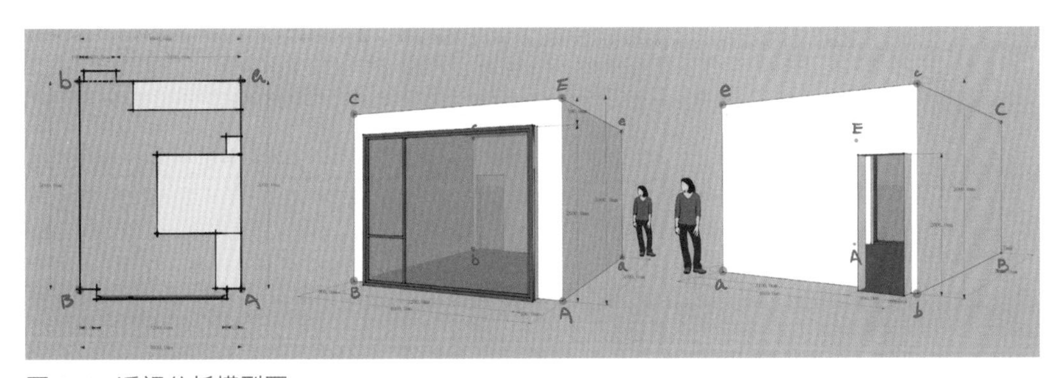

图 6-1　透视分析模型图

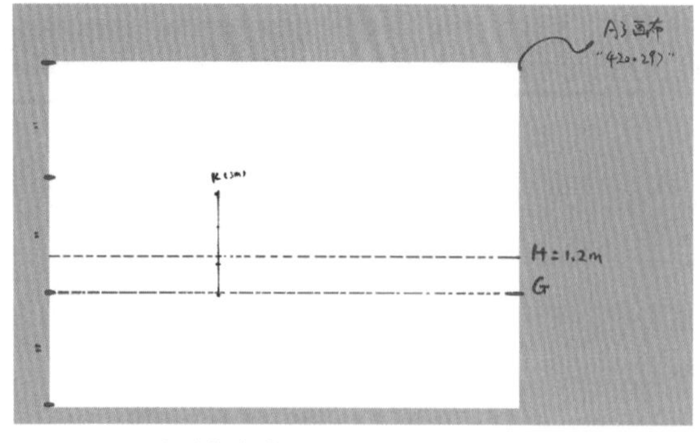

图 6-2　透视辅助线图

如图 6-3（b）所示；电脑手绘不像纸面手绘绘制后不可修改，能在优化时裁剪画布以达到画面完整。]

2. 空间立面

将参考线 K=3m 划分三等份（一份约为 1m），取地平线 G 中间绘制一段 4m 的线 AB，在 A 点 B 点往上绘制空间高度 3m，闭合形成立面 ABCE，如图 6-4 所示。

3. 消失点与距点

将 ABCE 立面视平线中点确定为消失点 V，设置软件透视点与消失点重合，完成透视辅助设置，打开透视辅助，延长 BA 方向，并在延长线上划分出 5m 的五段线，过 5m 处绘制垂直线相交视平线于距点 D，如图 6-5 所示。

（注：一点透视用于表现相对对称或绝对对称的画面效果，如中式风格效果等，所以消失点居中布置；一点透视距点大致位置在垂直线附近，可按照画面效果微调，

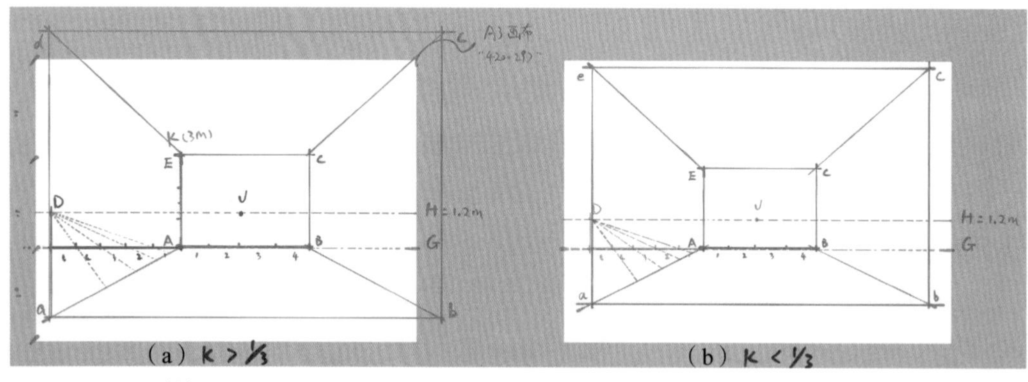

图 6-3　设置对比图

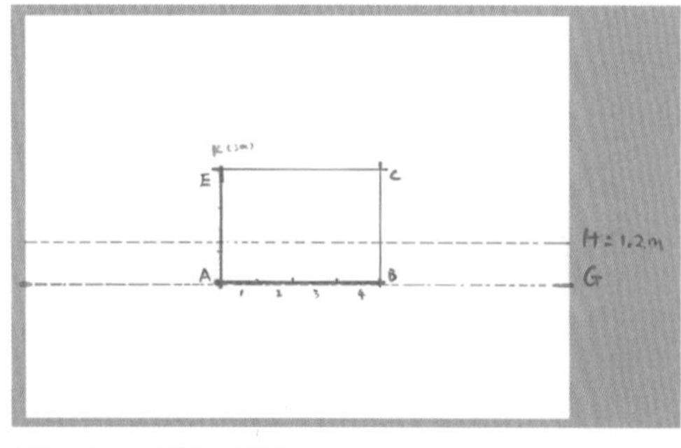

图 6-4　透视立面图

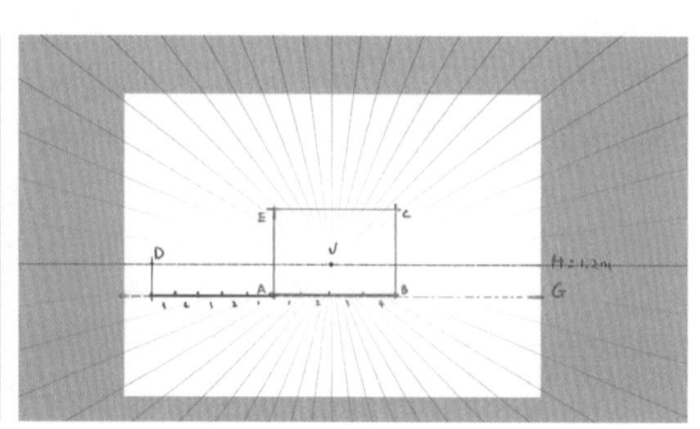

图 6-5　消失点距点图

控制空间景深效果。）

4. 延伸空间

距点 D 向 BA 延长线上 5m 点做延长线，相交 VA 延长线于 a，同理绘制出空间深度 Aa 每米的透视距离，打开透视辅助以 a 点闭合形成 abce，完成长 5m、宽 4m、高 3m 的室内空间框架，如图 6-6 所示。

5. 定门窗洞

划分 1m × 1m 地平面网格，确定出门窗的平面位置，视平线 H 与地平面 abBA 的距离均为 1.2m，在门窗定位点推算出门窗高度，连线绘制，如图 6-7 所示。

（注：地平面上任意一点到视平线的距离都是一样的，地平面与视平面实际上是两个平行的面，高度为前期设置视平线高度，依照高度推算空间物体与造型尺寸。）

一点透视案例欣赏如图 6-8、图 6-9 所示。

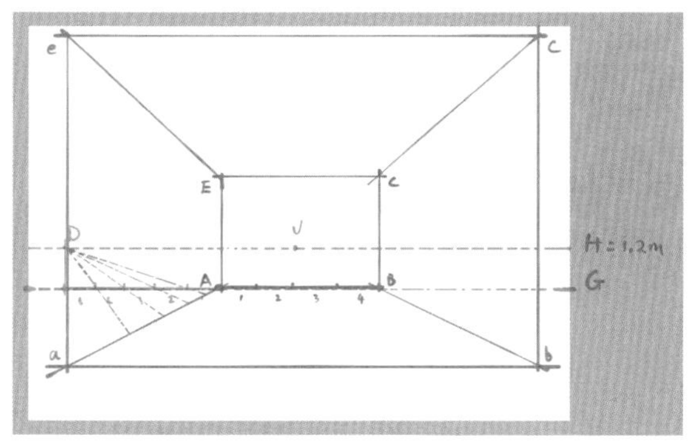

图 6-6　一点透视空间图

图 6-7　透视门窗定位图

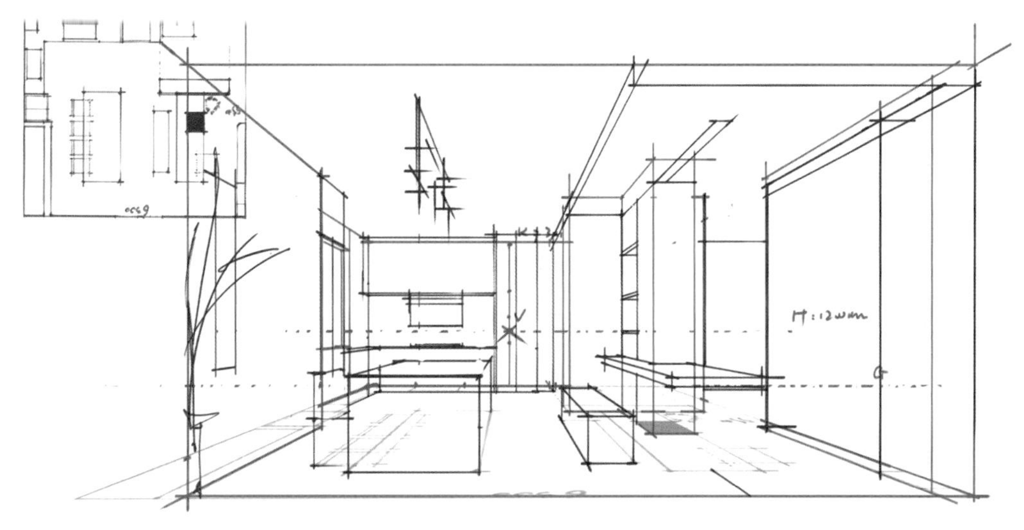

图 6-8　餐厨一点透视框架

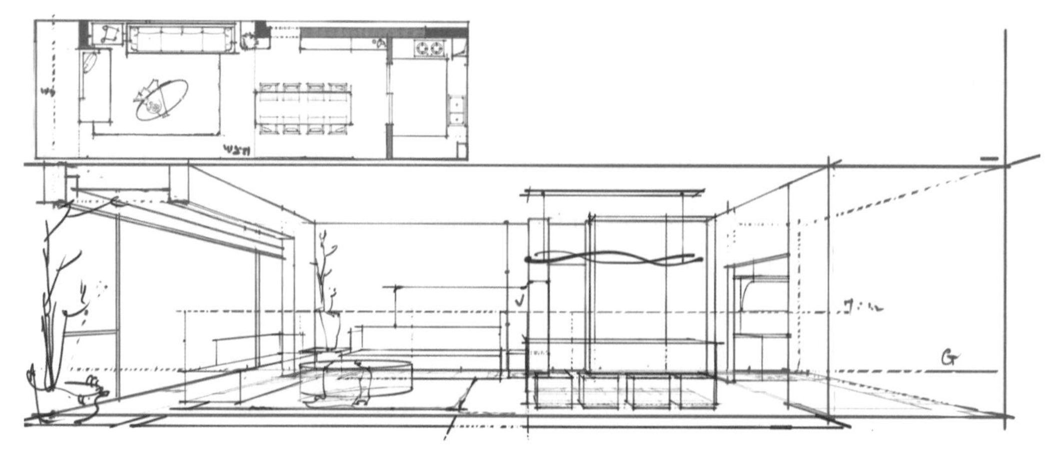

图 6-9 客餐厅一点透视框架

实操码 3-1 一点透视绘制墙体框架与门窗

任务 13 室内两点透视解析

室内两点透视原理解析 • 微课二维码

1. 视点与视域

创建 A3 画布，导入绘制空间平面图，确定好视点位置与视域范围，新建图层绘制出视域对角线，如图 6-10 所示。

（注：蓝实线交点可作为参考线在画布中的位置参考。）

2. 地平线与视平线

将画布高度划分为三等份，在1/3处绘制地平线G，移动蓝色对角线与G重合，交点处往上画参考线K=3m，取1.2m的位置绘制视平线H，如图6-11所示。

3. 高度与消失点

参考线K即为空间立面相交线ae，在视平线H上，V_1置于A3画布左外侧，V_2置于A3画布右外侧，V_1和V_2分别向空间高度a点e点做射线，如图6-12所示。

（注：如空间平面为正方形，V_1V_2外侧距离相等；如空间平面为矩形，则V_1V_2外侧距离不一致，哪个方向墙面长，哪个方向消失点就离画布边缘更近一些，通过消失点改变空间形态。）

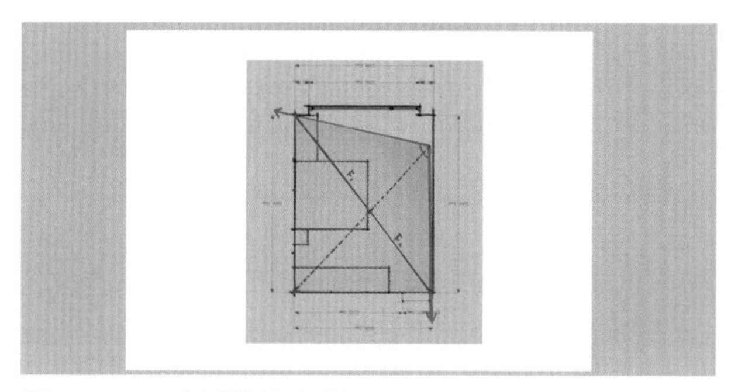

图6-10　两点透视视点图

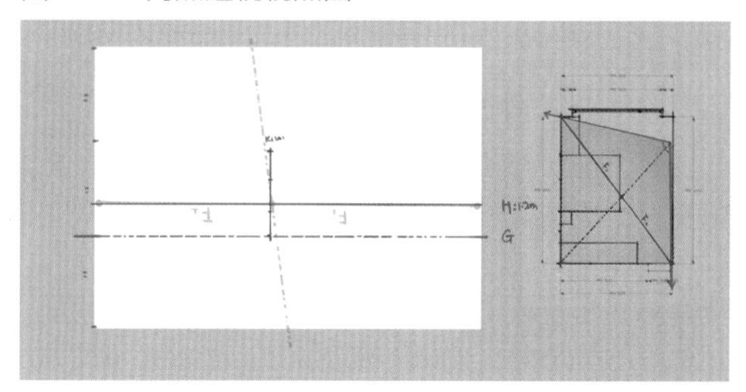

图6-11　透视辅助线图

4. 距点推算

取V_1V_2中点O，过O点做垂直线往下到I（$OI=V_1O=OV_2$）。以V_1为圆心，V_1I为半径做圆，相交视平线为D_1，以V_2为圆心，V_2I为半径做圆，相交视平线为D_2，如图6-13所示。

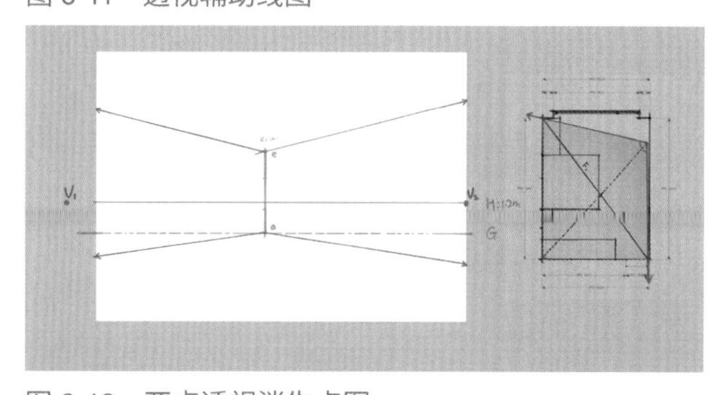

图6-12　两点透视消失点图

5. 延伸深度

在地平线a点往V_1方向按比例画出4m，D_2向4m绘制射线与V_2a射线相交形成空间深度b点；a点往V_2方向画出5m，D_1向5m绘制射线与V_1a

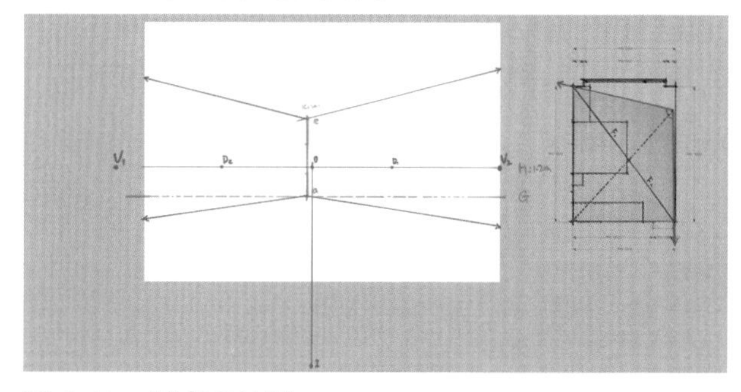

图6-13　距点定位图

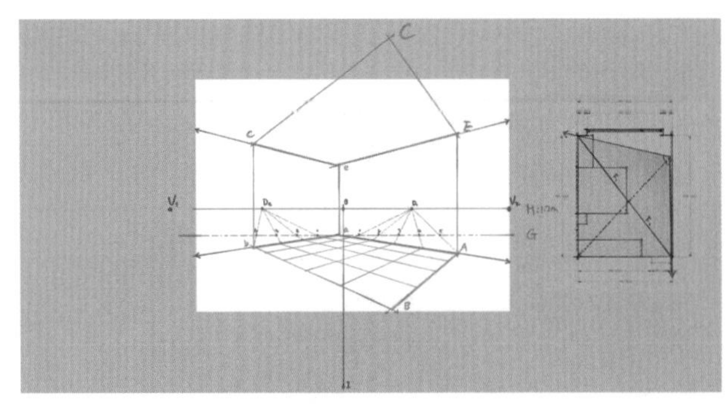

图 6-14　两点透视空间图

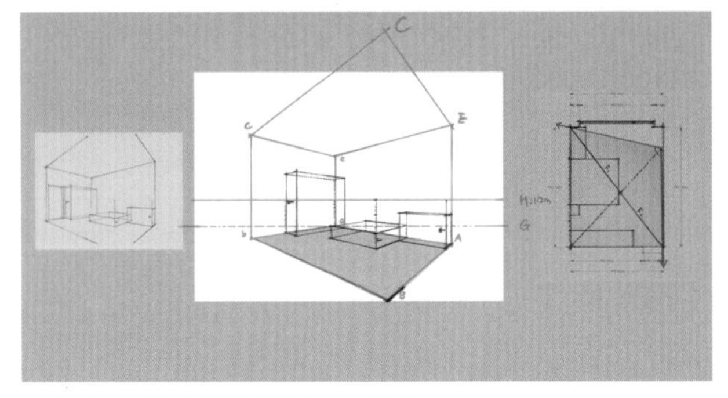

图 6-15　两点透视地面、家具图

射线相交形成空间深度 A 点；做 V_1b 与 V_2A 射线相交于 B，形成透视地平面 abBA；过 b 点 A 点绘制垂直线相交 C 点 E 点，围合形成两点透视室内空间，如图 6-14 所示。

6. 透视地面布局

框选平面图室内内墙部分，复制粘贴，变形将平面四点与透视地面四点对齐，形成透视后的家具布置图，按照家具定位与视平线 1.2m 绘制家具体块，如图 6-15 所示。

［注：两点透视中透视角（如 C 角）超出画布属于正常情况，两点透视主要呈现左右墙面及天花地面部分内容，绘制时可按照左侧线稿效果优化绘制。］

两点透视案例欣赏如图 6-16、图 6-17 所示。

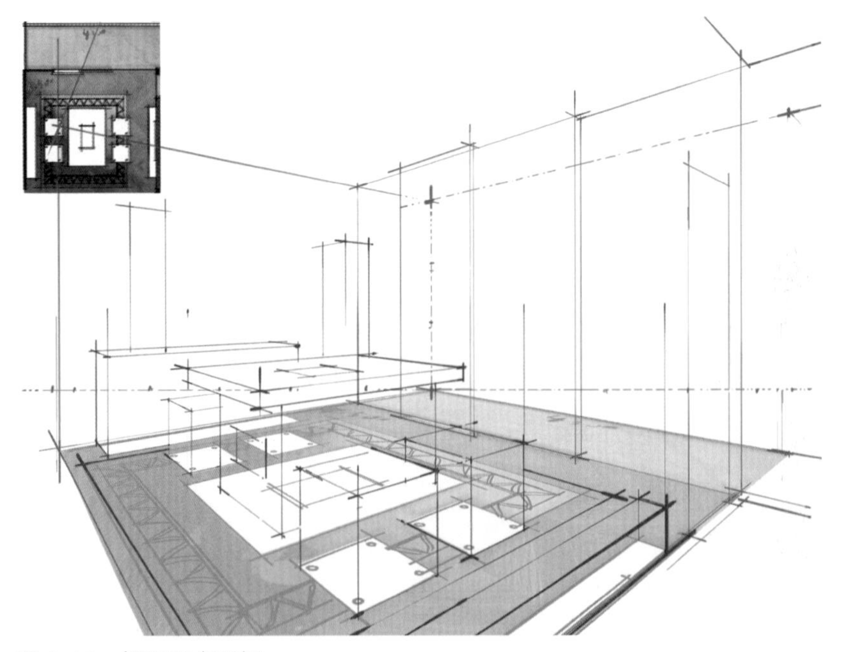

图 6-16　餐厅两点透视

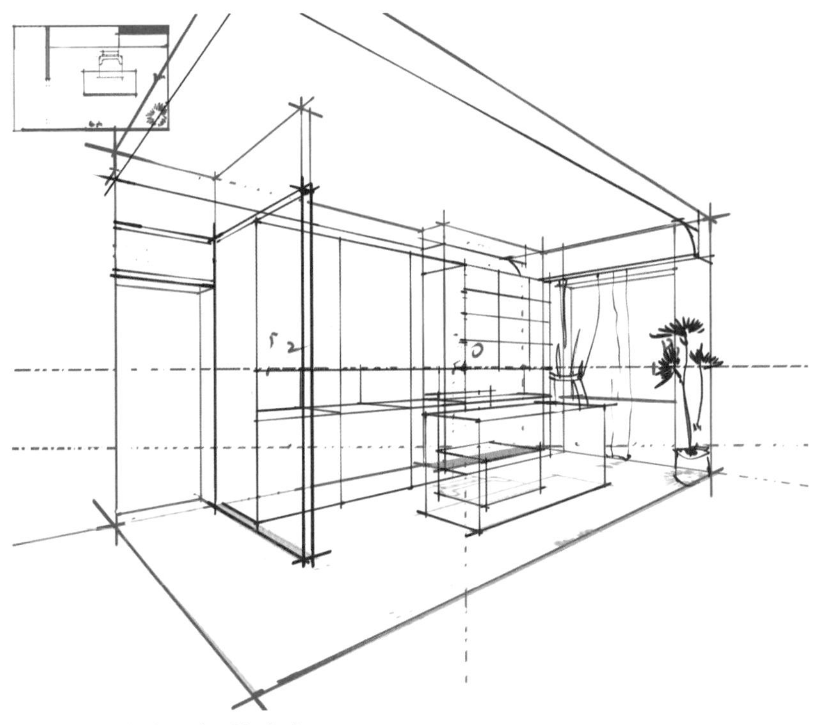

图 6-17　书房两点透视框架

实操码 3-2　两点透视绘制墙体框架与门窗

任务 14　室内一点斜透视解析

室内一点斜透视原理解析 • 微课二维码

1. 视点与视域

创建 A3 画布，导入空间平面图，站在右侧距离墙面 1m 处，往卧室家具处看，由此得出，消失点 V` 在画布左侧，如图 6-18 所示。

[注：空间陈设丰富区域即为画面聚焦点，也是消失点 V`（在画布外距离画布一倍距离）所处位置。]

2. 地平线与视平线

将画布高度划分为三等份，在 1/3 处画地平线 G，在 G 线上任意取一点往上画一根参考线 K=3m，取 1.2m 的位置绘制视平线 H，如图 6-19 所示。

3. 透视立面与消失点

同一点透视绘制一个正立面 ABCE，在矩形内右侧 1m 处的视平线上确定消失点 V，在左侧画布外一倍距离处确定消失点 V`，按照设置的透视点绘制 ABCE 的透视面 A`BCE`，如图 6-20 所示。

（提示：V` 距离画布越远，正前方的立面墙体产生的透视感越弱。）

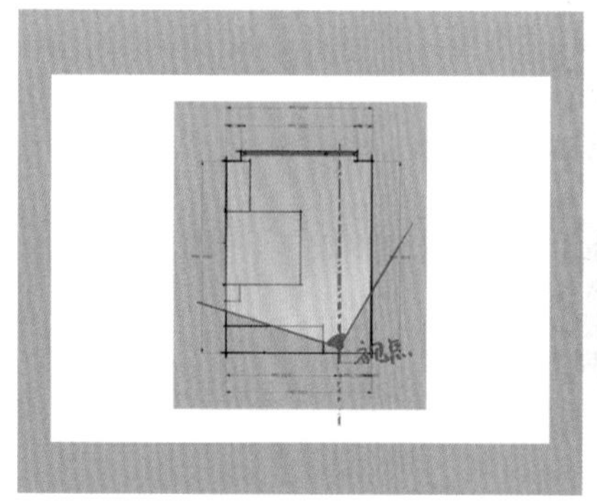

图 6-18　一点斜透视视点图

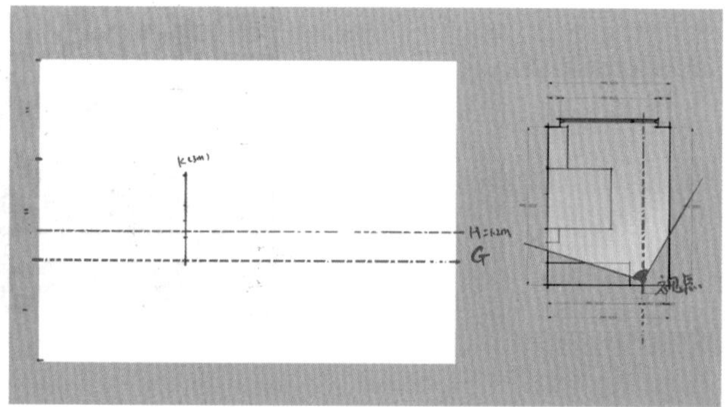

图 6-19　透视辅助线图

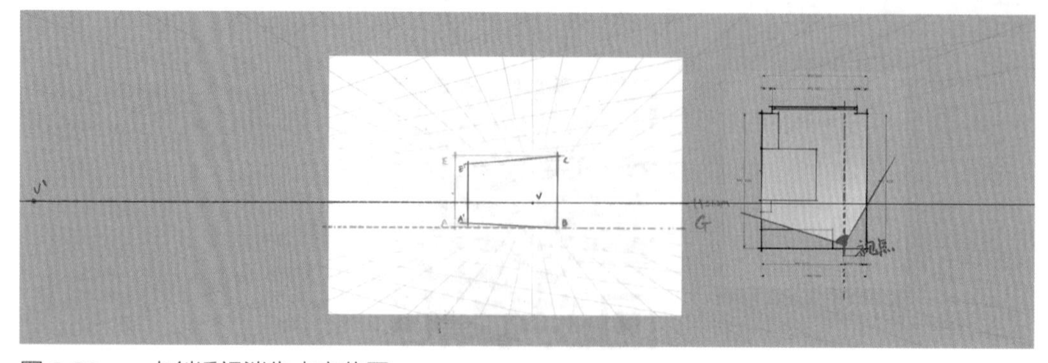

图 6-20　一点斜透视消失点定位图

4. 距点与深度

在 A`B 延长线上确定空间深度 5m，在 5m 处绘制垂直线相交视平线为距点 D，距点过 5m 处做延长线相交 VB 延长线于点 b，形成深度 5m 围合空间（同一点透视），如图 6-21 所示。

5. 定门窗洞

框选平面图室内内墙部分，复制粘贴，变形将平面四点与透视地面四点对齐，形成透视家具布置平面图，按照平面布局绘制门窗或者家具，如图 6-22 所示。

［提示：空间 b 点与 c 点受消失点 V` 透视影响，超出画布并且较为突出，分析阶段如图 6-22（b）所示；绘制过程通过视角处理、陈设优化，忽略遮挡物，同时优化框架线稿，使空间更加生动，如左侧图所示。］

一点斜透视案例欣赏如图 6-23、图 6-24 所示。

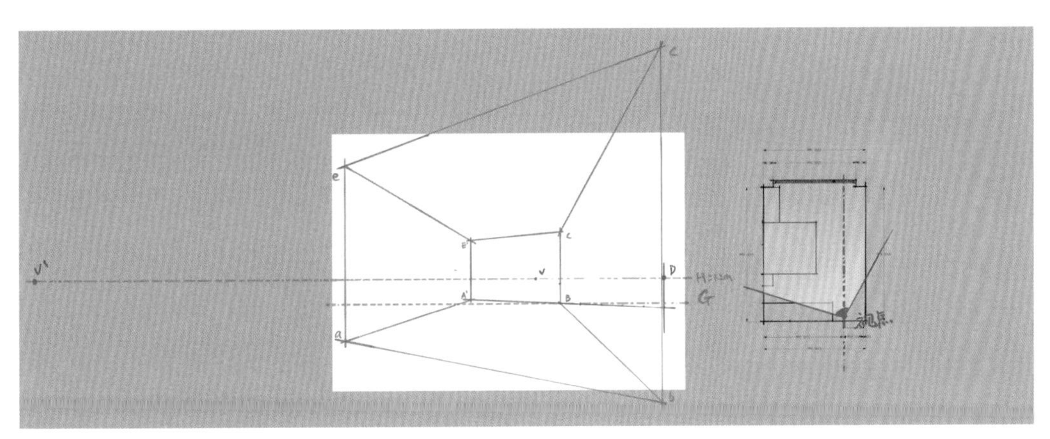

图 6-21　一点斜透视空间图

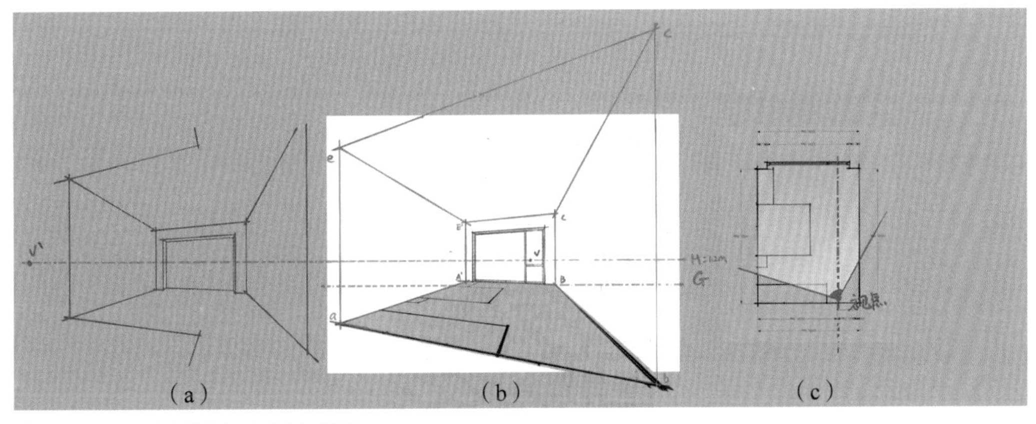

图 6-22　一点斜透视空间布置图

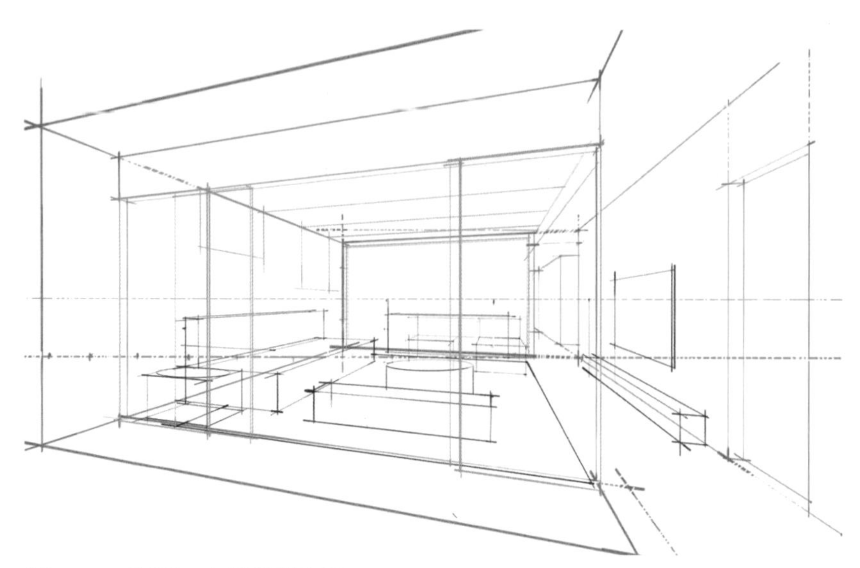

图 6-23 客厅一点斜透视框架

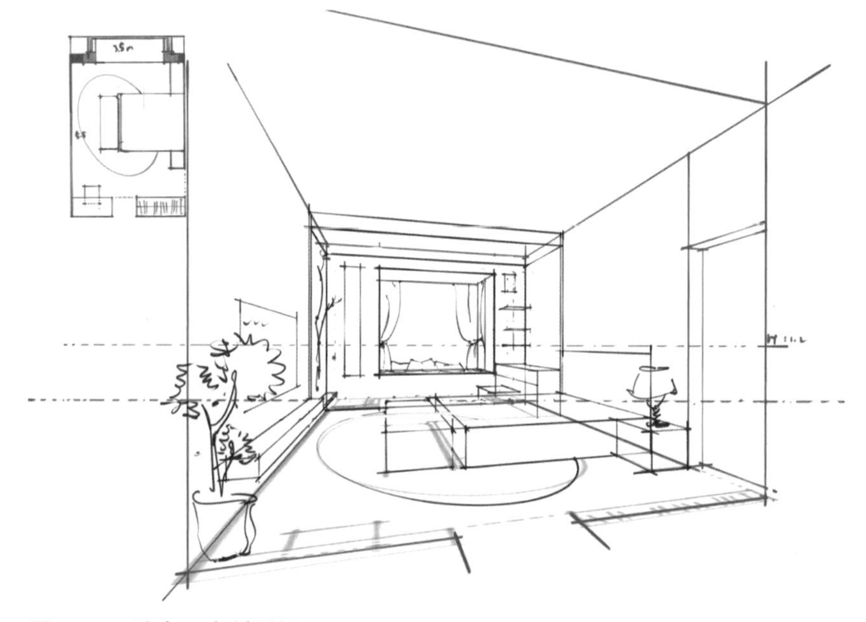

图 6-24 卧室一点斜透视

实操码 3-3 一点斜透视绘制墙体框架与门窗

模块4 家具陈设造型色彩

在开始学习家具绘制前，首先要理解几何形体绘画的基本原理。对于出现在室内空间里的物体，我们都可以把其当成由一个或多个几何体块组合而成，如图 7-1 所示。

通过捕捉形体轮廓线稿，我们可以把凳子化繁为简看成一个长方体。这样当我们想要绘制这把凳子时，便可回到绘制长方体的思路上来。

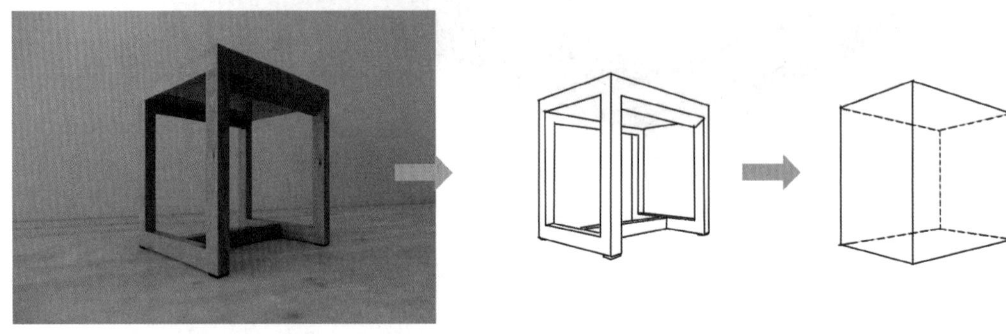

图 7-1 物体几何体块分析图

有了复杂物体转换成几何体分析的概念后，我们看看要将一个物体绘制出来，还需要掌握哪些基础绘画知识，下面以绘制一个篮球为例。

首先，我们来看物体在光照的环境下形成的黑白灰关系，如图 7-2 所示，球体在光照下形成不同块面关系。

这里涉及的基本块面有亮部（亮面）、灰面和暗部（暗面）。这就是我们常说的“三大面”。再细一点划分，我们还可以观察到球体受光后，产生明显的“高光区域”，即球体最亮的面。还能看到暗部受到环境光的影响，产生“反光面”，在灰面和暗面交界，有个区域既不受光源照射，又不受反光的影响，成为最暗的块面，称为“明暗交界线”。亮面（包括高光）、灰面、明暗交界线、暗面、反光构成了素面中的五个层次，即“五大调”。此外，还有一个我们不能忽略的块面“投影”。下面让我们再具体学习一遍这些概念的具体释义。

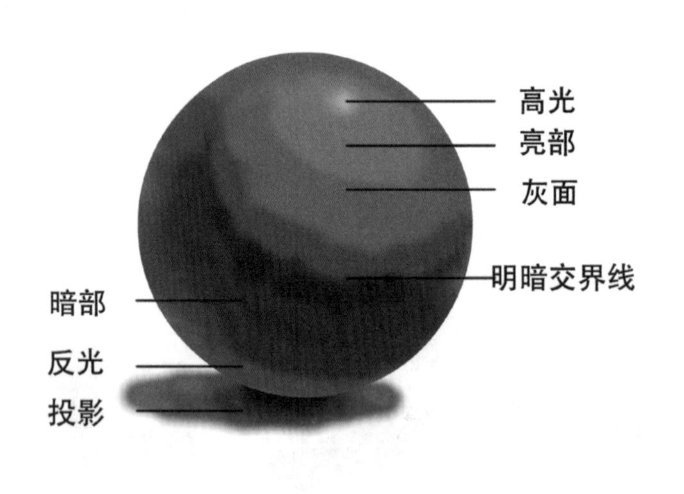

图 7-2 球受光产生的“黑白关系”块面

高光：离光源最近的一点，在画面素描关系中就是最亮的区域。

亮部：受光源直射影响的面（向光），也叫受光面。

暗部：光源不能直接照射到的面（背光），也叫背光面。

明暗交界线：亮部与暗部的分界区域。

投影：球体挡住光线照射后在平面上形成的阴影。

反光：光线照射平面形成的反射光对球体暗部产生影响，其与明暗交界面对比稍亮。

物体在光照下形成的黑白灰关系直接影响了色彩的明暗表现，同时光照形成了色彩的冷暖关系，如图 7-3 所示。这里可对应上文的“黑白关系”加以理解，但又要注意，色彩表现并非只是素描明暗表现在色彩中的反应，色彩还有一层“冷暖关系”。

把这两个知识体系结合后，我们按步骤画出“球形”，接着上色分出色彩的明暗和冷暖，最后加入肌理纹路和质感表现，为物体塑造点睛，如图 7-4 所示。

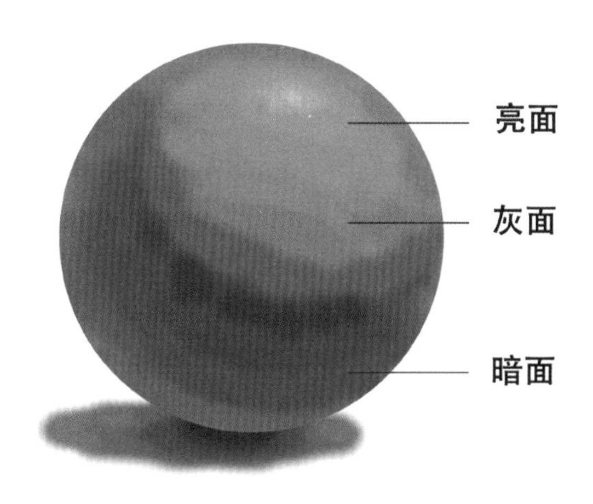

图 7-3　球体受光产生的“色彩关系”块面

图 7-4　篮球肌理纹路和质感

项目⑦　椅子的绘画（SketchBook+Photoshop）

椅子线稿效果绘制 • 微课二维码

任务 15 椅子的绘画

1. 形体分析

打开 SketchBook 新建 A3 画布，选择“文件＞保存”【Ctrl+S】，然后将文件命名为椅子线稿，保存至电脑中，导入绘制椅子参考图，按照椅子形体特征，将其分为上中下三个体块，并按比例推算绘制出组成椅子的三个体块结构，如图 7-5 所示。

（提示：在前期绘画训练过程中，了解空间中物体的造型与结构关系，通过拆分并用体块重组物体的方法，使用加减法快速分析形体构成，做到心中有物绘于手。）

2. 透视设置

绘制地平线 G、视平线 H（视高 500mm），按照一点透视原理绘制出矩形（400mm × 400mm × 800mm），如图 7-6 所示。

（提示：绘制室内空间或组合效果时，视平线控制在 1.2 ~ 1.6m 为佳，单体特写画面，可根据绘制物体画面透视效果需要进行视高设置。）

3. 造型定位

在矩形体块上划分比例，分割出上中下三大主体造型，把上部造型再次划分为左中右三部分，如图 7-7 所示。

（提示：本案例属于使用减法，通过大体块快速确认整体比例，一步一步减去多余小体块，最后呈现出物体造型体块组合；加法则先绘制主体体块，在主体块旁推敲

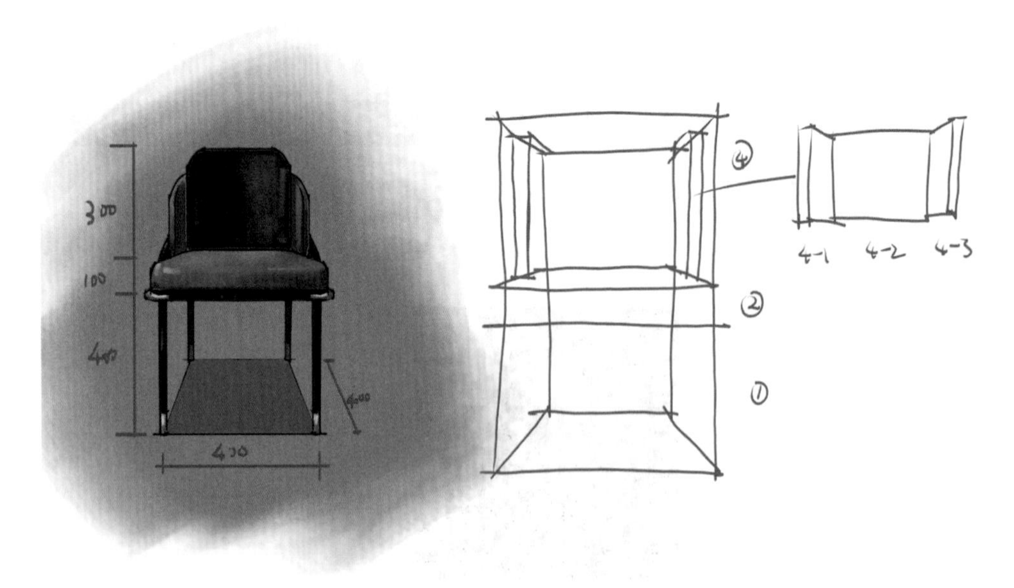

图 7-5 椅子形体分析图

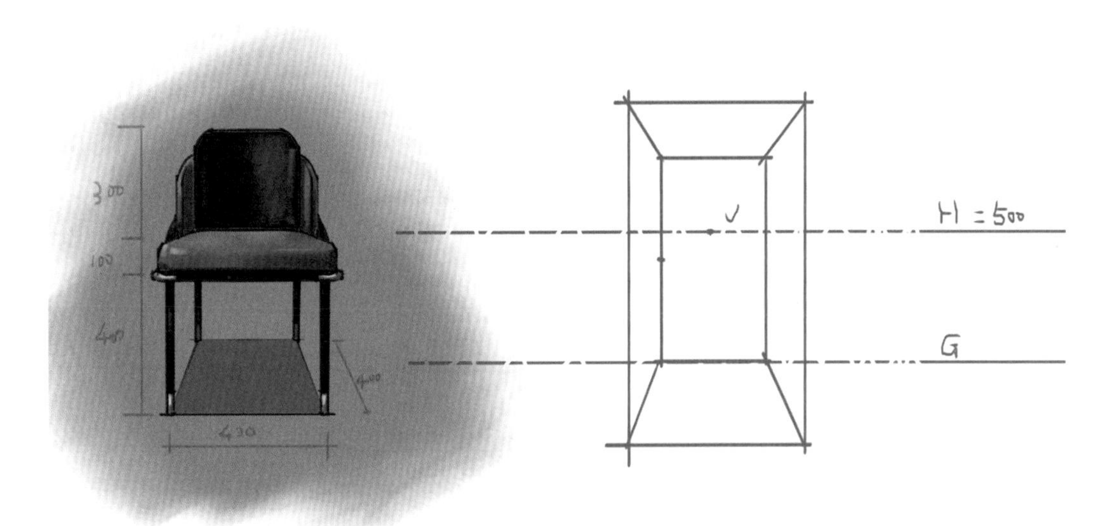

图 7-6　椅子透视设置图

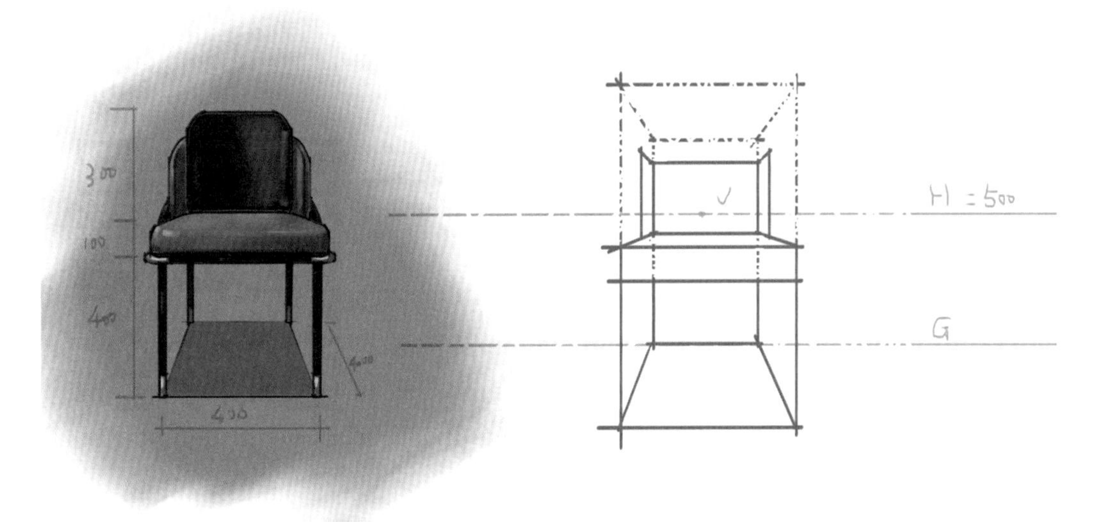

图 7-7　椅子形体定位图

增加小体块，做法可见本书对床的画法讲解部分。）

4. 造型绘制

1）椅子外轮廓绘制

新建图层，打开透视辅助【P】，将物体透视方向的轮廓线绘制出来，如图 7-8 所示。（提示：控制线的粗细变化，在两体块相交的地方可绘制重一些，让线有阴影感。）

2）椅子线稿绘制

关闭透视辅助【P】，打开预测笔迹【数值 2】，绘制物体弧线，局部强化画面细节，如图 7-9 所示。

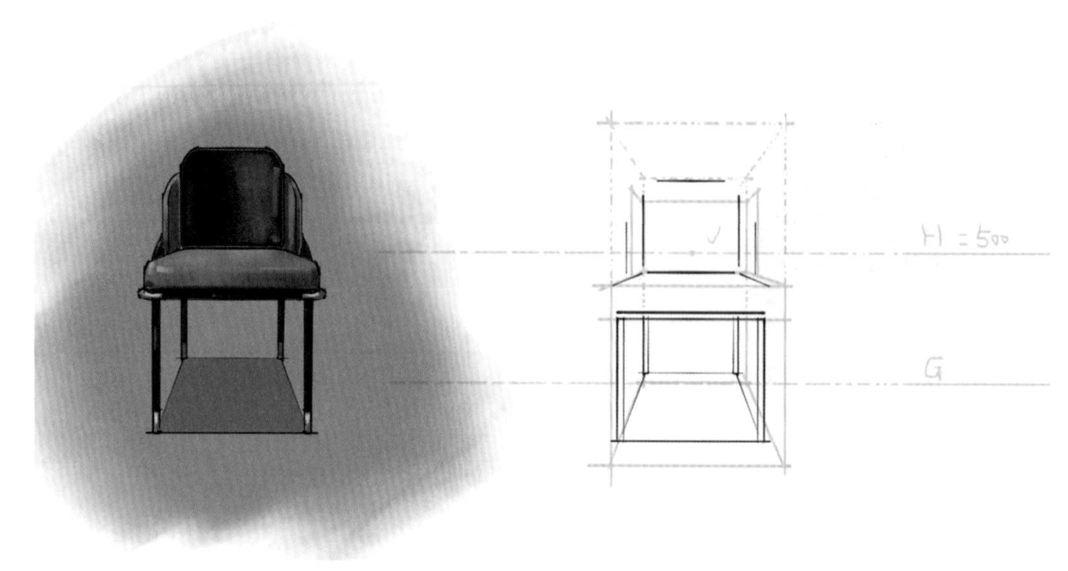

图 7-8　椅子外轮廓图

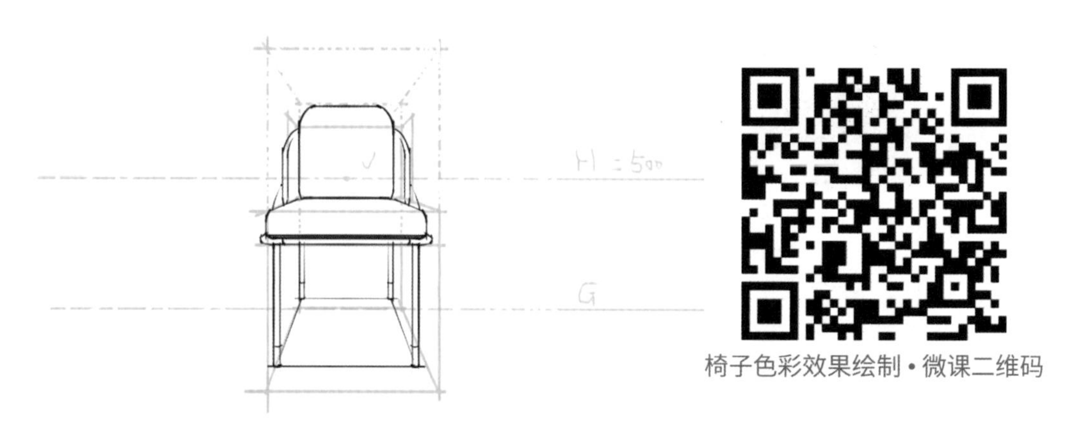

椅子色彩效果绘制 • 微课二维码

图 7-9　椅子线稿图

5. 色彩准备

1）椅子 PS 设置

打开椅子 SketchBook 文件，另存为 PSD 格式，命名为椅子色彩，使用 Photoshop 打开 PSD 文件，按住快捷键【Shift】把绘制的所有线图层选中，进行合并【Ctrl+E】，双击合并后图层名称改为线稿，导入参考图放置画布左侧，如图 7-10 所示。

2）椅子底色绘制

在线稿图层下方新建图层，使用上色笔刷，拾色器【Q】拾取底色绘制，如图 7-11 所示。

（提示：底色是衬托物体的一种环境色，不同的底色衬托效果也不同。）

图 7-10　椅子 PS 设置图

图 7-11　椅子底色图

6. 色彩材质

1）坐垫绘制

使用选区工具【W 或 L】，新建图层，选择坐垫区域，使用上色笔刷先绘制固有色，按照物体的素描关系做出体块转折与明暗，再使用皮革颗粒类肌理笔刷，增绘皮革纹路，如图 7-12 所示。

（提示：皮革材质具有哑光面与亮光面效果，绘制固有色后，色彩渐变小接近哑光面，色彩渐变稍大则接近亮光面，最后添绘颗粒等皮革纹路。）

2）靠背绘制

用选区选出椅子靠背区域，绘制底色与光影，注意厚度细节的刻画；新建图层，选区选择黑色铁艺金属脚，使用深色绘制底色，再用金属笔刷快速提亮，如图 7-13 所示。

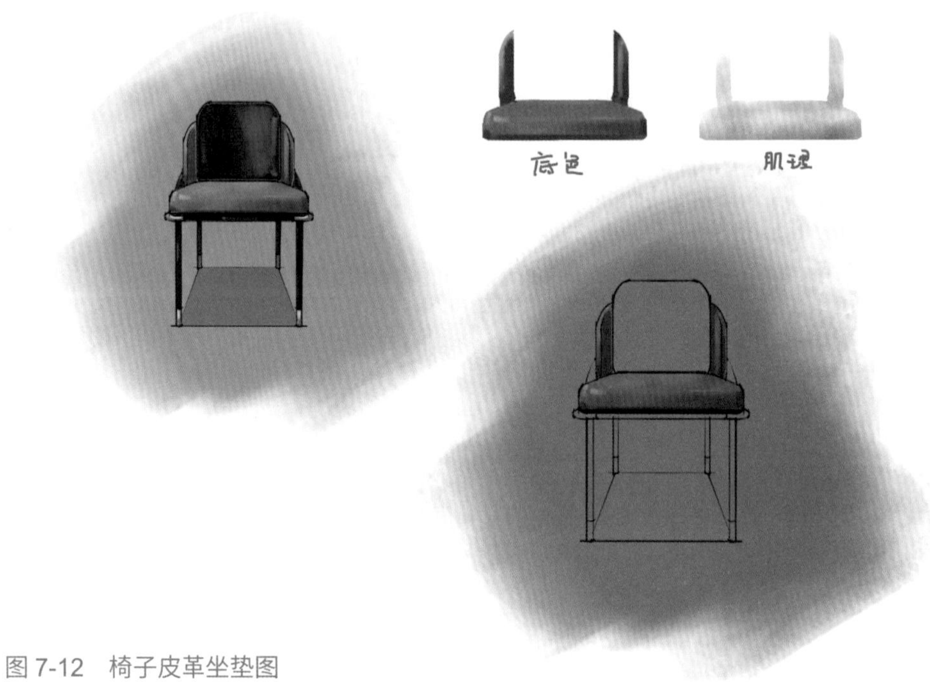

图 7-12　椅子皮革坐垫图

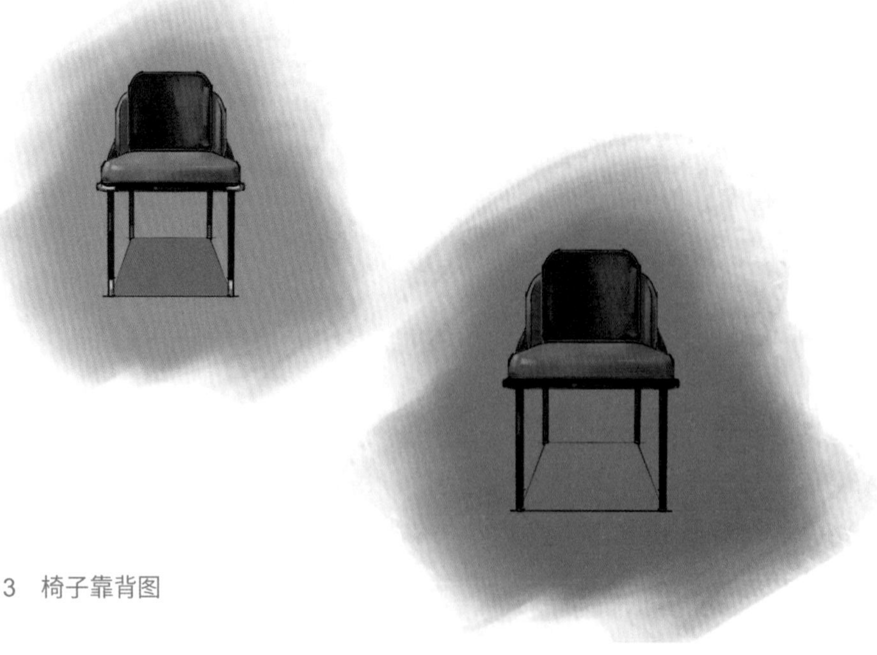

图 7-13　椅子靠背图

（提示：画面中不应出现纯白纯黑的色彩，纯白纯黑属于无色彩，因此选用近似高级灰颜色。）

3）金属椅子绘制

点缀刻画，选出金色区域，使用金属笔刷进行加强对比；绘制椅子投影，如图 7-14 所示。

（提示：不锈钢、铜、铁艺等金属材质，选择对应材质的颜色，先用上色笔刷绘制固有色，再使用金属笔刷提亮局部，通过跳跃性的提升或降低色彩明暗，产生强烈的金属反射效果。）

图 7-14　金属椅子图

7. 后期优化

在色彩图层上方，线稿下方增加调整图层，在图层栏下方添加创建新的填充或调整图层，设置自然饱和度、曲线、亮度、对比度，如图 7-15 所示，图中（a）为优化前，图中（b）为优化后效果对比。

（提示：优化调整设置选项很多，并不是每次优化都需要把所有选项使用一遍，根据所绘画面选择性调整进行设置，以达到理想画面效果。）

椅子、沙发案例欣赏如图 7-16 ～图 7-19 所示。

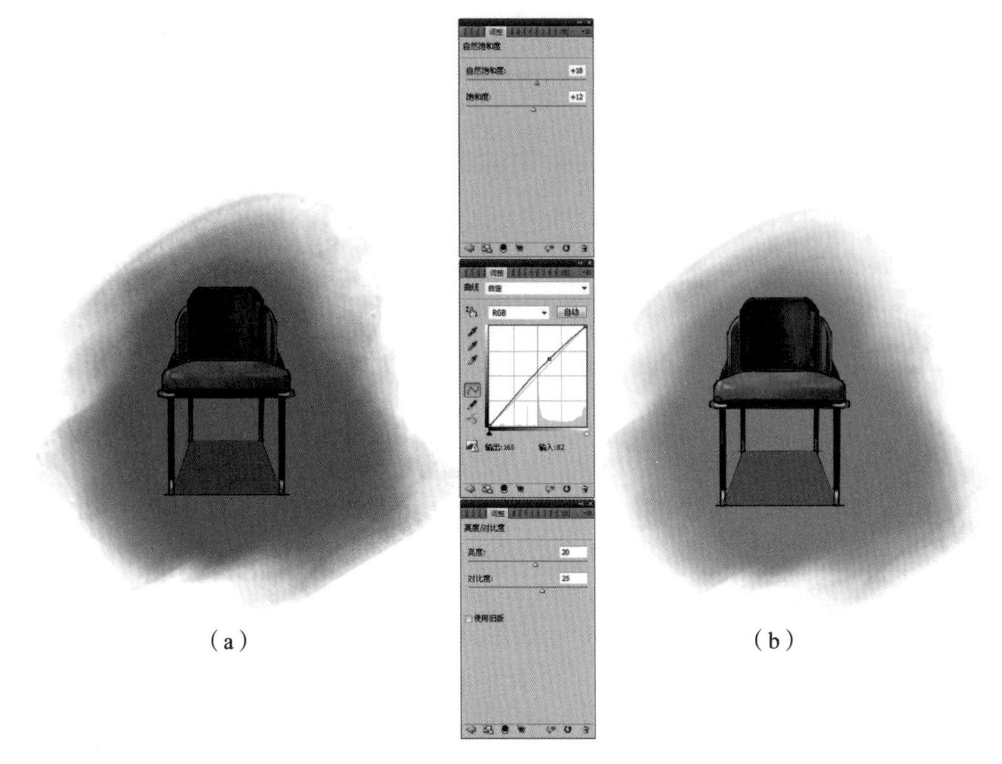

图 7-15　椅子优化对比效果图

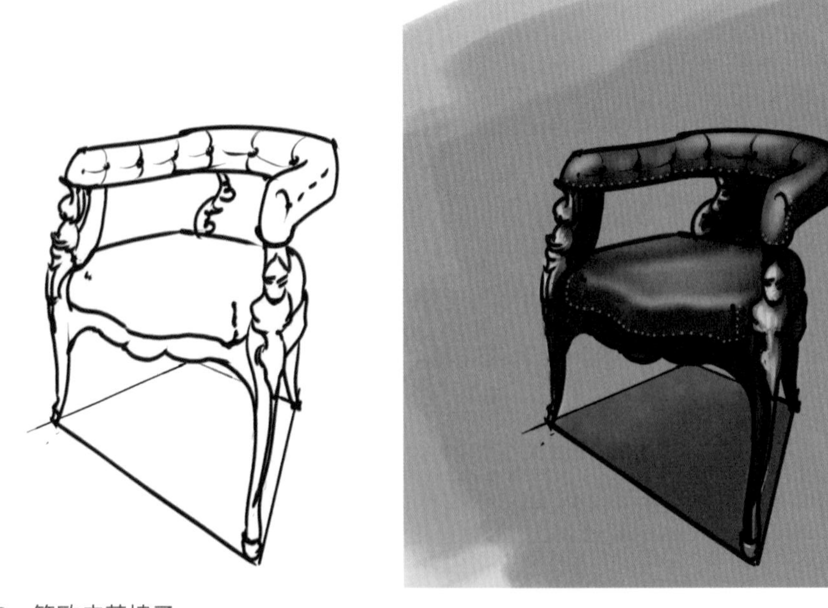

图 7-16　简欧皮革椅子

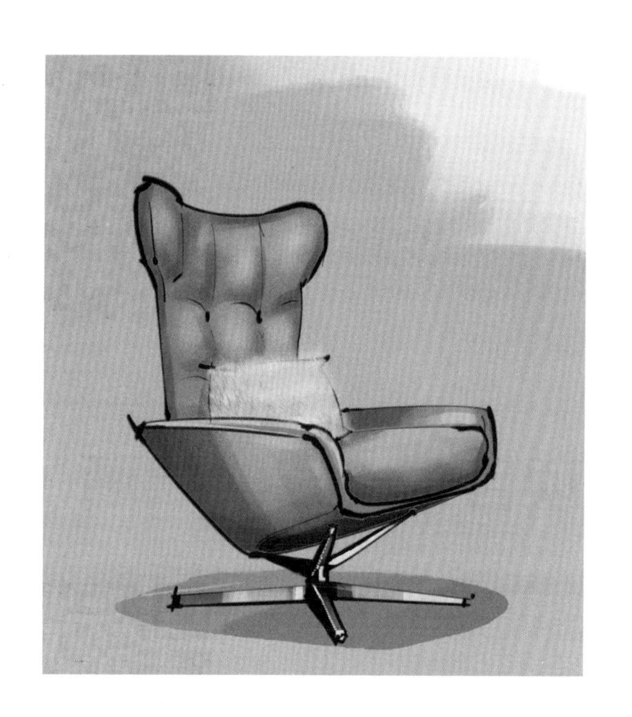

图 7-17　皮质办公靠椅

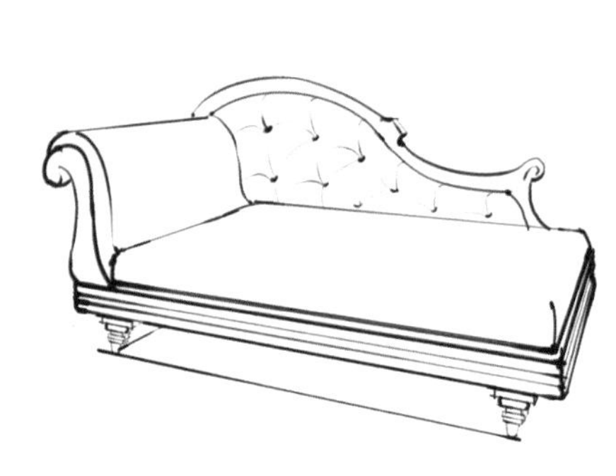

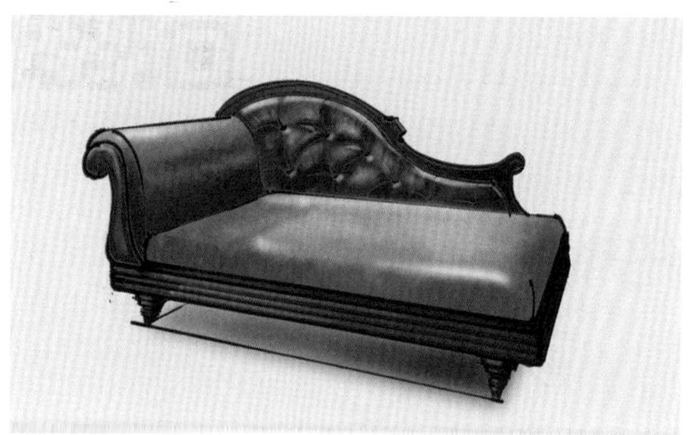

图 7-18　美人靠

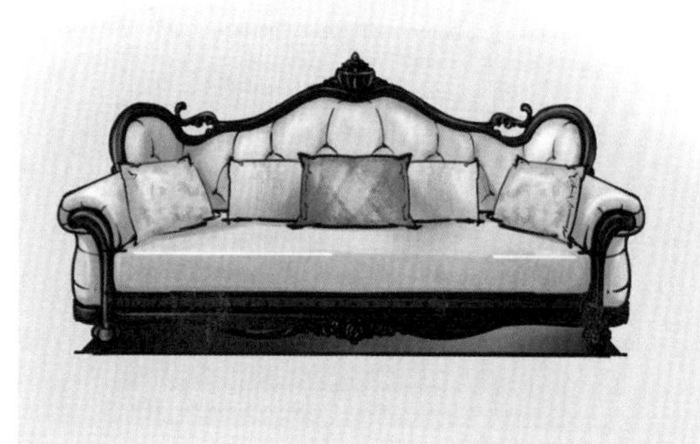

图 7-19　欧式沙发

实操码 4-1　绘制椅子的效果图

项目⑧　床的绘画（Procreate）

床效果绘制 • 微课二维码

任务 16　床的绘画

1. 形体分析

使用 Procreate 软件新建 A3 画布，导入床的参考图，标注出床的长宽高尺寸，通过体块将中式床分为上下两部分，1 床体，2 床架，如图 8-1 所示。

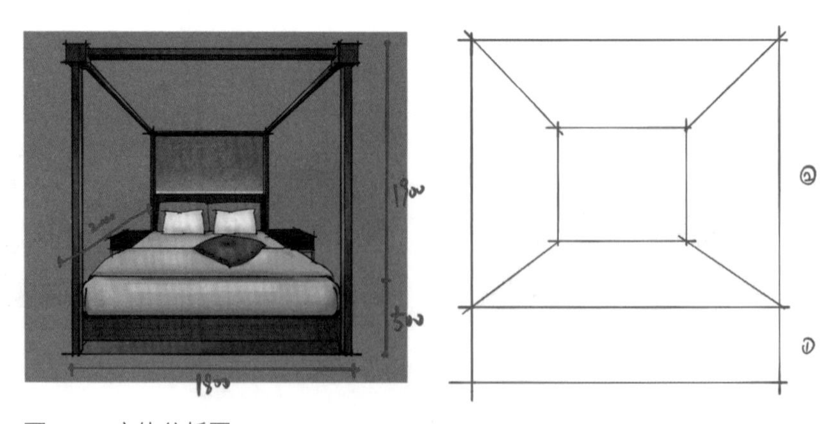

图 8-1　床体分析图

2. 透视设置

画布 1/3 处绘制地平线 G，确定参考线 K(3m)的位置，找到 1.2m 视平线 H，运用一点透视原理推测出床的大轮廓透视，如图 8-2 所示。

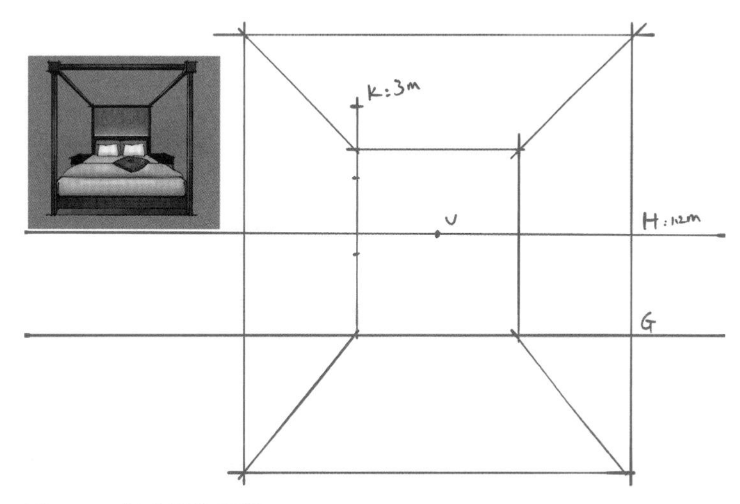

图 8-2　床透视设置图

3. 造型定位

按照视平线 1.2m 的高度，推算出床每一个部件尺寸及所在位置，快速绘线定位，如图 8-3 所示。

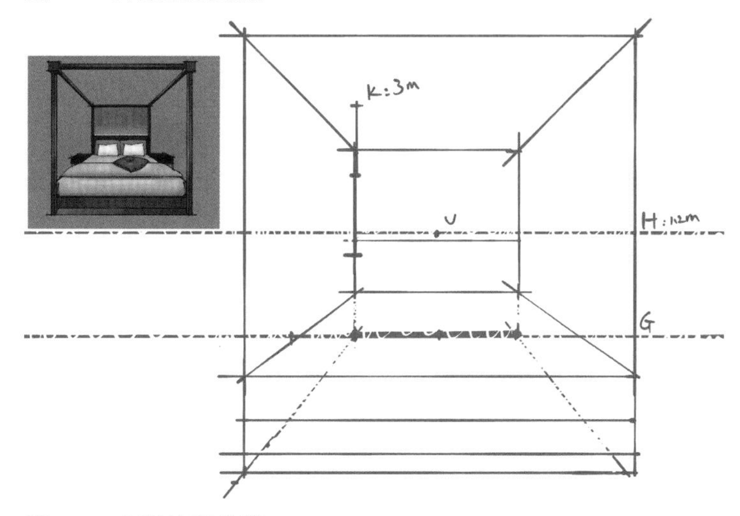

图 8-3　床形体定位图

4. 造型绘制

1）床垫绘制

把形体参考线透明度降低，新建图层，按照透视绘制床垫，再按照画面效果增加枕头与床单，如图 8-4 所示。

2）床架绘制

新建图层，打开透视辅助，以长方体形式先绘制床架造型，再增加装饰柱头，交代清楚床架结构前后关系、穿插关系，如图 8-5 所示。

3）床头柜绘制

关闭参考图层，使用加法绘图原理，在床

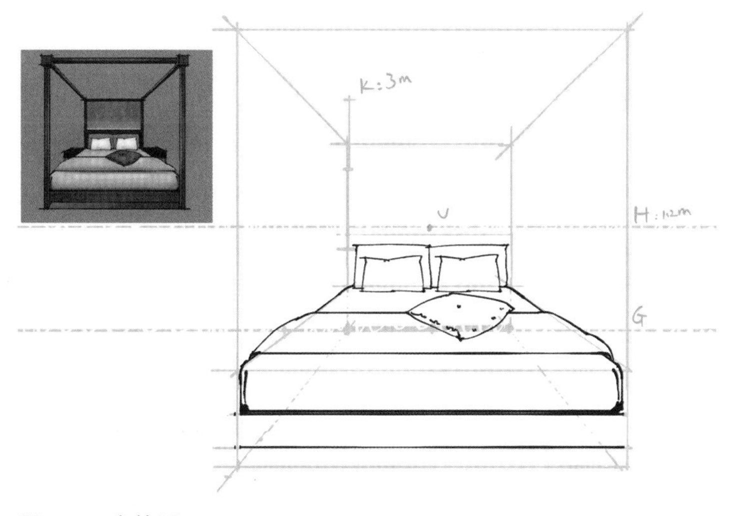

图 8-4　床垫图

两侧推算尺寸，增绘床头柜，如图 8-6 所示。

5. 色彩准备

复制备份，将复制文件命名为床色彩，并打开，把图层合并命名为线稿图层，底色设置为卡其色，如图 8-7 所示。

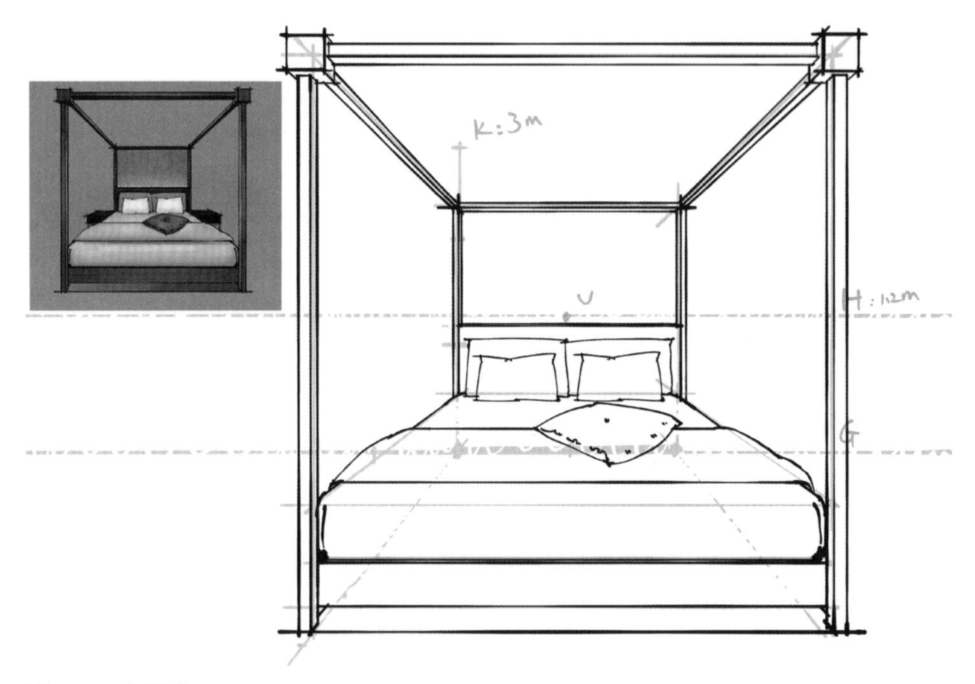

图 8-5　床架图

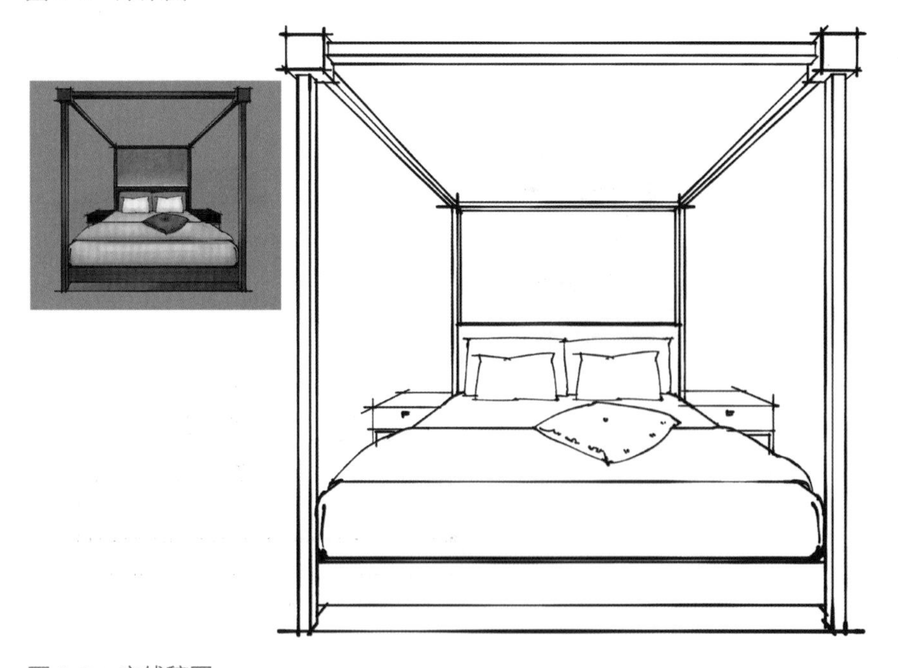

图 8-6　床线稿图

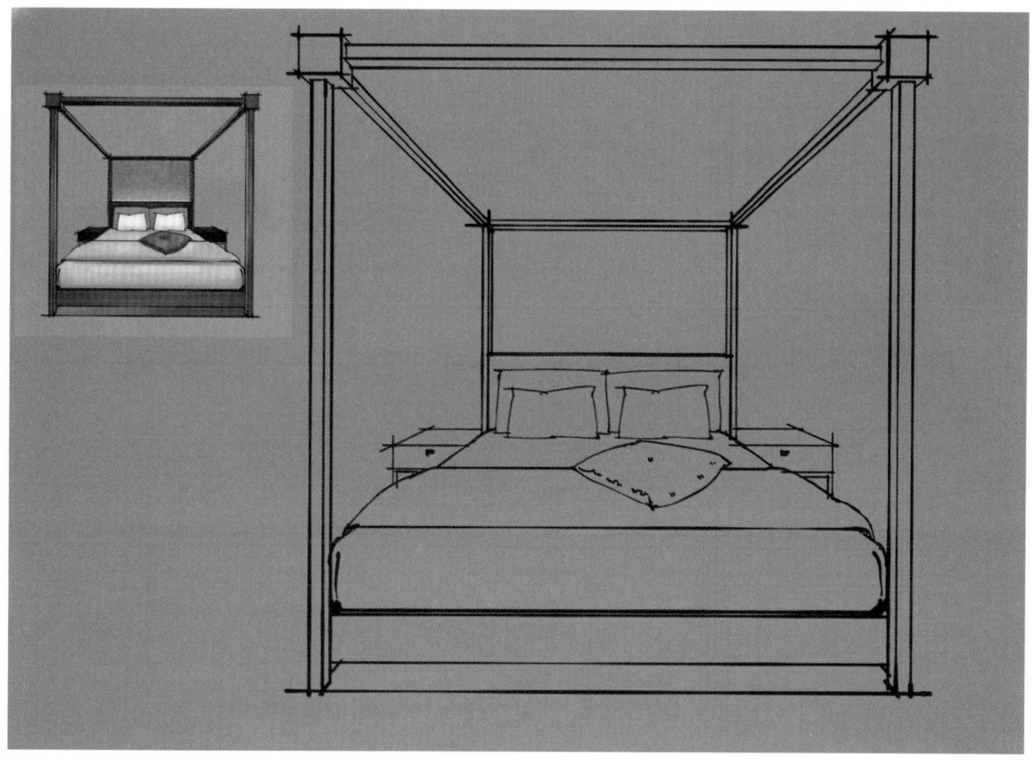

图 8-7　床底色图

6. 色彩材质

1）床垫色彩绘制

选择床垫区域，把床垫顶面与正面色块拉开，在床垫与床架处适当加重，加强立体感，使用布纹笔刷做肌理；新建图层绘制床单，颜色与床垫稍微有些区别，绘制出蓬松感，如图 8-8 所示。

［提示：布纹绘制，横向布纹中间浅左右重，竖向布纹中间浅上下重，具体按照受光环境绘制布纹底色（黑白灰关系），再添加肌理纹路，加强色彩过渡，布纹给予一种亲和、柔软的感觉，绘制色彩用一些小笔触模仿布纹折叠，刻画少许的转折与细节，提升布艺柔和的效果。］

2）枕头色彩绘制

绘制枕头靠背，形成前后叠加效果，通过色彩色相相似，形成前后空间与呼应，强化视觉位置，如图 8-9 所示。

3）木纹绘制

先统一选择正面木纹绘制（灰面），再统一选择侧面木纹绘制（亮面），最后选择朝下的木纹绘制（暗面），通过分方向绘制，控制光源对木架光影的影响，如图 8-10 所示。

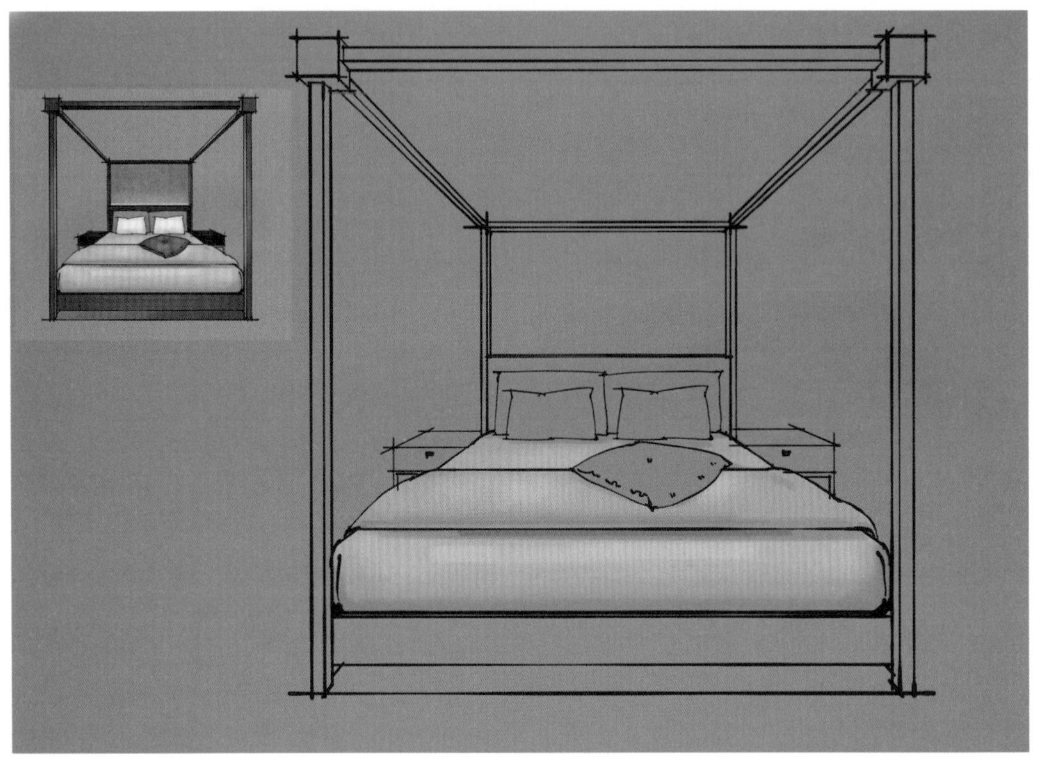

图 8-8　床垫色彩图

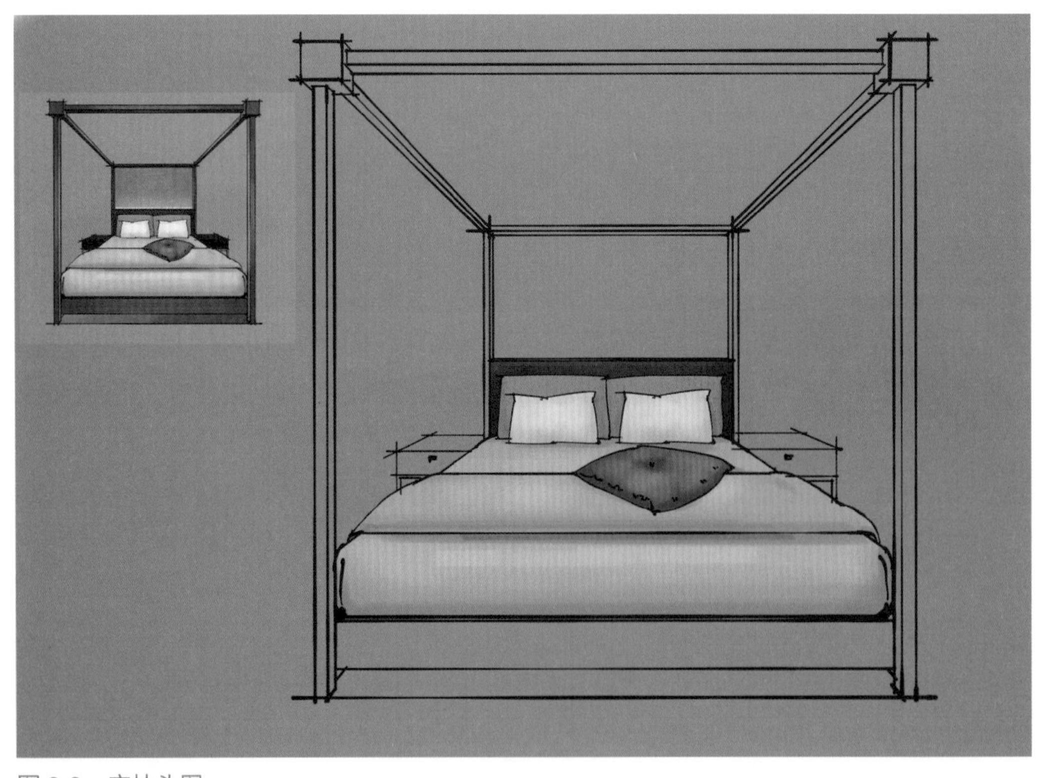

图 8-9　床枕头图

［提示：木制家具绘制，分面分方向的统一绘制，每个面先铺固有色绘底，中间提亮，两边加重，再使用重色绘制木纹纹理；墙面木纹（墙体、隔墙、衣柜、较高的面）绘制，固有色铺绘底色，中间提亮，上下加重，再使用重色木纹笔刷绘制纹路。］

4）床头柜色彩绘制

绘制红木色床头柜，压重画面衬托床主体色彩，再绘制床架靠背的墙布，如图 8-11 所示。

（提示：墙布、墙纸绘制，直接使用材质贴图，设置图层模式正片叠底，或使用油漆类、颗粒类笔刷绘制纹路。）

5）灯带绘制

新建图层，图层设置为添加模式，使用矩形框选壁布区域，在区域下方使用灯光笔刷绘制灯带，如图 8-12 所示。

7. 后期优化

选择“操作＞添加＞拷贝画布”，再粘贴画布，将所见图层拷贝成一个图层置于图层顶部，点击调整，选择色相 / 饱和度 / 亮度、颜色平衡、曲线等，设置时观看画面整体效果进行参数调整，如图 8-13 所示。

床绘制的案例欣赏如图 8-14 ～图 8-17 所示。

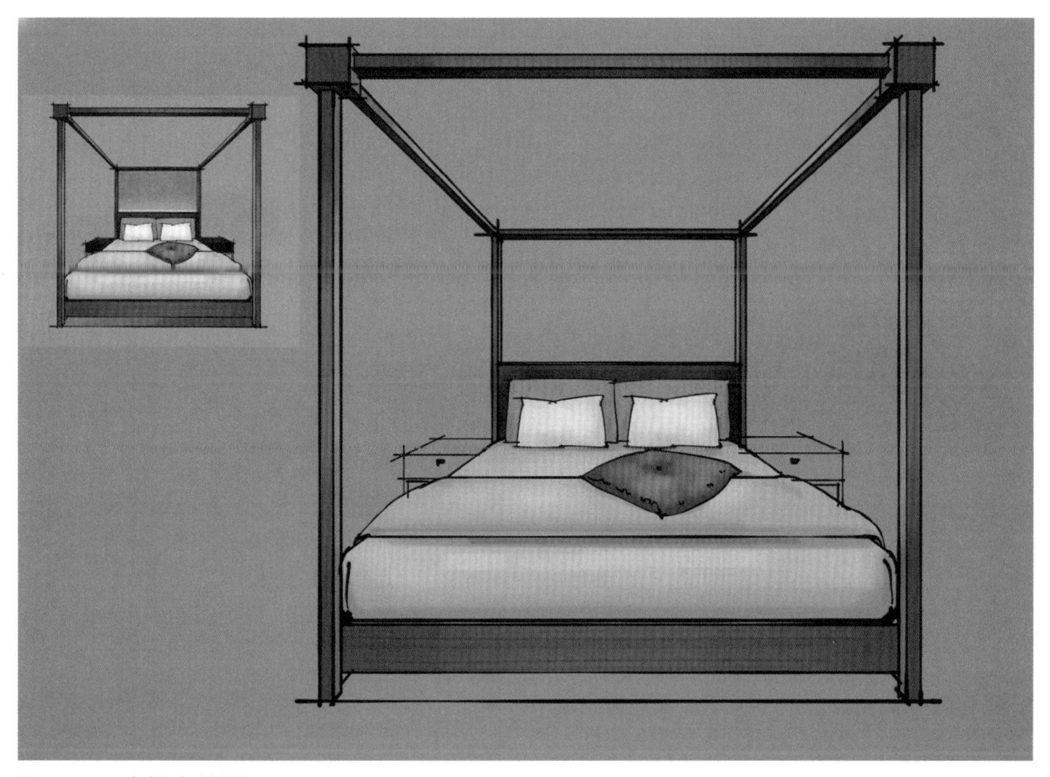

图 8-10　床架木纹图

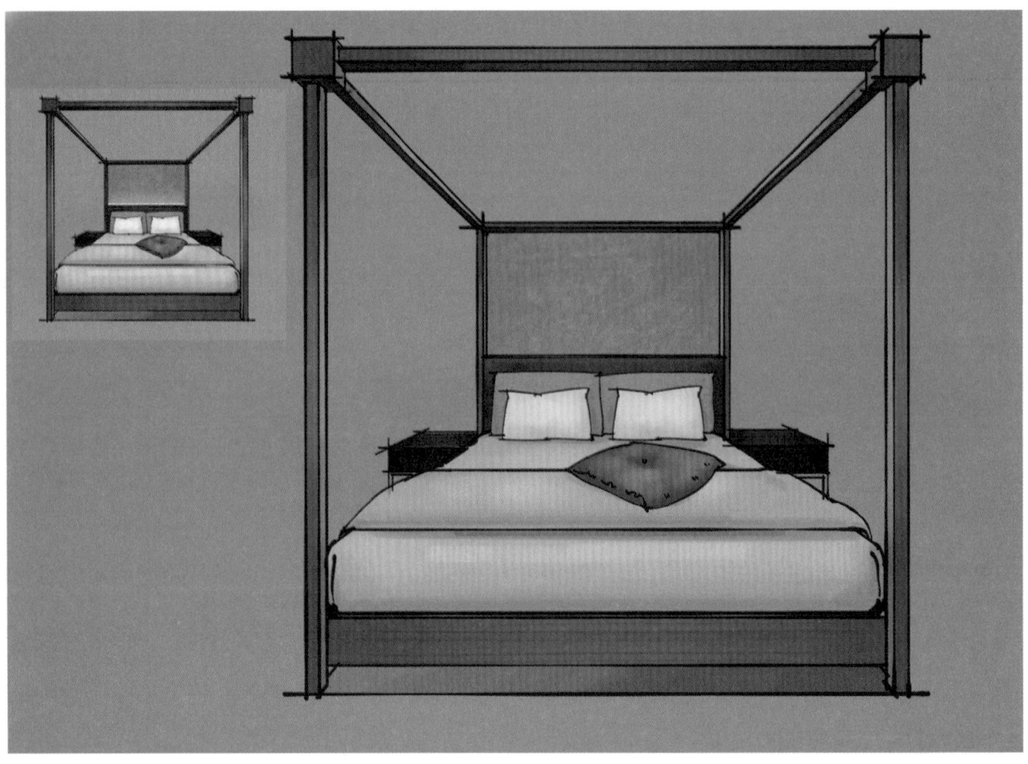

图 8-11　床头柜色彩图

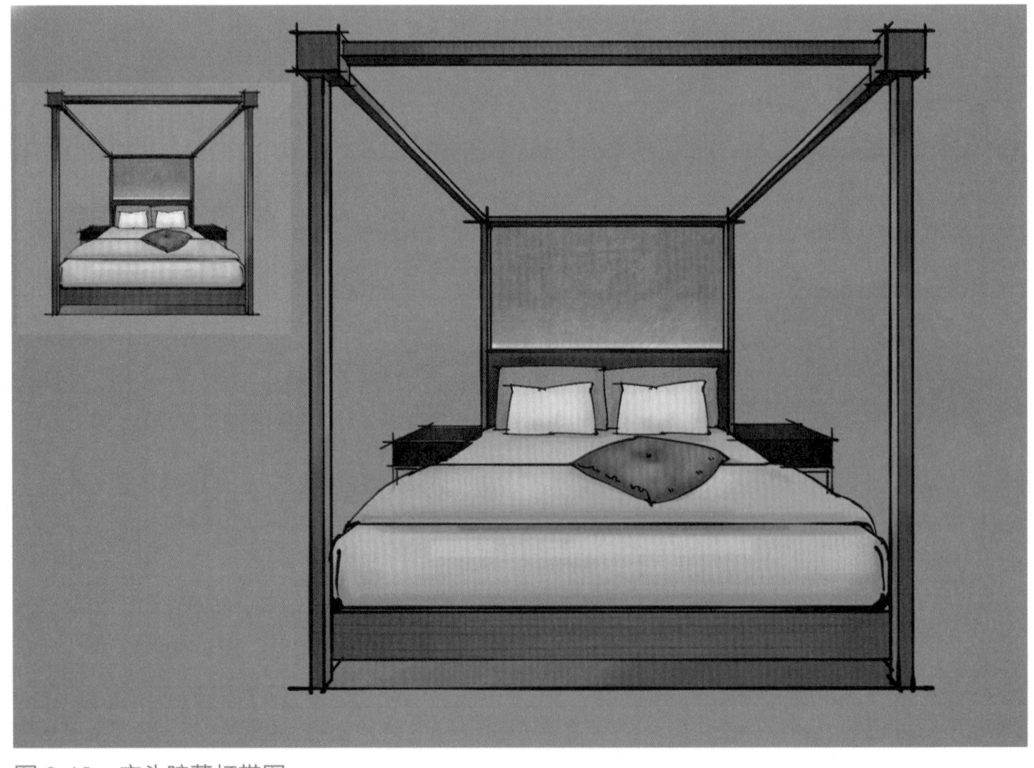

图 8-12　床头暗藏灯带图

图 8-13　床效果图

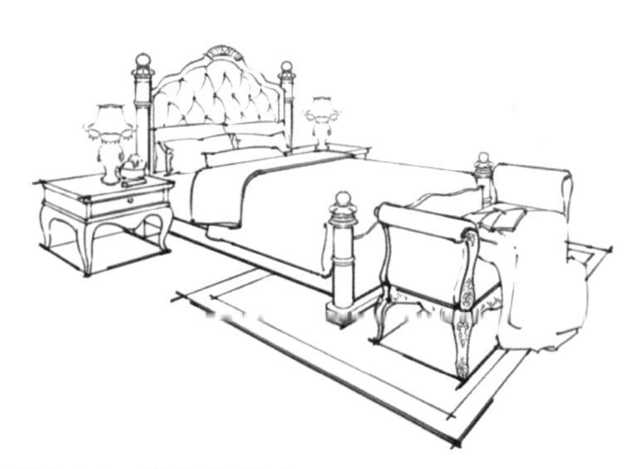

图 8-14　简欧床组合

图 8-15　简约床组合

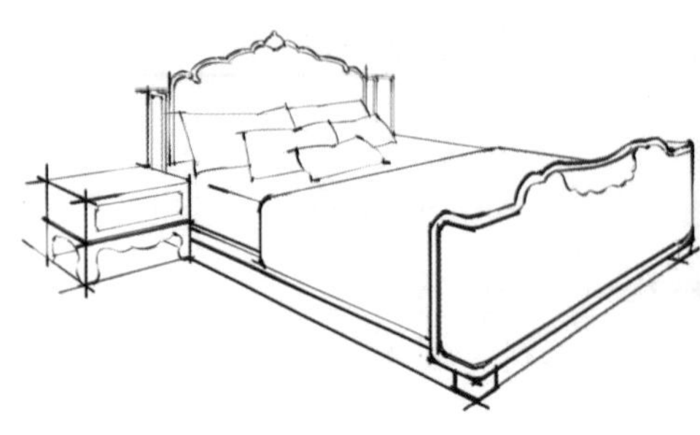

图 8-16　中式床

图 8-17　简易布床

实操码 4-2　绘制床的效果图

项目⑨　组合体绘画（SketchBook+Photoshop）

任务 17　沙发组合绘画

1. 组合平面

按照组合沙发造型推算出每个家具长宽高及摆设位置，绘出平面单体（红线），再将所有单体概括于一个矩形中（绿线），如图 9-1 所示。

（提示：化繁为简，将多个物体透视转化为一个大的概念体进行绘制，减轻绘制推理，同室内平面图的使用。）

组合沙发线稿效果绘制 • 微课二维码

2. 透视设置

1）视平线、地平线绘制

在画布 1/3 处绘制地平线 G，绘制参考线 K（3m），在 1.2m 位置绘制视平线 H，如图 9-2 所示。

2）组合沙发透视设置

按照两点透视原理，推算出 4100mm × 2200mm 透视矩形平面，如图 9-3 所示。

（提示：绘制家具与室内空间三维图，先按照透视原理步骤理性化推敲，建立透视空间框架、定型，再感性化调整，绘制家具造型与空间效果；同时，平面透视效果直接影响到画面整体效果，按照预想效果可做适当微调，以达到理想效果。）

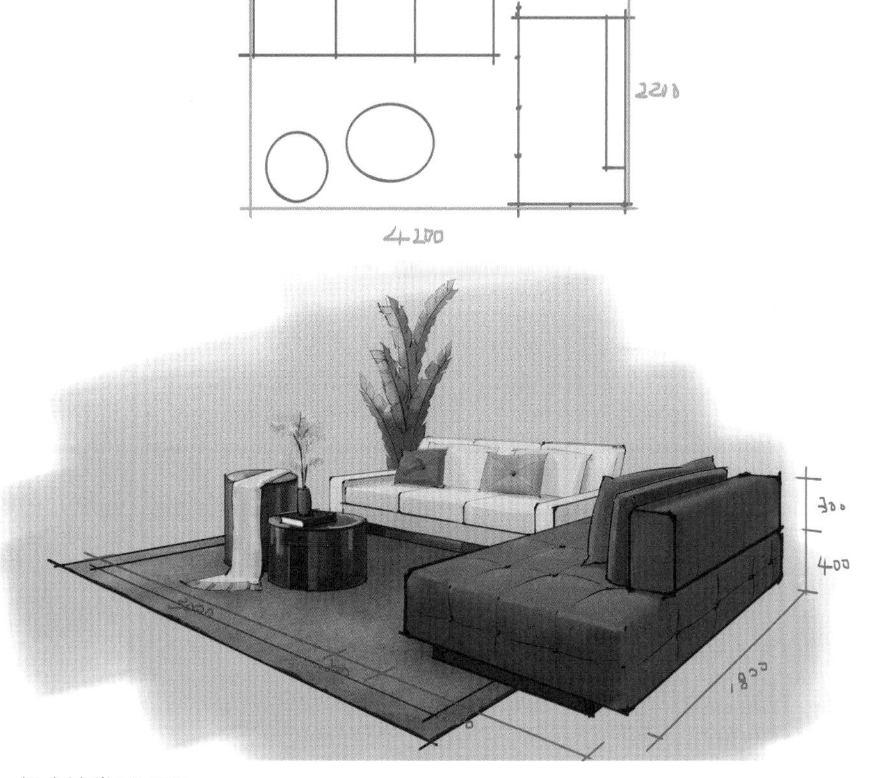

图 9-1　组合沙发平面图

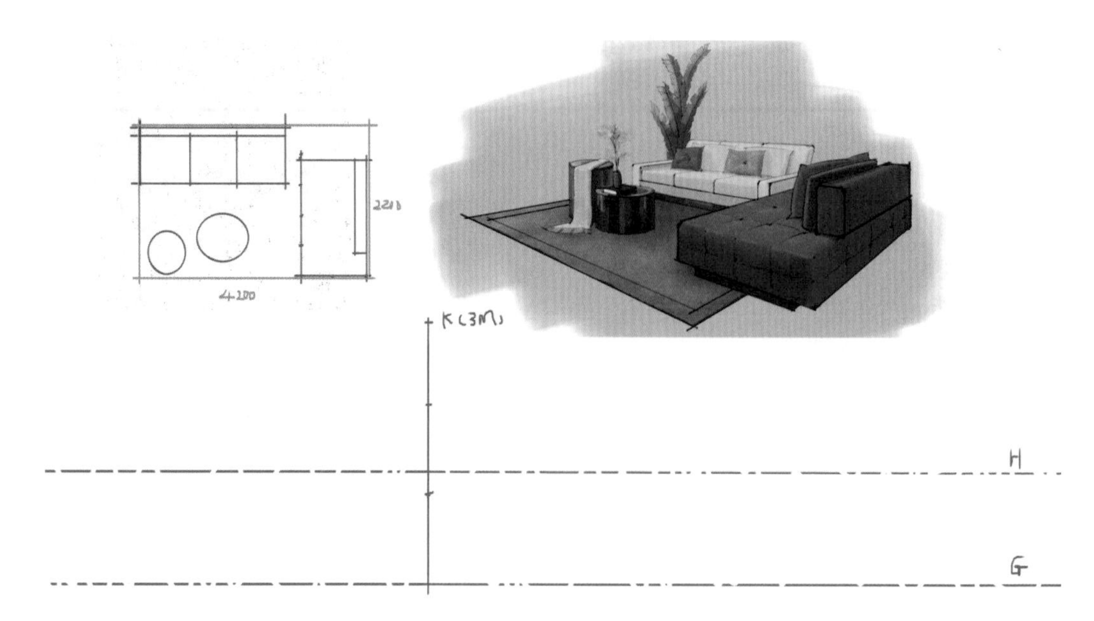

图 9-2　视平线、地平线图

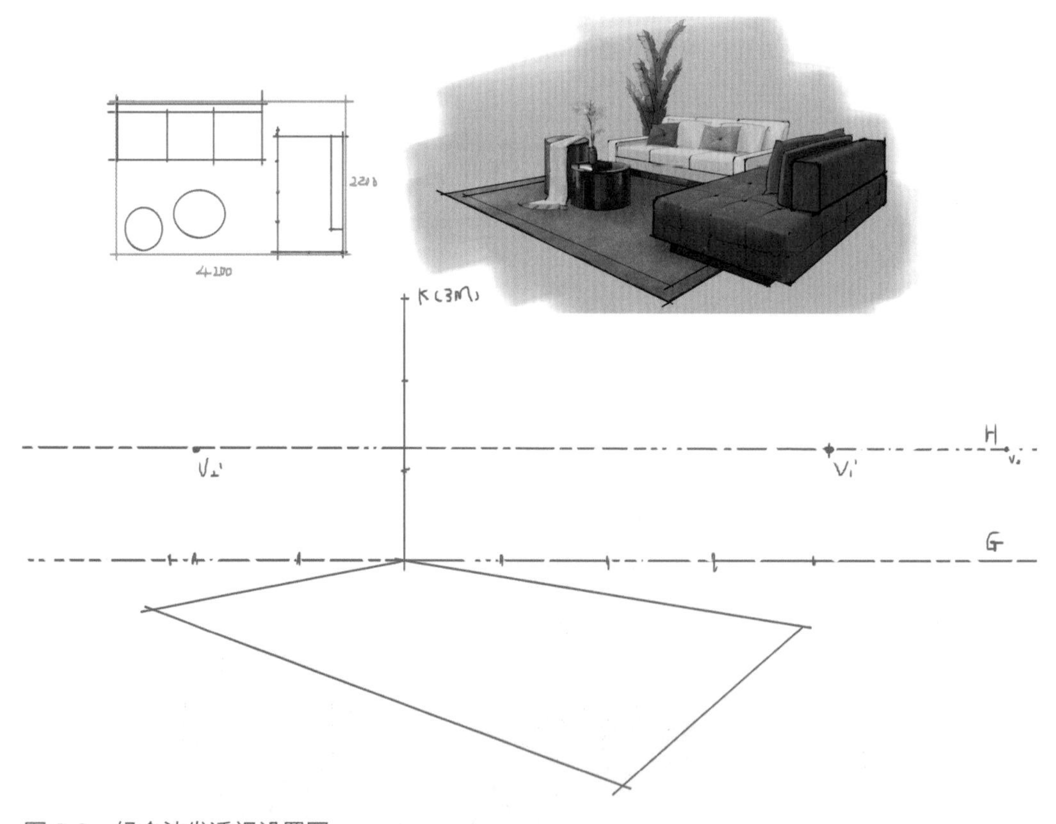

图 9-3　组合沙发透视设置图

3）透视平面图绘制

复制平面图图层，变换 - 扭曲调整平面控制点，置于透视平面处，如图 9-4 所示。

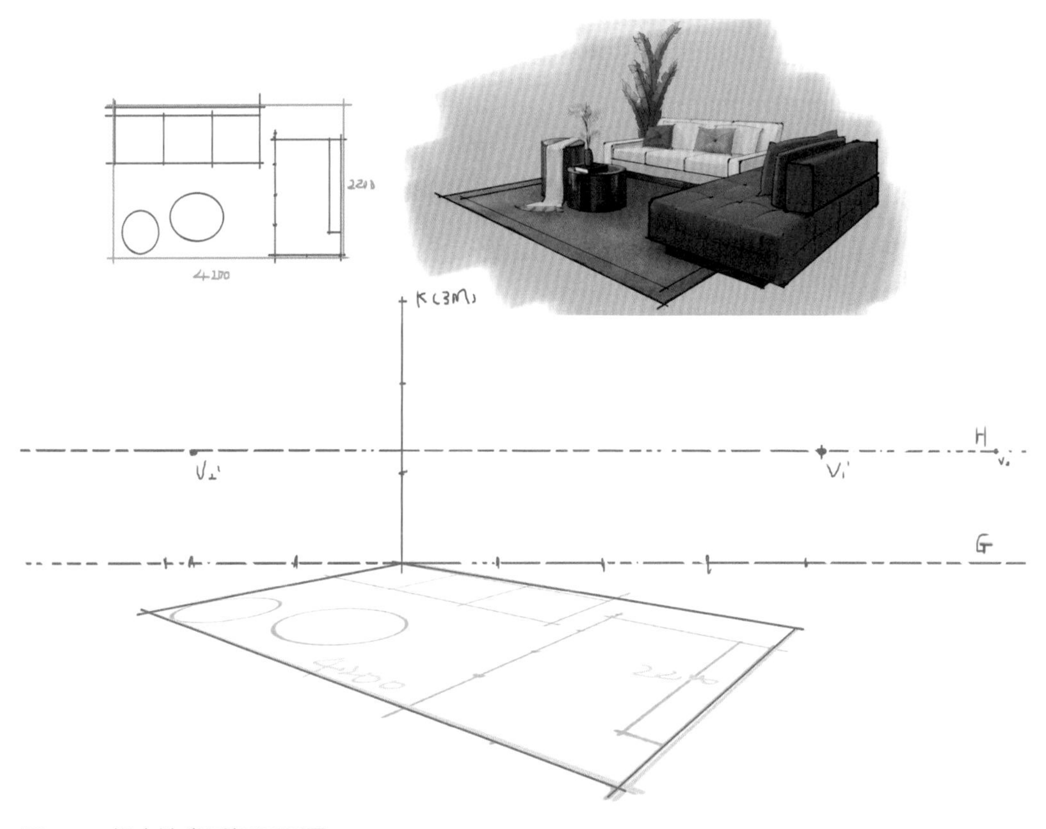

图 9-4 组合沙发透视平面图

3. 造型定位

组合沙发绘制

（1）结合视平线 1.2m 和透视平面，逐一确定每个家具体块轮廓，用绿色线绘制出白色沙发体块组合，如图 9-5 所示。

（提示：平面图上每一个点与视平线相连，距离都是 1.2m，通过 1.2m 划分比例，即可快速定位家具高度（点位），通过点与空间消失点 V，即能形成立方体块。）

（2）新建图层，在蓝色沙发平面右侧点绘制一根线与视平线相交，这根线高 1.2m，按照这个高度划分比例推测，选用红色绘制出蓝色沙发轮廓造型，如图 9-6 所示。

（提示：组合较为复杂时，体块分析可用不同颜色进行，有利于辨别物体，提高后期绘制效率。）

（3）用蓝色线绘制茶几，用黑色线绘制地毯，如图 9-7 所示。

4. 造型绘制

沙发轮廓绘制

（1）将体块参考线透明度降低，新建图层，打开透视辅助【P】，使用黑色铅笔，

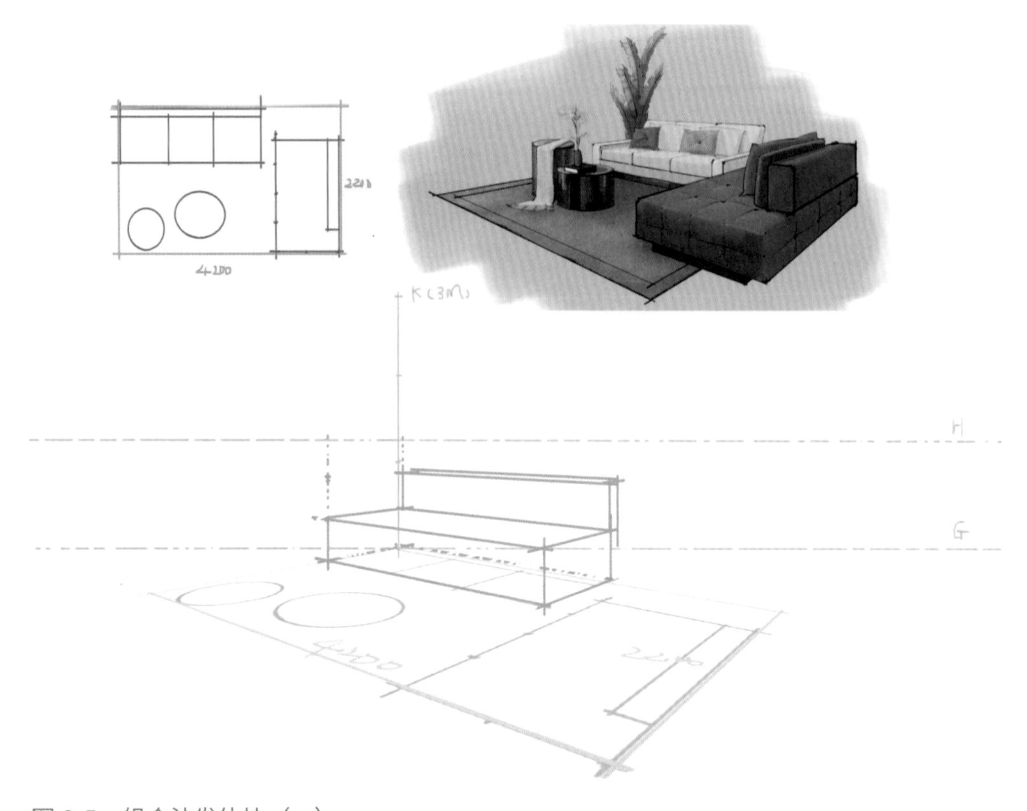

图 9-5 组合沙发体块（一）

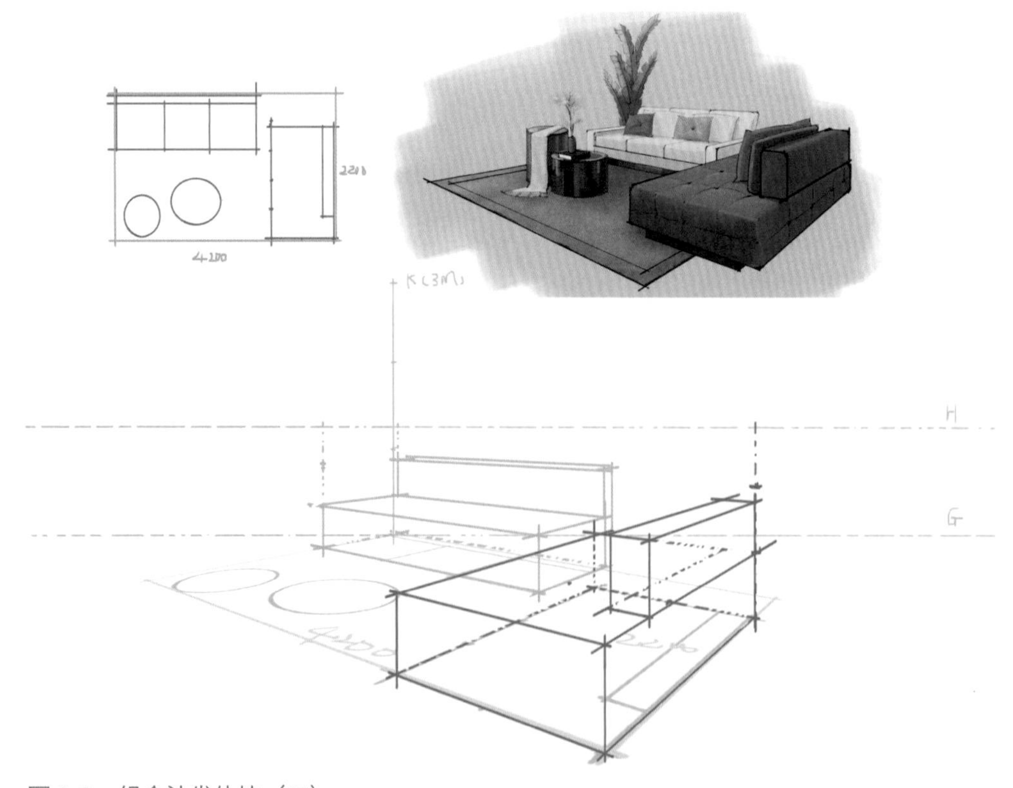

图 9-6 组合沙发体块（二）

绘制蓝色沙发大轮廓，再关闭辅助，给沙发转折点绘制小圆角，如图 9-8 所示。

（2）同理，新建图层，绘制白色沙发轮廓线，白色沙发线要比蓝色沙发线细一些，形成进深感，如图 9-9 所示。

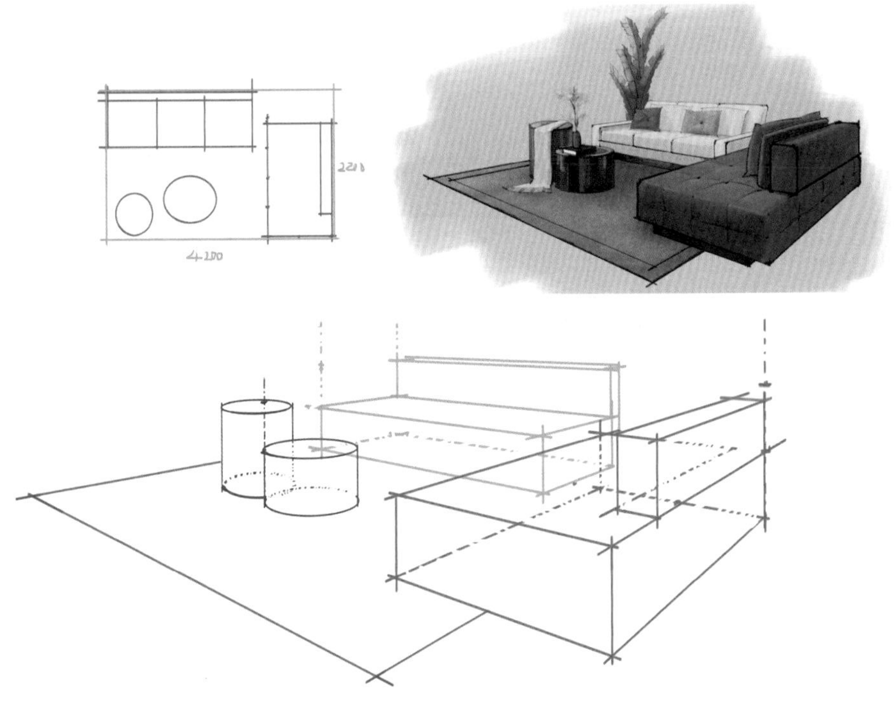

图 9-7　组合沙发体块（三）

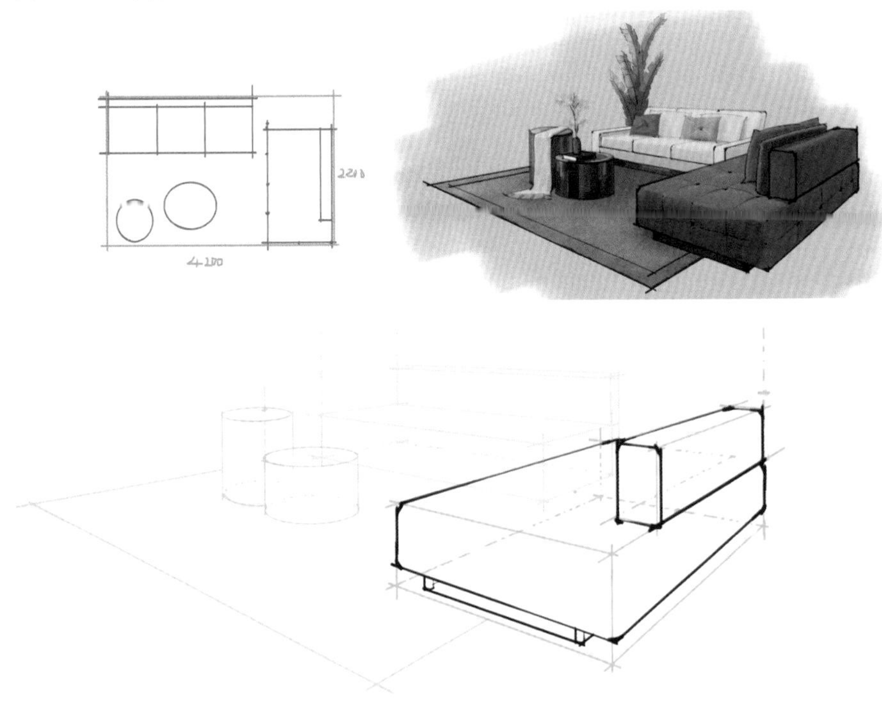

图 9-8　沙发轮廓图

（提示：按照透视原理“近大远小、近高远低、近粗远窄”绘制造型与控制线的变化，即可通过线稿表现空间感。）

（3）使用椭圆工具绘制茶几，按照画面效果确定地毯造型，如图 9-10 所示。

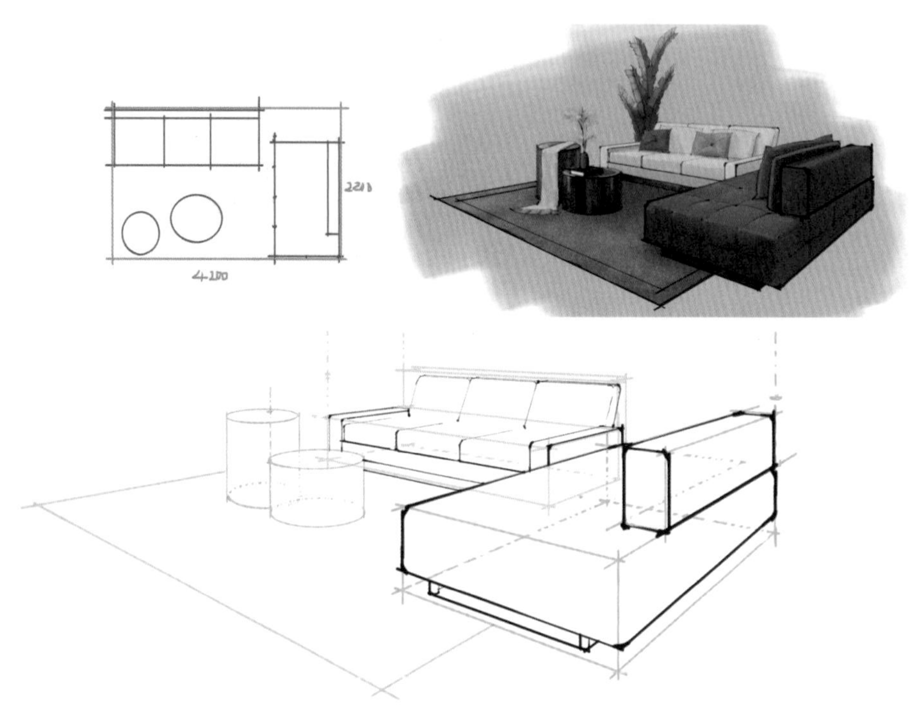

图 9-9　组合沙发轮廓图

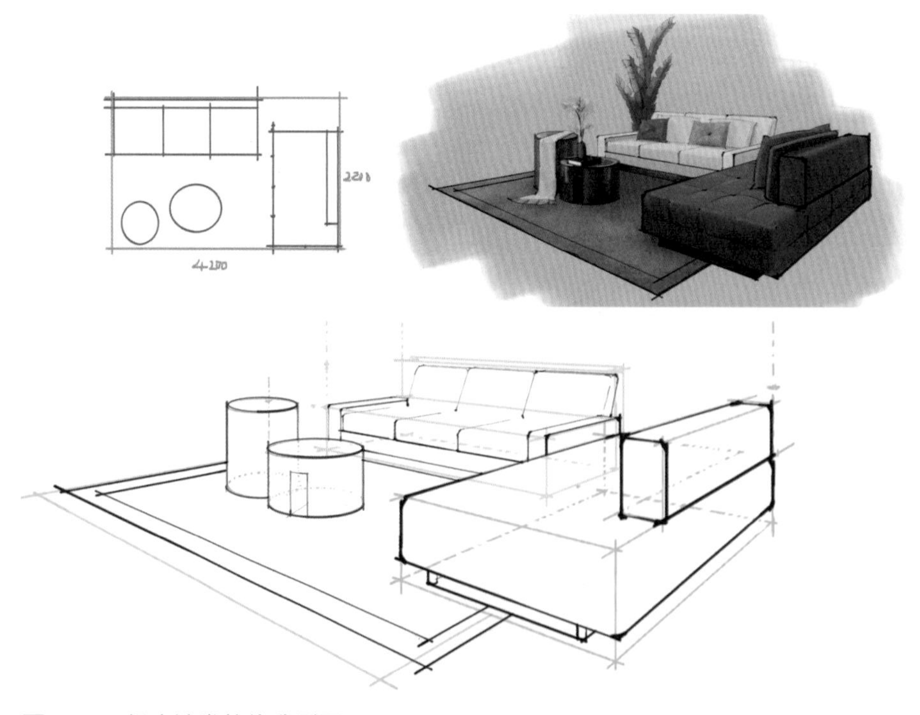

图 9-10　组合沙发整体造型图

（4）新建图层，刻画沙发软包钉的造型，打开透视绘制网格确定钉眼位置，再使用预测笔迹绘制弧线完成绘制；添加沙发抱枕与茶几陈设品后，把遮挡的线擦除；在沙发后方添绘落地植物，如图 9-11 所示。

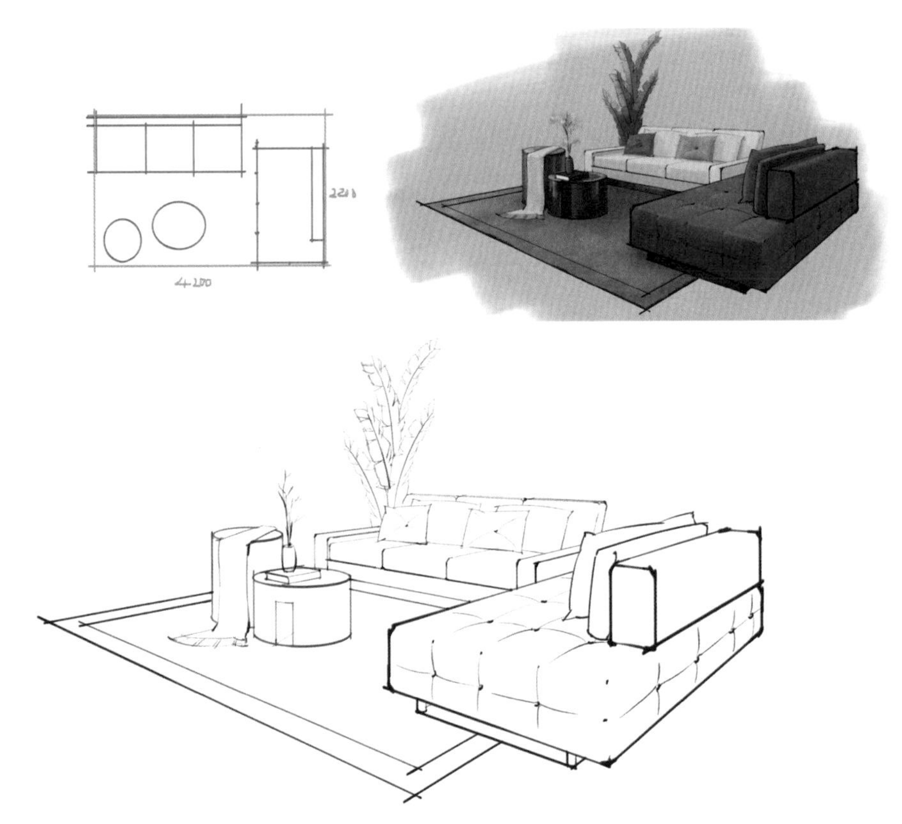

图 9-11　组合沙发线稿图

组合沙发色彩效果绘制 • 微课二维码

5. 色彩准备

用 SketchBook 打开组合沙发 SKB 文件，另存为 PSD 格式，命名为“组合沙发色彩”，使用 Photoshop 打开组合沙发色彩 PSD 格式，将图层合并命名为线稿，导入参考图，如图 9-12 所示。

6. 色块处理

新建图层，先给组合铺设底色，再逐一新建图层绘制蓝沙发、白沙发、茶几、地毯的固有色，确定画面整体色彩素描关系，如图 9-13 所示。

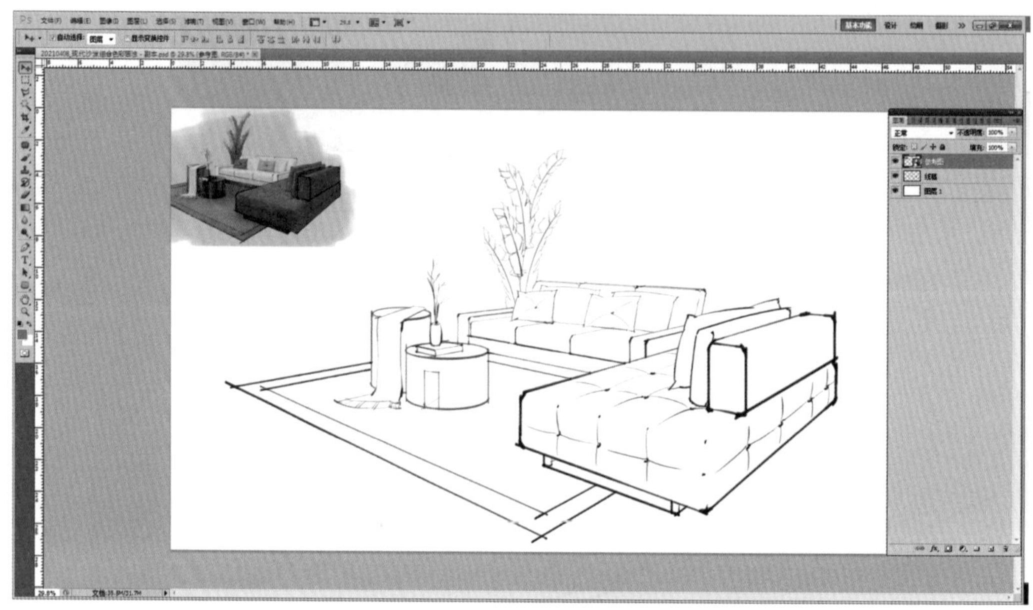

图 9-12　软件切换设置

图 9-13　组合沙发固有色图

7. 色彩刻画

1）沙发色彩绘制

在固有色图层上，绘制单体素描关系、色彩色相，优化整体、刻画细部，明确材质，如图 9-14 所示。

（提示：布艺材质，先铺固有色绘制出三大面关系，后使用相近色彩绘制过渡细节、塑造褶皱，最后使用布纹肌理笔刷添绘纹路效果；金属材质，先铺绘金属固有色，再使用金属笔刷逐步缩小笔刷并在不同区域提亮金属反光，达到金属高亮效果。）

2）沙发肌理绘制

使用布纹肌理笔刷，给沙发增加颗粒肌理效果，同时过渡细节，如图 9-15 所示。

图 9-14　组合沙发色彩素描关系图

图 9-15　组合沙发肌理效果图

8. 陈设美化

新建图层，按照组合现有色彩绘制抱枕、毯子、书本、植物等，使用组合现有色彩进行关联、融合，使组合色彩更加协调一致，如图 9-16 所示。

9. 整体优化

在线稿图层下新增调整图层，调整增加亮度 / 对比度、色阶、曲线、饱和度，设置数值预览画面，完成设置，如图 9-17 所示。

图 9-16　组合沙发色彩图

图 9-17　组合沙发优化设置图

设置完成后，画面整体效果变化如图 9-18 所示。

沙发组合案例欣赏如图 9-19 ～图 9-22 所示。

图 9-18　组合沙发效果图

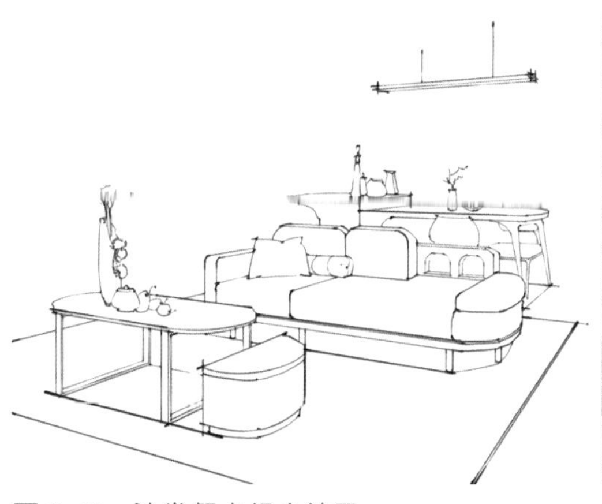

图 9-19　沙发餐桌组合效果

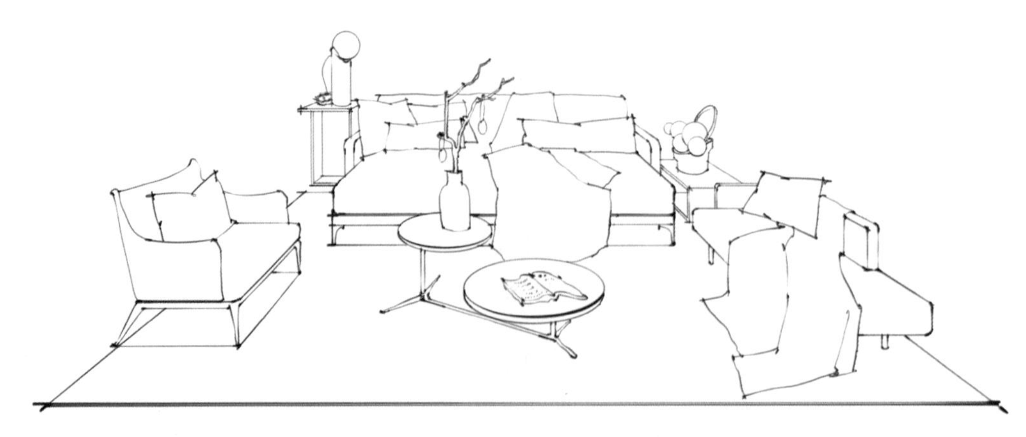

图 9-20 沙发组合效果

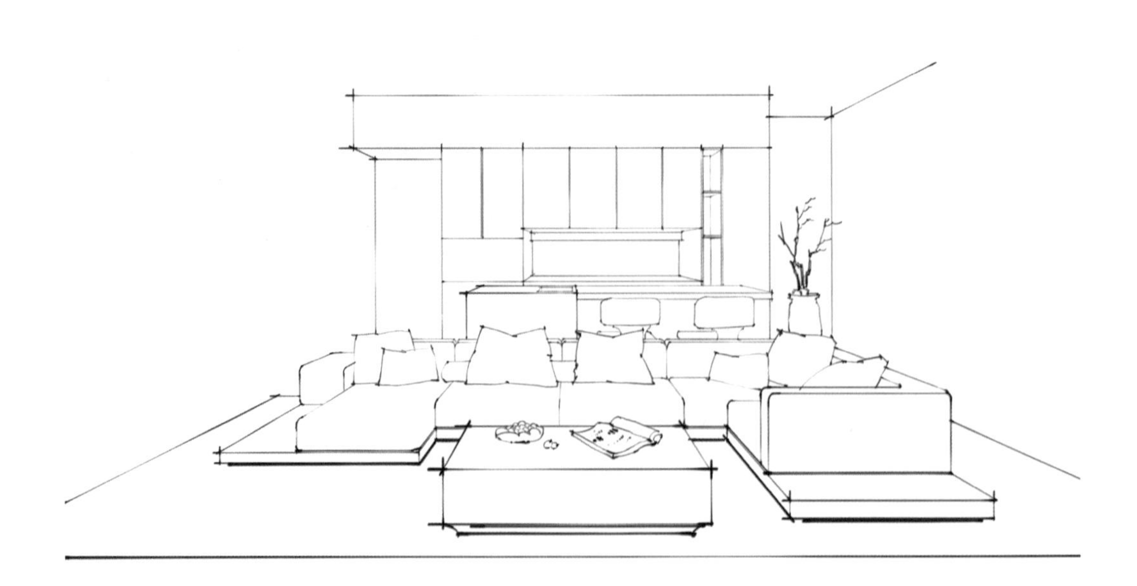

图 9-21 沙发餐桌柜体组合效果

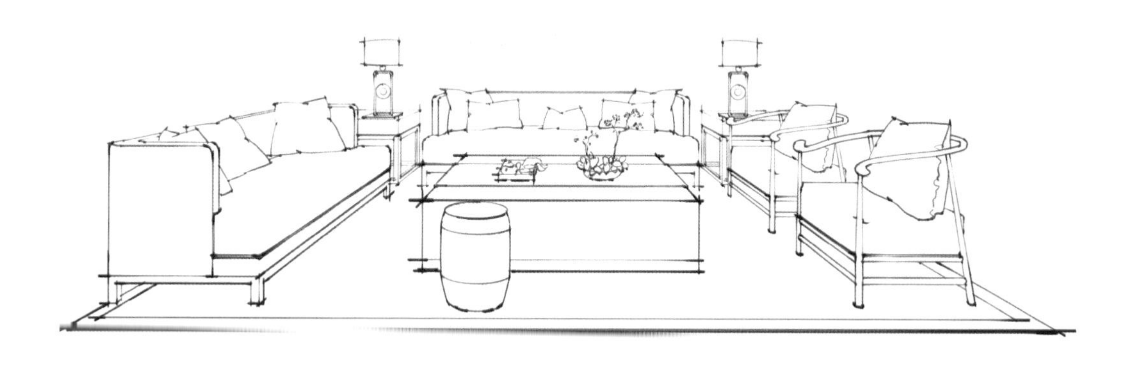

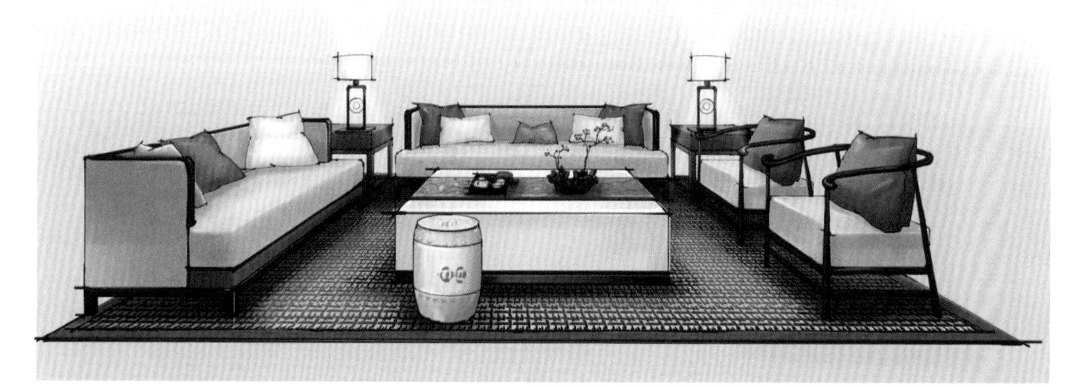

图 9-22 中式沙发组合效果

实操码 4-3　绘制沙发组合的效果图

项目10　陈设绘画（Procreate）

枕头效果绘制 • 微课二维码

任务 18　枕头绘画

1. 正面枕头绘制

1）线稿绘制

绘制一个近似于枕头大小的矩形，由于受重力因素的影响，枕头下方长度大于上方长度，上方枕头两角与矩形两点对齐，下方枕头两角在矩形之外一点，按照红色笔画顺序绘制线稿，如图 10-1 所示。

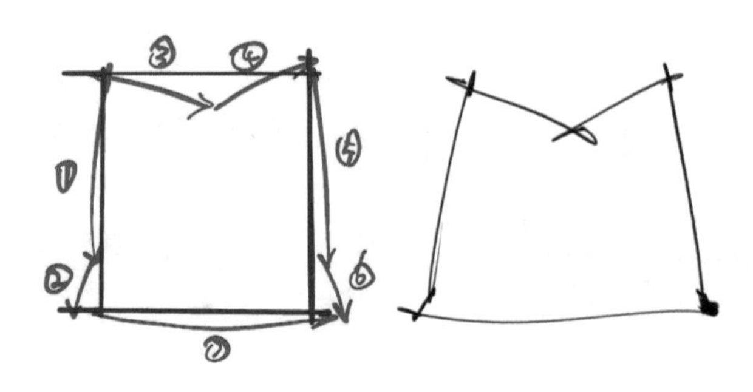

图 10-1　正面枕头线稿图

（提示：枕头柔软度是不同的，根据柔软度自行控制塌落度与变形度，每个边画笔数没有固定要求，1 个笔画相对饱满，2 个笔画有挤压，3 个笔画是空瘪。）

2）上色步骤

先用上色笔刷在线稿区域内绘制出枕头的固有色，再提亮绘制受光区域、加重背光区域，最后使用颗粒笔刷绘制肌理，使枕头更加圆滑饱满，如图 10-2 所示。

2. 左侧枕头绘制

1）线稿绘制

按照空间透视消失点绘制透视方向的矩形，如图 10-3 所示，绘制时保持线③长于线④（近大远小），其他按照画面效果及枕头造型绘制。

（提示：枕头消失点与空间消失点为同一点时，物体透视与空间一致，如需绘制特殊角度陈设，则另设消失点绘制，突出此角度陈设内容。）

2）上色绘制

拾取枕头固有色填充至线稿内，提亮后绘制受光区域，加重后绘制背光区域，纯色枕头绘制完成，如图 10-4 所示。

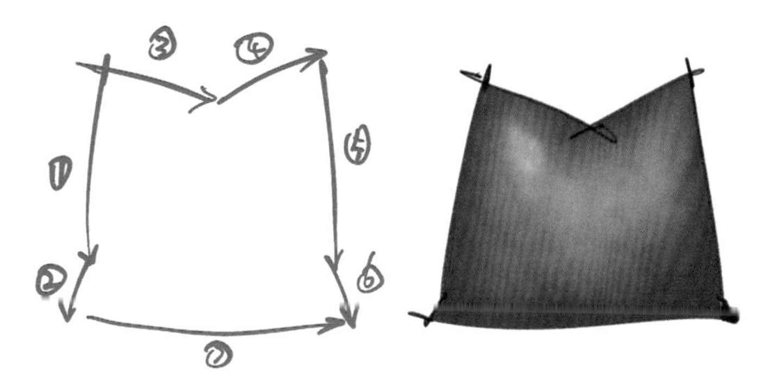

图 10-2　正面枕头上色步骤图

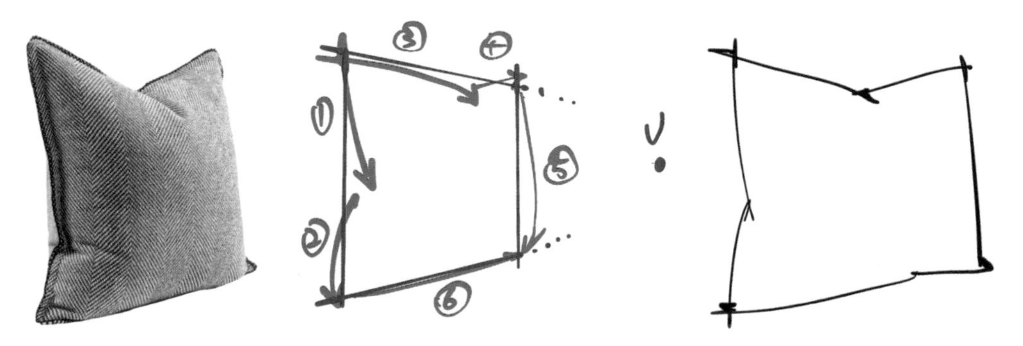

图 10-3　左侧枕头线稿图

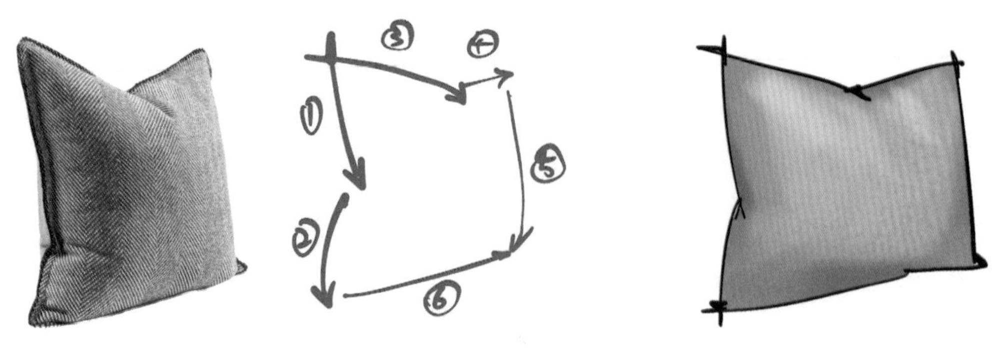

图 10-4　左侧枕头上色步骤图

3. 右侧枕头绘制

1）线稿绘制

同左侧相似，绘制透视方向矩形，如图 10-5 所示，保持线③长于线②（近大远小），其他按照枕头造型绘制。

2）上色步骤

同上绘制底色，使用编织类画笔绘制纹路，再使用画笔绘制毛边，如图 10-6 所示。

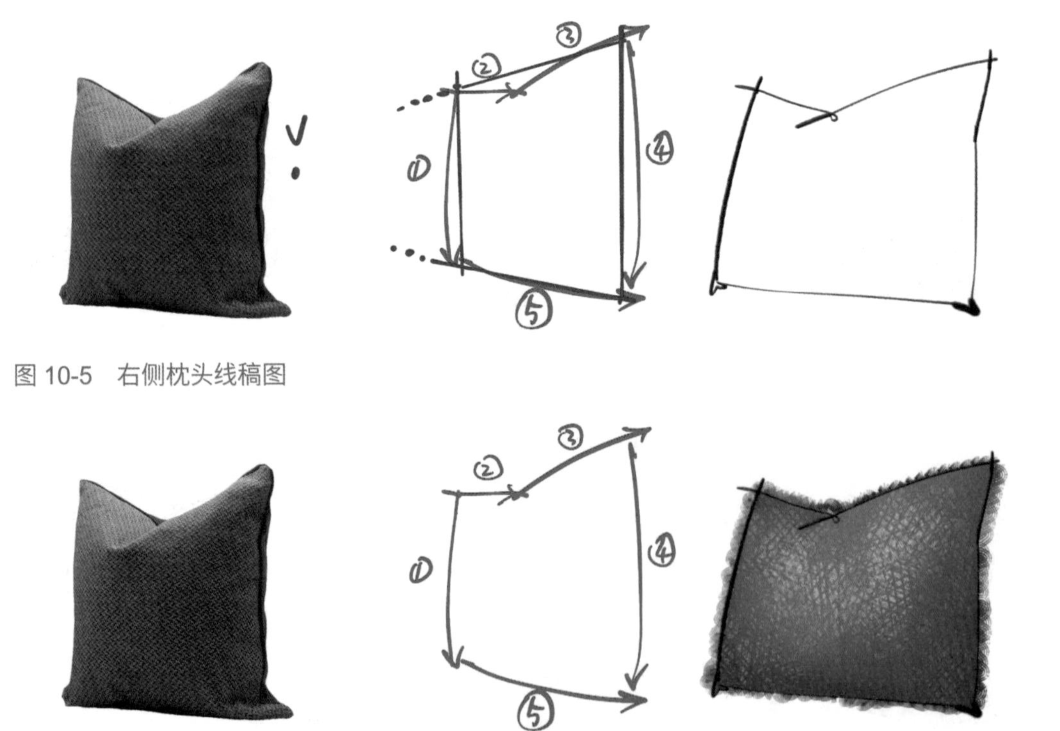

图 10-5　右侧枕头线稿图

图 10-6　右侧枕头上色步骤图

4. 组合枕头绘制

1）线稿绘制

组合绘制原理同单体，按照单体绘制方法绘制前后大小不同矩形参考线，再按照对应线稿画法绘制，如图 10-7 所示。

（提示：组合枕头绘制还需注意前后枕头的饱满度，越前面造型越丰富，后面的枕头概括处理，饱满度较低。）

2）上色步骤

绘制出第一个枕头的饱满与装饰性，绘制第二个枕头的大致装饰与色彩，最后绘制第三个枕头的色彩与前面枕头的影子，逐一衬托，如图 10-8 所示。

其他陈设案例欣赏如图 10-9 ～图 10-12 所示。

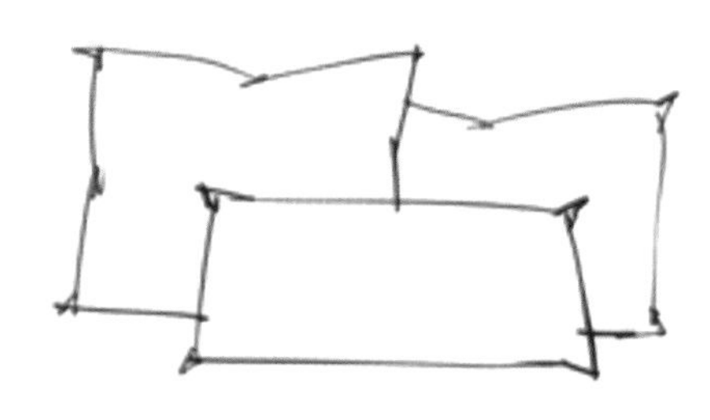

图 10-7　组合枕头线稿图

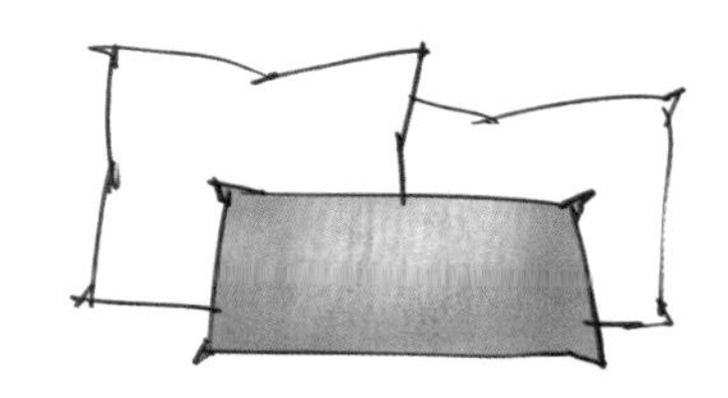
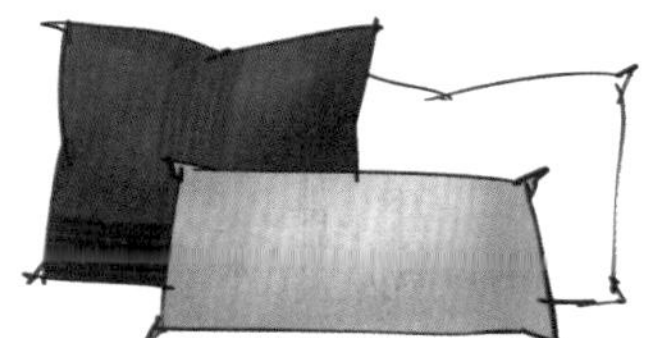
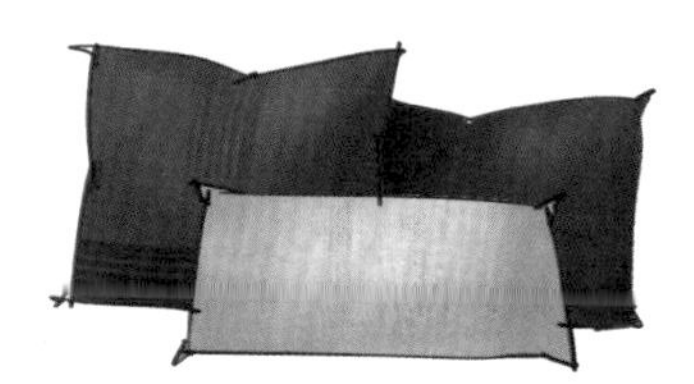

图 10-8　组合枕头上色步骤图

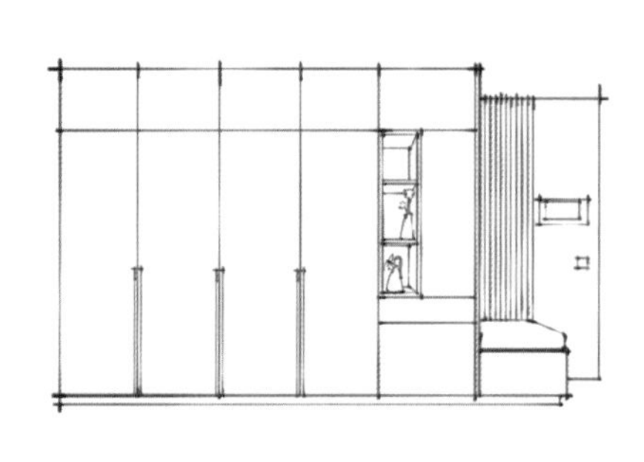
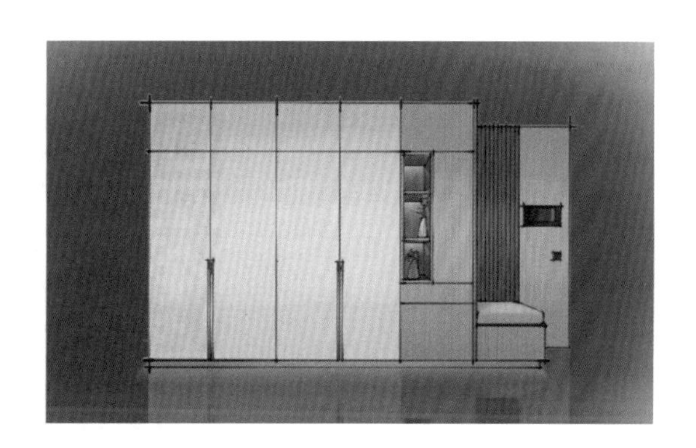

图 10-9　衣柜

图 10-10　六人餐桌

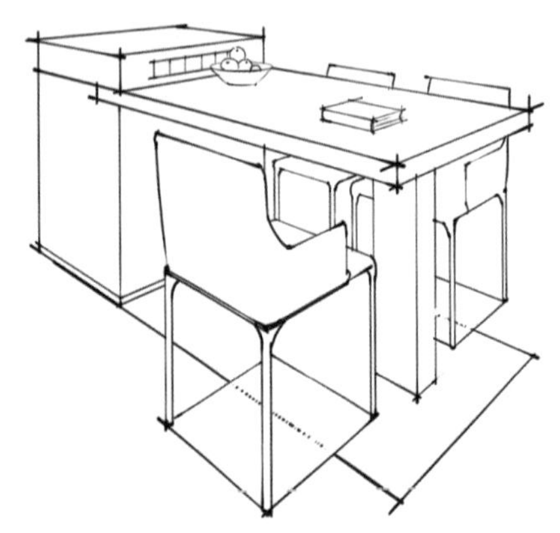

图 10-11　导台餐桌

图 10-12　休闲座椅

实操码 4-4　绘制陈设的效果图

模块5 空间绘画运用

项目11 书房空间设计绘画表现（SketchBook+Photoshop）

书房效果绘制・微课二维码

设计分析：书房空间以原木色为主，红锦蓝布为装饰点缀，通过藤编与木质移门呼应，给予空间宁静的阅读氛围，同时保持书房的通透开放。

任务19 书房线稿方案绘画

图 11-1 户型布置图

1. 户型布置

打开 SketchBook 软件，新建 A3 画布（420mm×297mm，250 像素），导入户型布置图，使用矩形选区工具选择书房平面区域，复制【Ctrl+C】再粘贴【Ctrl+V】，备注好书房长度与宽度，如图 11-1 所示。

（提示：书房平面方案布局以书桌和屏风为组块形成环绕型交通流线，屏风的设置考虑是以漏景的方式处理与外部环境的关系，结合书柜功能使该区域形成了围合感，给空间带来丰富性。）

2. 透视设置

按照两点透视原理设置书房两点透视，新建图层，使用铅笔、红色，在画布 1/3 绘制地平线 G，参考线 K（3m）及视平线 H（1.2m），设置透视并绘制出透视地平面（4200mm×4000mm），绘出空间矩形，并将书房平面图进行变换，选择扭曲，把控制点调整至透视四点处，如图 11-2 所示。

3. 造型定位

1）硬装定位

结合书房平面布置图透视后效果，新建图层，选择铅笔、绿色，绘制推拉门、落地窗、窗帘定位线，如图 11-3 所示。

2）家具定位

新建图层，修改颜色为蓝色，以视平线 1.2m 推算，绘制出书桌椅、书柜、隔断的大致轮廓造型，如图 11-4 所示。

4. 家具塑形

1）书桌绘制

平面图设置为不可见，同时降低分析线图层透明度，新建图层，以蓝色线为参考，绘制出书桌造型，如图 11-5 所示。

（提示：在绘制整体空间或组合时，做完分析，应从前往后绘制，有效控制画面

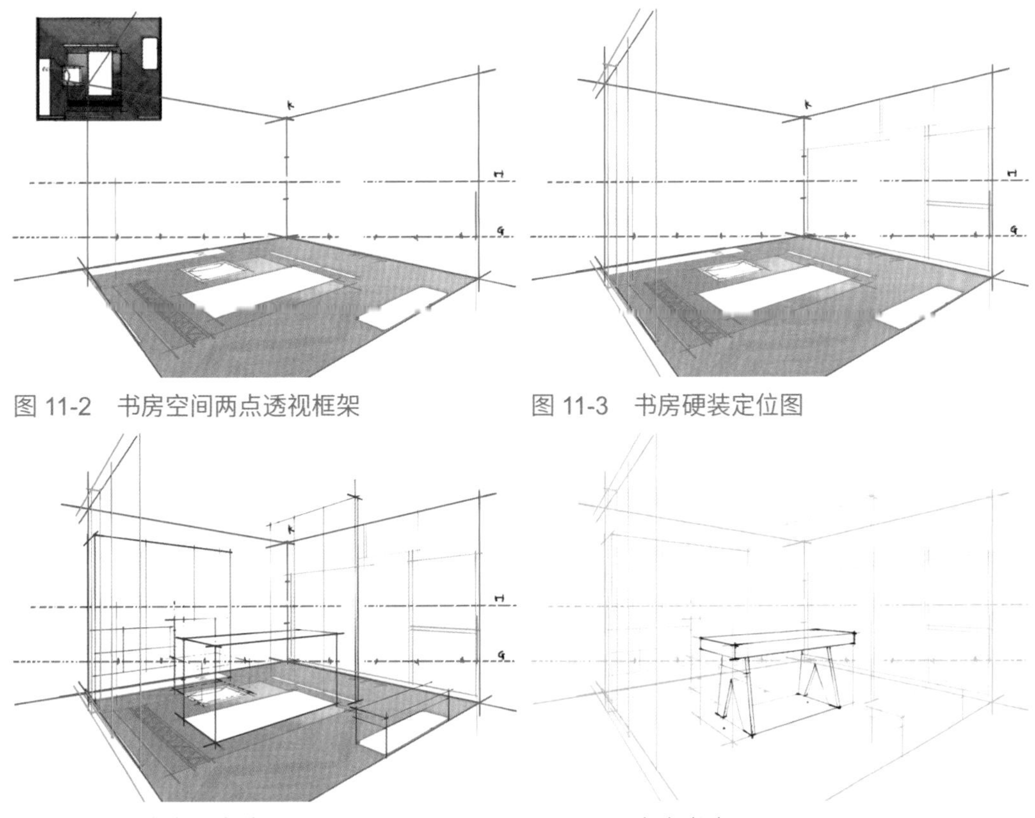

图 11-2　书房空间两点透视框架

图 11-3　书房硬装定位图

图 11-4　书房家具定位图

图 11-5　书房书桌

视觉中心效果的同时减少遮挡物体的绘画，提高绘画速度。）

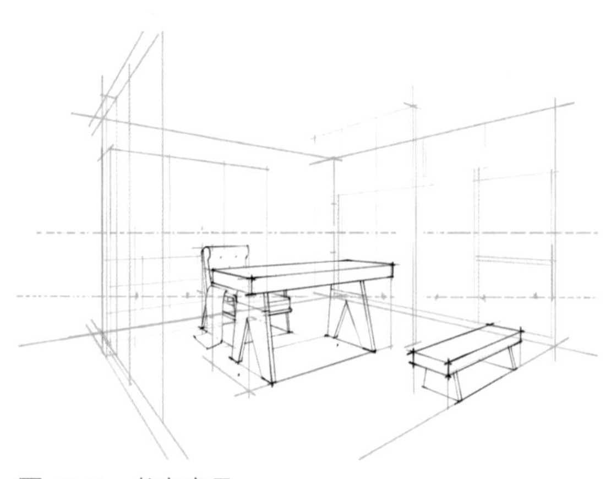

图 11-6　书房家具

2）家具绘制

新建图层，围绕书桌绘制椅子及实木凳子，形成书房主体画面效果，如图 11-6 所示。

3）陈设绘制

新建图层，绘制推拉实木板门，形成左侧围合空间，绘制造型隔断与书柜，围合书桌椅聚焦画面视觉中心区域，如图 11-7 所示。

（提示：线稿绘制围绕描绘物体大形体与小形体，用线条勾勒塑造物体造型，少量绘制装饰性物体与点缀性线条营造空间效果，最终通过色彩表现烘托空间氛围与视觉张力。）

5. 硬装塑形

1）空间绘制

新建图层，围绕家具组合效果，逐一绘制墙体、天花板、落地窗等硬装造型，控制画笔力度，让墙体线与家具陈设线形成对比，产生空间进深感，如图 11-8 所示。

（提示：硬装造型绘制时，要结合空间家具及陈设效果进行处理，陈设丰富则硬装简易，陈设简易则硬装丰富，围绕设计构思绘画表现，主次分明营造画面丰富性。）

2）吊灯绘制

新建图层，使用直尺工具，绘制造型吊灯，关闭辅助线图层，如图 11-9 所示。

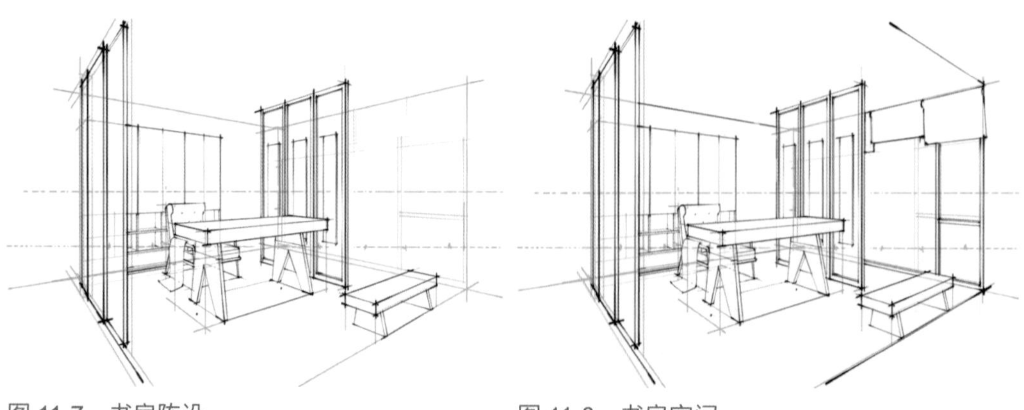

图 11-7　书房陈设　　图 11-8　书房空间

6. 线稿优化

整体性观看画面现有效果，新建图层，在画面需要强调的地方刻画或加重处理，围绕突出画面中心效果，提升画面主次感与完整性，如图 11-10 所示。

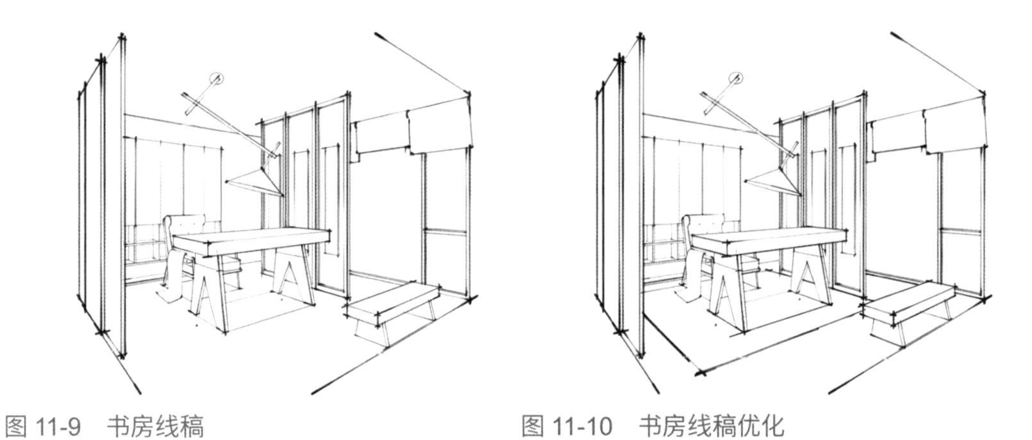

图 11-9　书房线稿　　图 11-10　书房线稿优化

任务 20　书房色彩方案绘画

1. 软件切换

打开书房 SketchBook 文件，选择【另存为】，名称改为“书房色彩”，格式设置为 PSD，保存后使用 Photoshop 软件打开书房色彩 PSD 文件，按住【Shift】键全选线稿图层，合并【Ctrl+E】，双击图名改为线稿，将参考意向图拖进画布，如图 11-11 所示。

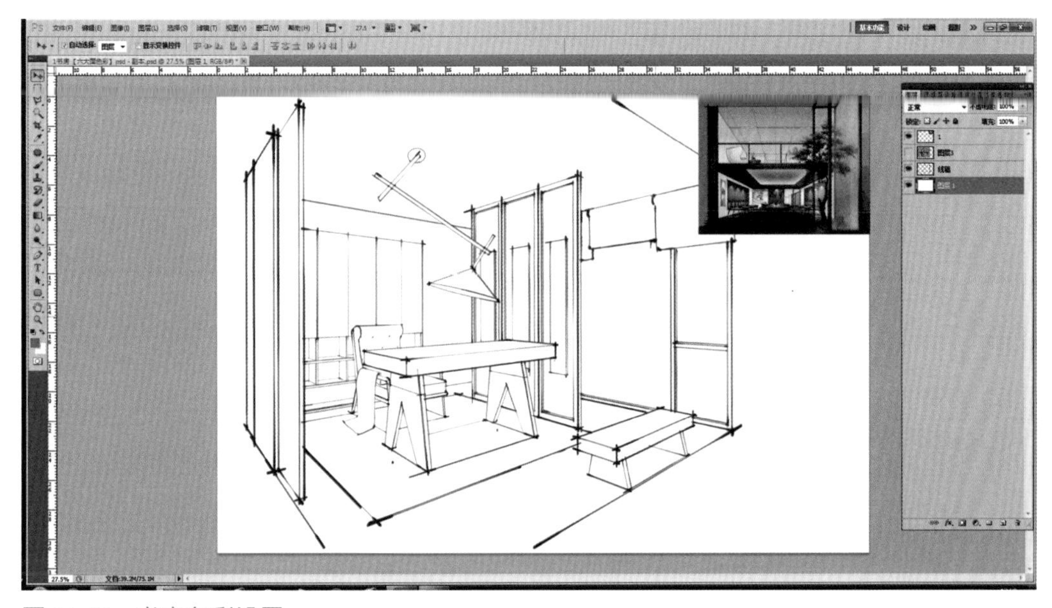

图 11-11　书房色彩设置

2. 色彩铺绘

1）环境色绘制

在线稿图层下，新建图层，吸取【Q】参考图中的背景色，使用上色笔刷【B】给空间绘制一个底色（环境色），如图 11-12 所示。

（提示：新建图层都应在线稿图层下方，如部分陈设物品或灯光除外。）

图 11-12　书房环境色

2）天花地面绘制

新建图层，使用多边形选区【L】选择天花板区域，先绘制天花板底色，后把色彩调亮绘制前方 1/2 区域，再次调亮一些，绘制前方 1/4 区域；新建图层，使用多边形选区选择地面区域填充木色，加载木地板贴图置于地面木色图层上方，变形【Ctrl+T】，按住【Ctrl】键编辑透视点，图层模式改为正片叠底，右击图层选择剪辑蒙版，局部加重木色底色，如图 11-13 所示。

（提示：天花与地面绘制一样，近处颜色重，远处颜色浅，形成 3 个色的渐变过渡，天花材质可以选择颗粒类型笔刷增加质感，地面则按照木地板、地砖等贴图材质进行合成效果。）

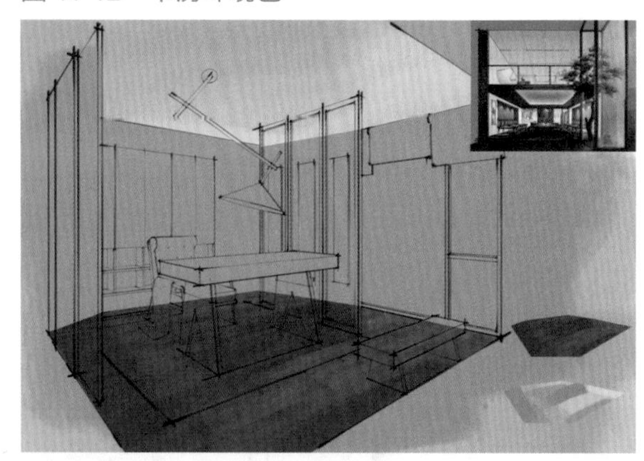

图 11-13　书房天花地面效果

3）室外效果绘制

导入室外环境照片素材，编辑透视置于窗户造型处；新建图层，使用玻璃笔刷，选择室外照片天空颜色，适当提亮，绘制竖向玻璃反光形成玻璃效果，如图 11-14 所示。

图 11-14　书房室外效果

（提示：室外环境可寻找合

适角度的环境照片，也可先使用云、雾笔刷绘制天空，再使用植物笔刷绘制远景、中景、近景，营造所需室外氛围；玻璃窗使用玻璃笔刷选择天空颜色适当提亮，可竖向绘制玻璃反光、透光效果。）

4）隔断绘制

新建图层，使用选区工具选择左侧推拉木门，用上色笔刷，先用木色铺绘，后在造型中间 1/2 处横向提亮绘制，最后使用木纹笔刷，木色加重绘制纹路效果；按照木门方式先给木质编织屏风上基础色；新建图层，拾取铜色铺绘落地窗金属框，再使用金属笔刷提亮绘制金属质感，如图 11-15 所示。

图 11-15　书房隔断效果

（提示：墙面、隔断、柜体等物体在空间中较高，受顶部光源，如灯带、筒灯等的照射影响，色彩上下颜色重，中间颜色浅，由此方法整体绘制，空间自然明亮起来，可暂时忽略室外光源或者室内点光源，后期添加光源效果即可。）

3. 家具色彩铺绘

1）书桌色彩绘制

按照木地板处理方式处理地毯，也可使用毛绒类肌理笔刷绘制地毯纹路；新建图层，拾取红木色作为书桌固有色绘制书桌，增加木纹肌理效果，并适当增加物体之间环境色影响，如图 11-16 所示。

图 11-16　书房书桌效果

（提示：先给空间四立面两平面绘制色彩与肌理，渲染整体空间色彩环境，再按先主后次的关系绘制家具软装；家具软装按照单体物体绘制原理，适当融入环境色即可；空间六大面铺绘底色后，先从主体或视觉中心开始绘制家具，有利于营造空间氛围。）

2）椅子色彩绘制

新建图层，绘制靠椅，绘制椅子色彩明暗，添加皮革颗粒质感，搭配蓝色布艺与壮锦纹路，使桌椅相互呼应，绘制近处木板凳，如图 11-17 所示。

图 11-17　书房椅子效果

图 11-18　书房柜体效果

图 11-19　书房灯具效果

（提示：皮革材质有反光强、发光弱，根据想表现的效果过渡色彩变化，过渡渐变强则反光强，反之则弱，再使用颗粒类型笔刷，制作皮革颗粒纹路。）

3）柜体绘制

新建五个图层，如图 11-18 所示，按照右侧分析图绘制柜体，1. 绘制柜体固有色及色彩变化；2. 统一绘制柜体背光侧面（暗面）；3. 绘制柜子平面（灰面）；4. 绘制隔板阴影；5. 绘制装饰金属条。

（提示：遇到复杂造型，先确认物体的亮面、灰面、暗面、阴影、高光、装饰，再统一选择对应内容分层分步处理，绘制表现。）

4）灯具绘制

新建图层，绘制灯杆，固有色填充后使用亮色提亮一侧，简单表现圆杆效果，再绘制灯罩，如图 11-19 所示。

4. 装饰点缀

导入叶脉装饰纹样，调整透视并修改颜色，置于装饰屏风中间，强化红色与蓝色对比，使用肌理笔刷制作编织纹路，增加物体影子；导入装饰素材，置于空间对应位置装饰画面，如图 11-20 所示。

（提示：适当添加装饰，点缀画面，提高画面丰富性与空间陈设装饰效果，时刻强调画面中心效果，通过色彩对比、色彩呼应等处理手法聚焦视觉中心。）

5. 灯光处理

1）点光源绘制

新建图层，图层模式设置为强光，使用灯光笔刷，暖白色颜色，从中间向外打圈的方法绘制吊灯点光源，设置透明度达到预期效果，如图 11-21 所示。

2）高光绘制

新建图层，图层模式设置为线性加强，使用高光笔刷，选择物体亮部颜色，绘制物体高光（光照射最亮的地方），如图 11-22 所示。

3）室外光绘制

新建图层，图层模式设置为柔光，使用灯光笔刷，选择室外光源色彩，用选区工具选择室外光照去形成的光域，由外向里绘制，外重内浅，设置滤镜效果为高斯模糊，调整透明度，如图 11-23 所示。

6. 后期优化

绘制完空间后，色彩整体效果已全部绘制完成，通过添加图层栏下方创建新的填充或调整图层，进行画面整体性设置优化，调整设置色阶、色彩平衡、自然饱和度、色阶、亮度 / 对比度等，如图 11-24 所示。

图 11-20　书房装饰效果

图 11-21　书房点光源效果

图 11-22　书房高光效果

图 11-23　书房室外光效果

设置完成后，色彩饱满、效果协调、画面质感突出，如图 11-25 所示。

（提示：在绘画过程中运用两点透视的方法凸显出该空间的小巧与灵动；融合色彩的协调与光影的处理，使得书房更具有围合感；同时，强调空间的动线，增加空间层次与进深；在整体造型的基础上，通过多变的吊灯造型为素雅的空间增加亮点；在色彩搭配上主要使用胡桃色系，使整体效果更加沉稳，匹配书房阅读与办公的工作属性。）

图 11-24　书房调整设置

图 11-25　书房方案效果图

实操码 5-1　绘制客厅完整室内空间效果图

项目 12　卧室空间设计绘画（Procreate）

卧室方案效果绘制 • 微课二维码

任务 21 卧室线稿方案绘画

卧室空间主要由睡眠空间和挑窗区域的休闲空间两部分组成，采用一点斜透视表达方式能更全面表现出该空间的延伸感；床品居于卧室空间的中间，所以在立面床头背景采用了对称形式来处理，以便和电视墙中轴线相呼应。

1. 设置透视

1）平面处理

导入卧室平面图，遇到不规则平面，先把平面转化为矩形平面，把主要内容用矩形选区框选出来，选择拷贝与粘贴，移至画布右上角，如图 12-1 所示。

（提示：参考图、平面图等作为参考时，放置于空间陈设少且空旷的一角。）

2）视平线地平线设置

按照一点斜透视原理设置透视，新建图层，在画布 1/3 处绘制地平线 G，再设定参考线 K=3m（室内空间高度），确定落地窗方向墙体位置，绘出视平线 H（1.2m），如图 12-2 所示。

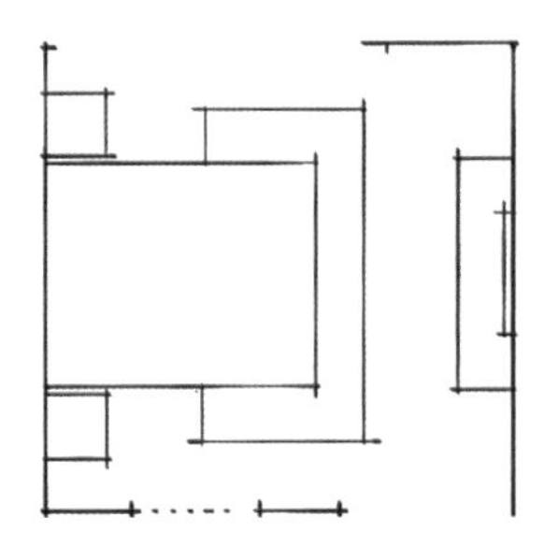

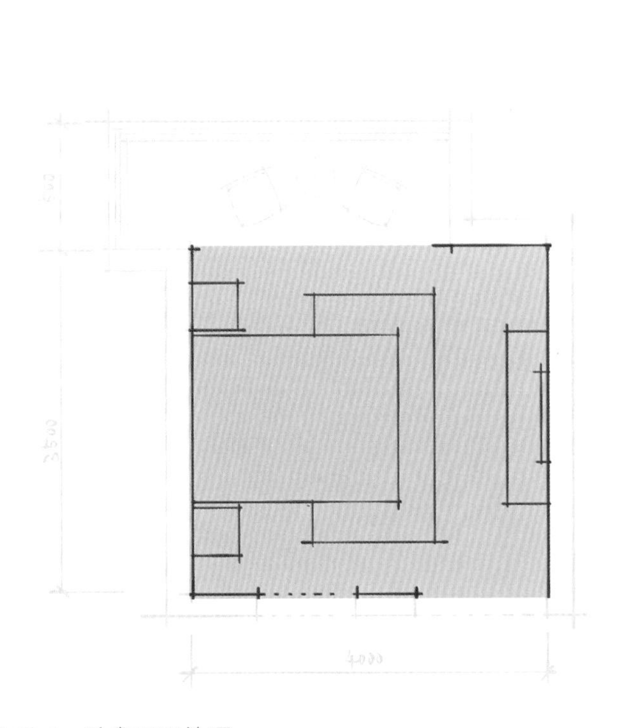

图 12-1 卧室平面处理

3）消失点设置

选择“操作>画布>绘图指引>编辑绘图指引”，进行一点斜透视设计，画面中心在平面左侧，消失点 V` 在画布左侧一倍画布距离处，消失点 V 在立面空间靠右处，如图 12-3 所示。

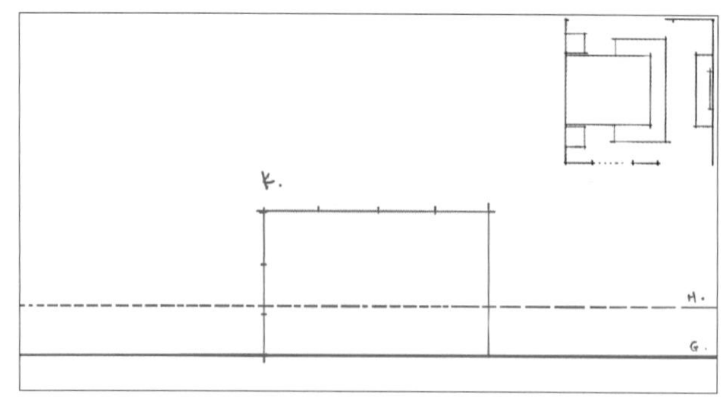

图 12-2　卧室视平线地平线设置

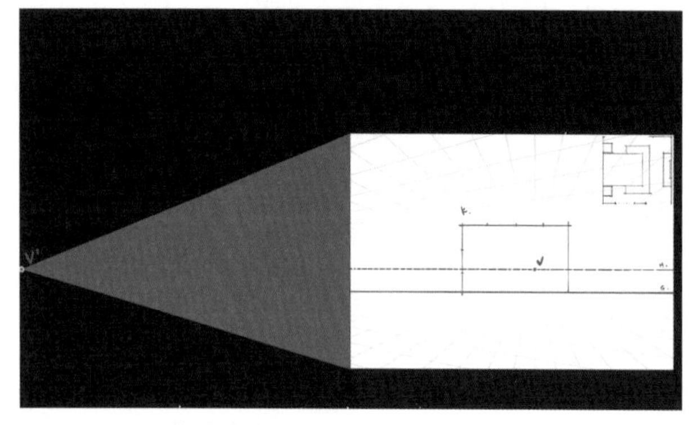

图 12-3　卧室消失点设置

2. 空间框架

1）透视定型

新建图层，在立面墙体右侧估算出 3.5m 的距离，在 3.5m 处绘制垂直线与视平线 H 相交形成距点 D，D 过 3.5m 做延长线与 V 过空间一角做延长线，相交形成空间深度 3.5m，如图 12-4 所示。

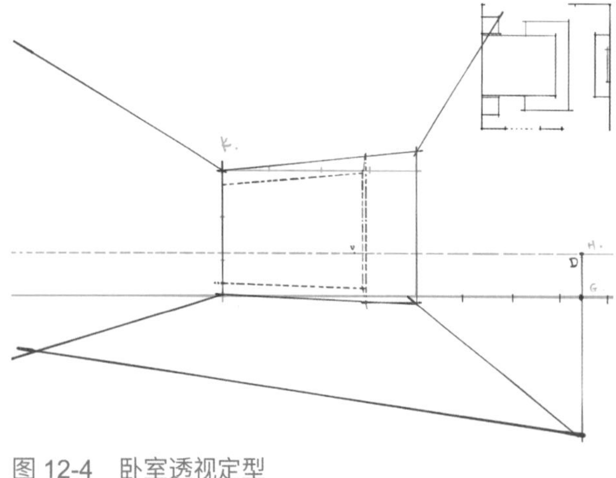

图 12-4　卧室透视定型

2）透视平面设置

将平面图移动至透视地面处，进行自由变形，将四个透视点与空间地面透视四点对齐，如图 12-5 所示。

（提示：绘制完卧室矩形框架后，再按照透视原理规则推算不规则区域距离，绘制阳台区域。）

3. 物体定型

将框架及平面图图层透明度降低，新建图层，按照人体工程学设定的家具尺寸，结合视平线 1.2m 高度及平面图家具定位，绘制每件家具几何体形状轮廓，隐藏视平线参考图层，如图 12-6 所示。

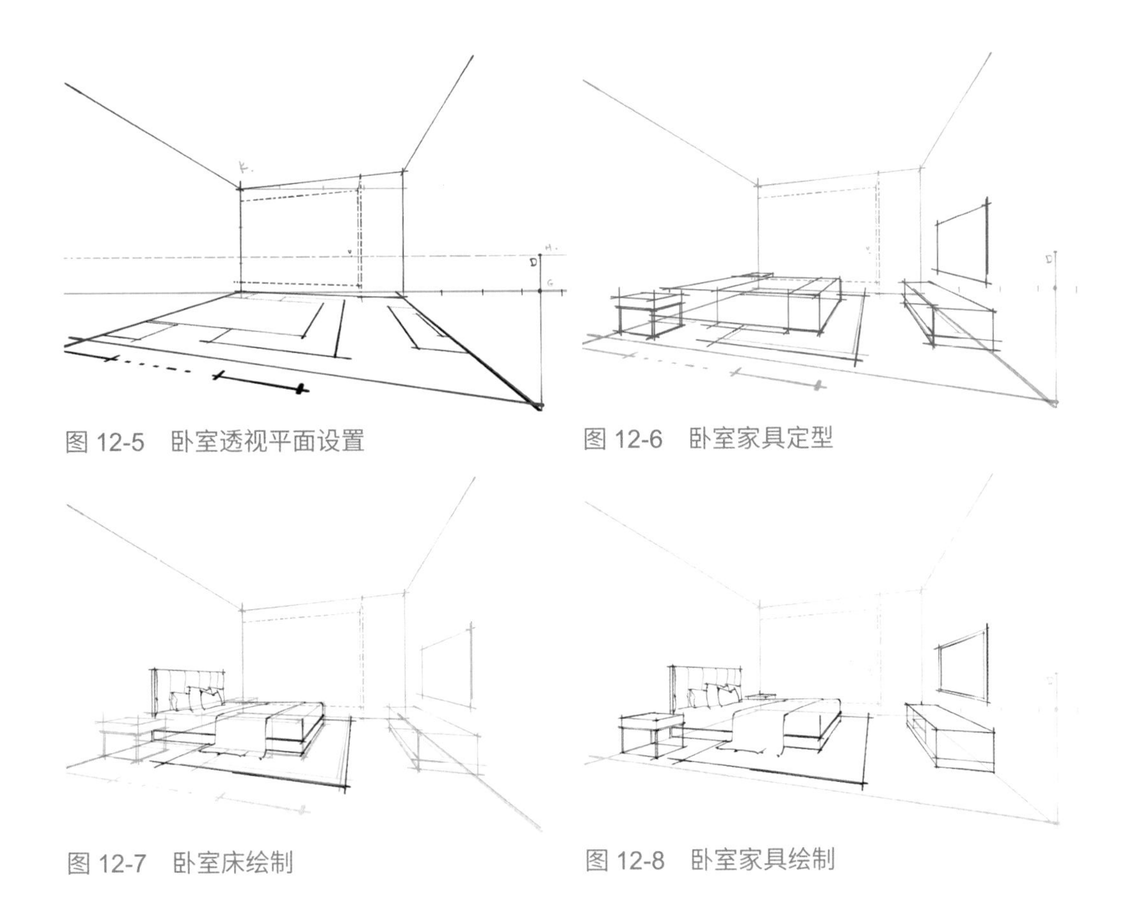

图 12-5　卧室透视平面设置

图 12-6　卧室家具定型

图 12-7　卧室床绘制

图 12-8　卧室家具绘制

4. 家具绘制

1）卧室床绘制

隐藏平面图层，框架图层透明度降低，新建图层，参考家具红色轮廓定型线，绘制床的款式，如图 12-7 所示。

2）卧室家具绘制

新建图层，参考床的造型绘制床头柜，再绘制电视柜与电视造型，隐藏造型体块参考图层，如图 12-8 所示。

5. 空间绘制

1）硬装绘制

新建图层，参考蓝色框架图层，按照空间设计想法与现有画面效果，绘制空间墙体及硬装造型，如图 12-9 所示。

2）木地板绘制

新建图层，打开透视辅助，绘制木地板拼接效果，如图 12-10 所示。

6. 整体优化

新建图层，添绘吊灯、花瓶、书籍等陈设物品，营造卧室空间，丰富画面效果，如图 12-11 所示。

根据画面视觉中心与整体效果，新建图层，进行局部适当加重，刻画点缀，如图 12-12 所示。

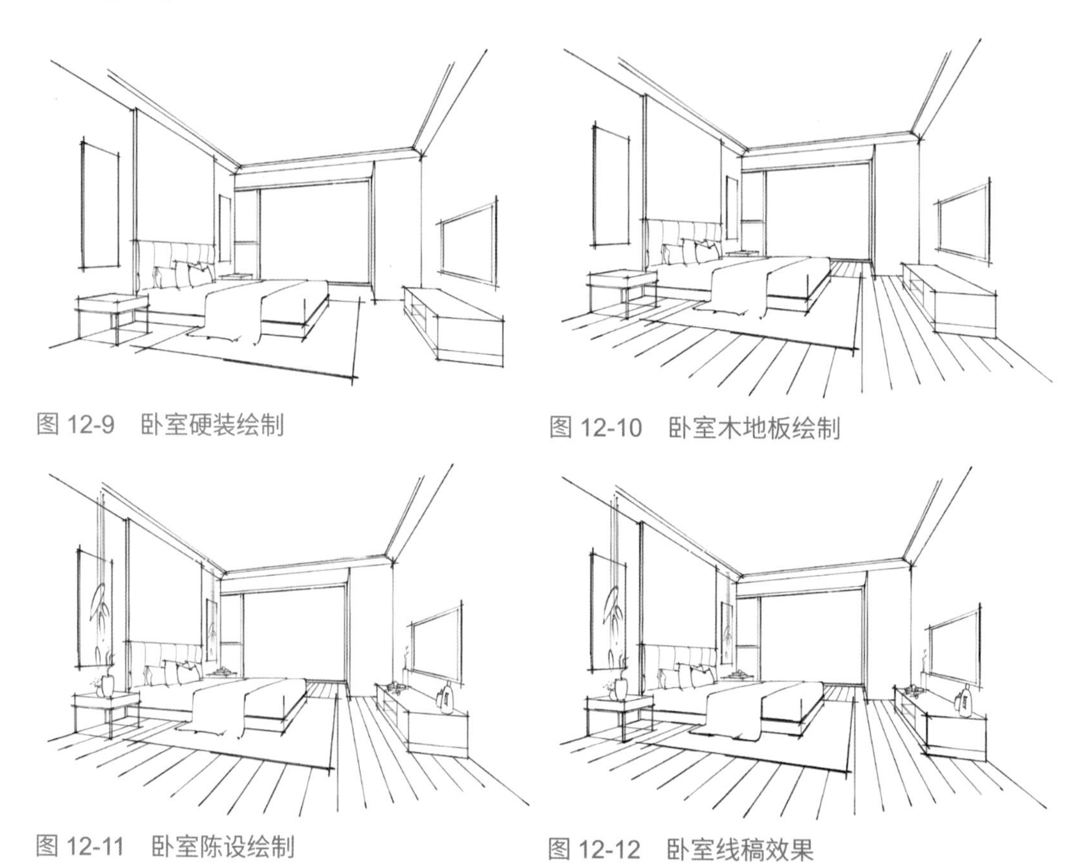

图 12-9　卧室硬装绘制

图 12-10　卧室木地板绘制

图 12-11　卧室陈设绘制

图 12-12　卧室线稿效果

任务 22　卧室空间色彩方案绘画

1. 复制文件

将卧室线稿复制一份，修改名称为卧室色彩，打开卧室色彩文件，将绘制线稿图层合并，修改图层名称为线稿图层，插入色彩参考意向图移至左上角，如图 12-13 所示。

2. 空间铺绘

1）底色绘制

在线稿图层下新建图层，吸取墙体色彩，使用上色笔刷给整个画布上色，再提亮一些颜色，在空间中间位置水平绘制提亮，同墙面绘制方法，如图 12-14 所示。

2）木地板绘制

新建图层，拾取木地板颜色，手绘选区选择地面区域，绘制色彩时可融合室外光源对室内光影的影响，再使用木纹笔刷，加重颜色，打开透视辅助，按照透视方向绘制木纹纹理，如图 12-15 所示。

3）立面绘制

新建图层，绘制左侧深灰色亮光乳胶漆墙面及背光白色乳胶漆墙面；新建图层，使用云雾类笔刷绘制云雾，再使用植物笔刷绘制远处与近处的植物；选择玻璃笔刷绘制玻璃反光肌理；使用金属笔刷绘制重色金属框，营造室外画面，塑造整体空间色彩环境，如图 12-16 所示。

（提示：亮光与哑光漆面，通过亮部提亮程度不同来控制效果，同时可适当增加肌理亮度来调整光感效果。）

4）硬装绘制

新建图层，选择蓝灰色铺绘墙面硬包，使用皮革肌理笔刷做肌理效果；通过用条纹笔刷绘制两侧压花；选择床头柜上方有画布区域，使用哈茨山等大肌理效果绘制油

图 12-13　卧室色彩设置

图 12-14　卧室底色绘制

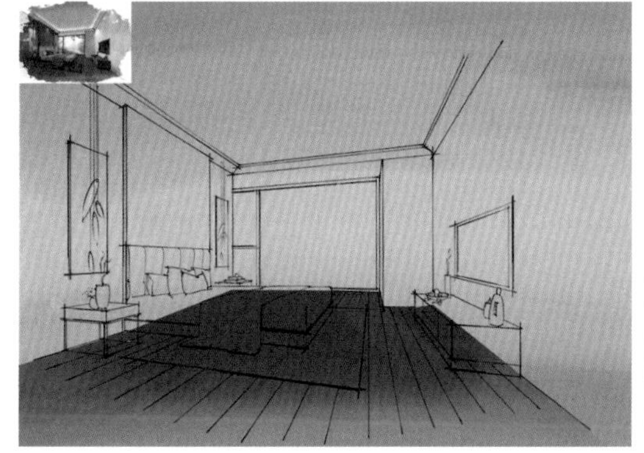

图 12-15　卧室木地板绘制

图 12-16　卧室立面绘制

画布效果，如图 12-17 所示。

（提示：绘制色彩时，同一物体一个面一个面地绘制，这样有利于把图层置于同一区域，后期修改或调整能快速寻找到对应的图层。）

3. 家具效果

1）床效果绘制

按照单体物体绘制方法，逐一绘制床架、床垫、床靠背、毯子与枕头，绘制时思考空间环境色彩，融入环境色与光的影响，如图 12-18 所示。

2）床头柜效果绘制

选用比红色枕头更红的酒红色作为床头柜色彩，压重左侧画面，衬托床的色彩，添绘花瓶、书本等陈设品，如图 12-19 所示。

3）柜体效果绘制

使用比木地板暖一些的木色绘制电视柜，添置花瓶、水果，与床头柜陈设品色彩相似，绘制电视机，如图 12-20 所示。

图 12-17 卧室硬装绘制

图 12-18 卧室床效果绘制

图 12-19 卧室床头柜效果绘制

图 12-20 卧室柜体色彩效果

4. 灯光处理

1）灯光效果绘制

绘制竹叶型吊灯，新建图层，图层模式设置为添加，选择暖白色，使用灯管笔刷绘制灯光线；使用灯光笔刷绘制天花板灯带和筒灯；新建图层模式为添加，使用射灯笔刷绘制射灯，复制移动到对应位置，如图 12-21 所示。

2）室外光效果绘制

新建图层，使用灯光笔刷，选择室外光源色，手绘创建选区，从外往里绘制，调整设置为高斯模糊，将图层透明度设置为合适效果，如图 12-22 所示。

3）高光效果绘制

新建图层，模式为添加，颜色为所绘物体亮部颜色，使用高光笔刷，打开透视辅助绘制对应高光，如图 12-23 所示。

5. 画面优化

先选择“操作＞添加＞拷贝画布”，再粘贴形成完整的效果图图层，通过设置调整色相 / 饱和度 / 亮度、色彩平衡、曲线、锐化、高斯模糊等进行画面整体效果优化，如图 12-24 所示。

图 12-21　卧室灯光效果绘制

图 12-22　卧室室外光效果绘制

图 12-23　卧室高光效果绘制

图 12-24　卧室画面优化效果

画布美化，选择擦除，使用合适的大肌理笔刷，涂抹去除画面边缘，形成边缘肌理框架效果，或用画笔绘制肌理边缘，如图 12-25 所示。

（提示：卧室空间巧妙运用一点斜透视，可加强空间进深效果，又让空间微倾斜角度放大了床的主体效果，更好地展现该空间的轴线关系；通过天花的圈吊加强了整体空间的氛围感和空间的识别感；以高级灰的色彩关系呈现该卧室的整体色彩关系，在软装方面做一些色彩点缀。）

图 12-25　卧室方案图

实操码 5-2　设计并绘制卧室完整室内空间效果图

空间案例效果欣赏如图 12-26 ～图 12-28 所示。

壮茶空间创意设计效果表现 • 微课二维码

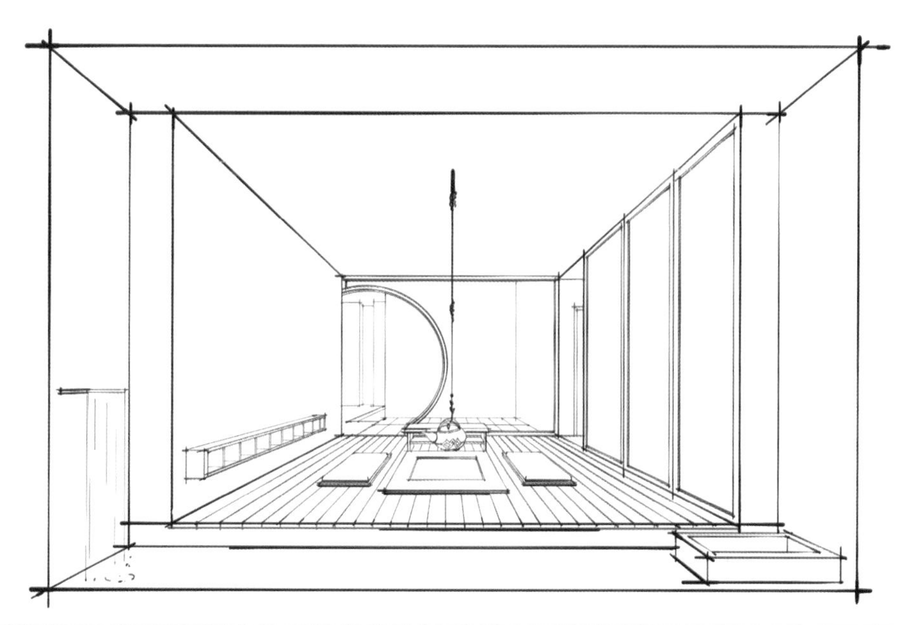

图 12-26　壮文化茶室手绘效果图

壮锦阅读空间创意设计效果表现·微课二维码

图 12-27　壮文化书吧手绘效果图

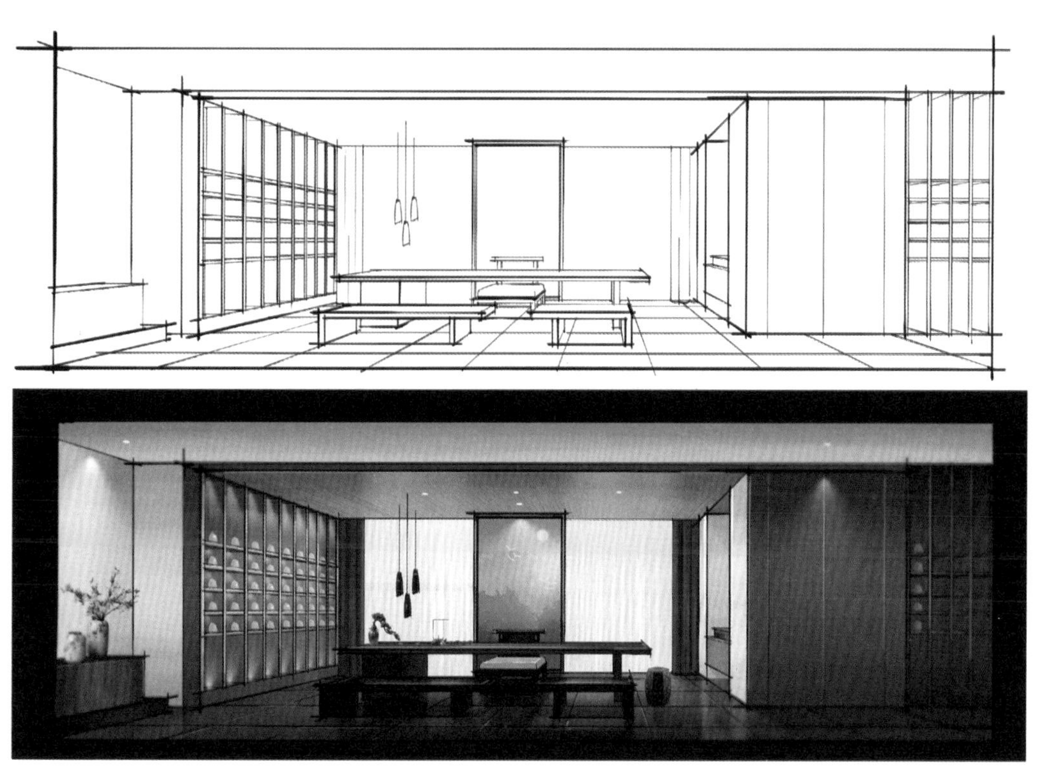

图 12-28　茶文化空间手绘效果图

设计手绘方案—效果欣赏

案例 A：现代居室手绘设计方案（图 A-1 ～图 A-7）

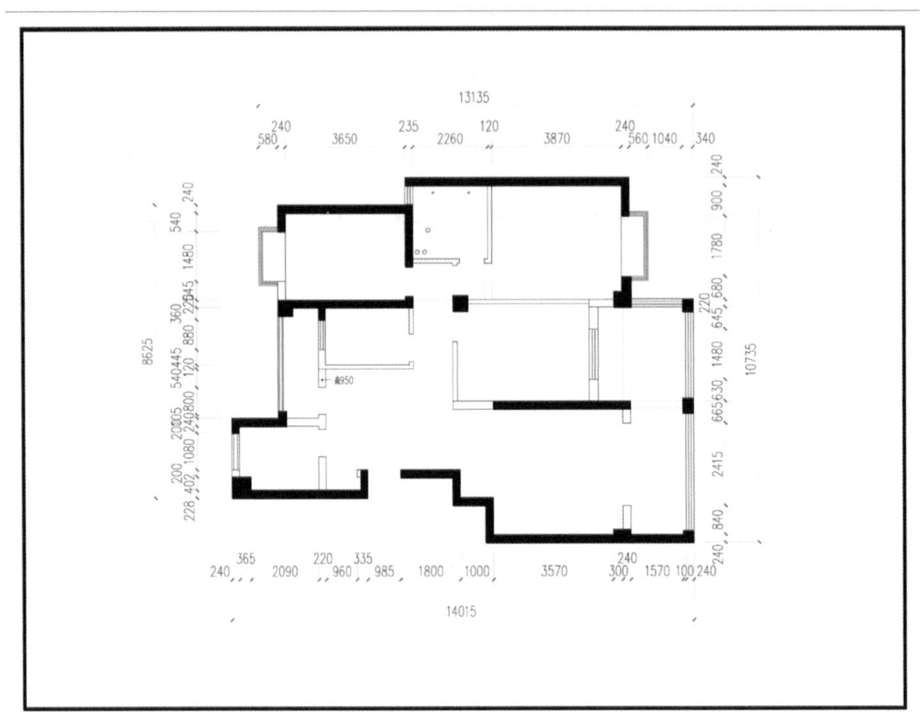

图 A-1　户型原始平面图

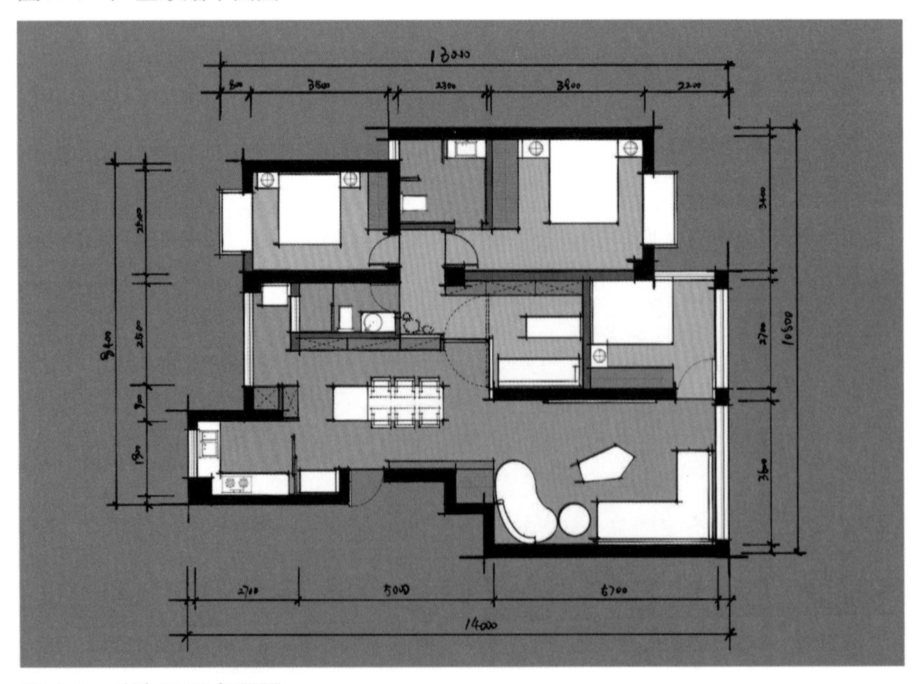

图 A-2　彩色平面布局图

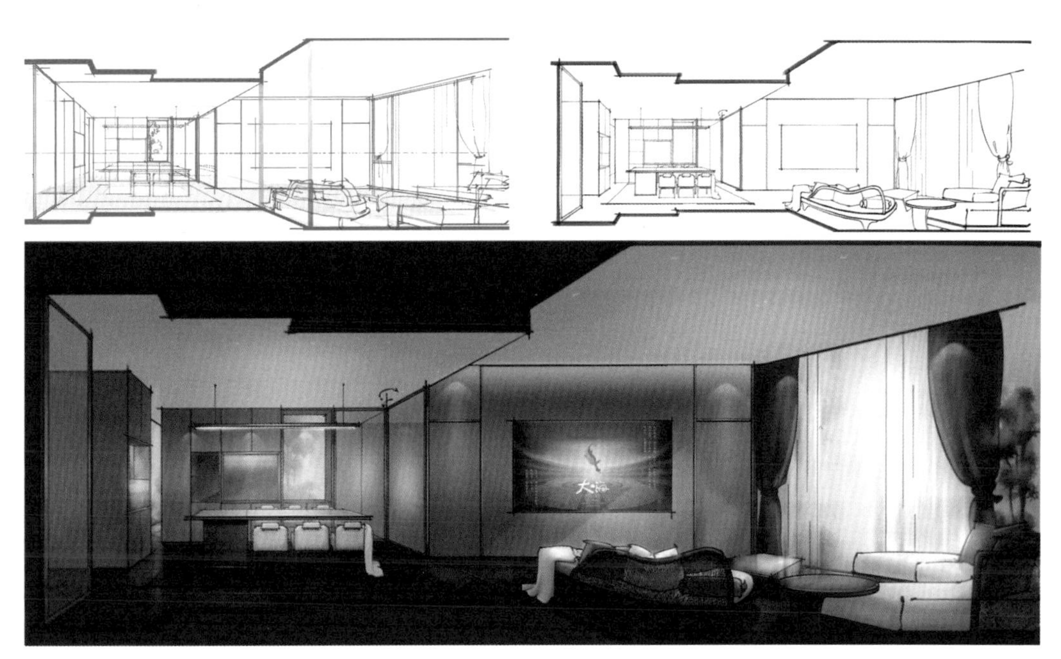

图 A-3　客餐厅手绘方案图

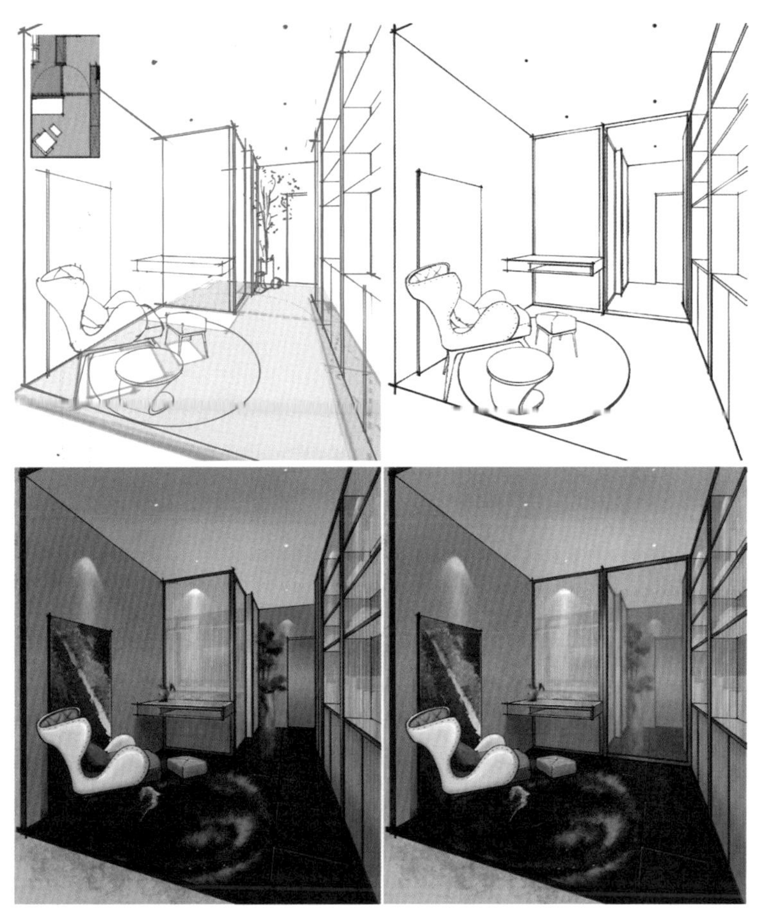

图 A-4　书房手绘方案图

图 A-5　主卧手绘方案图

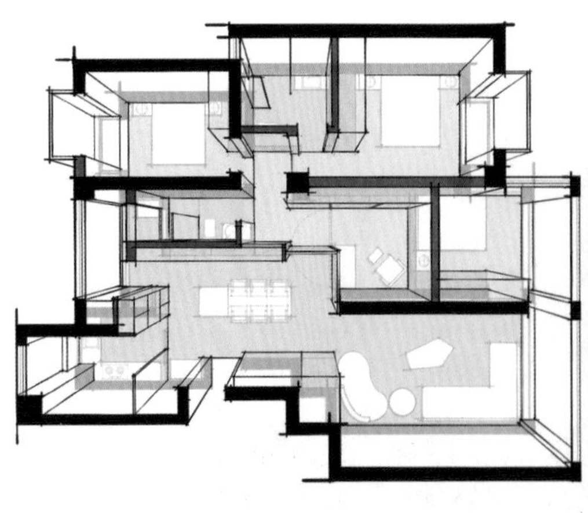

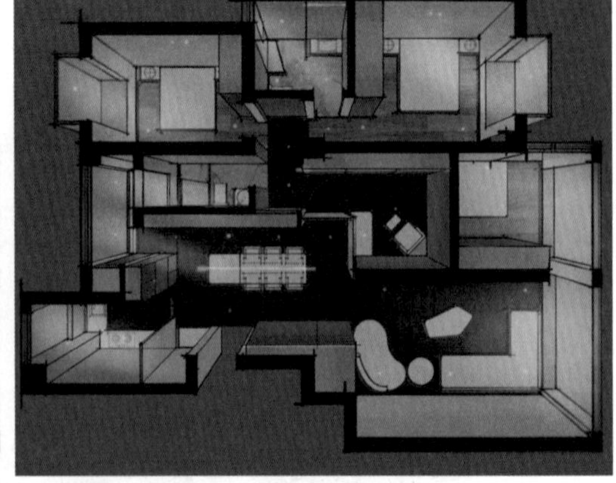

图 A-6　鸟瞰手绘方案图

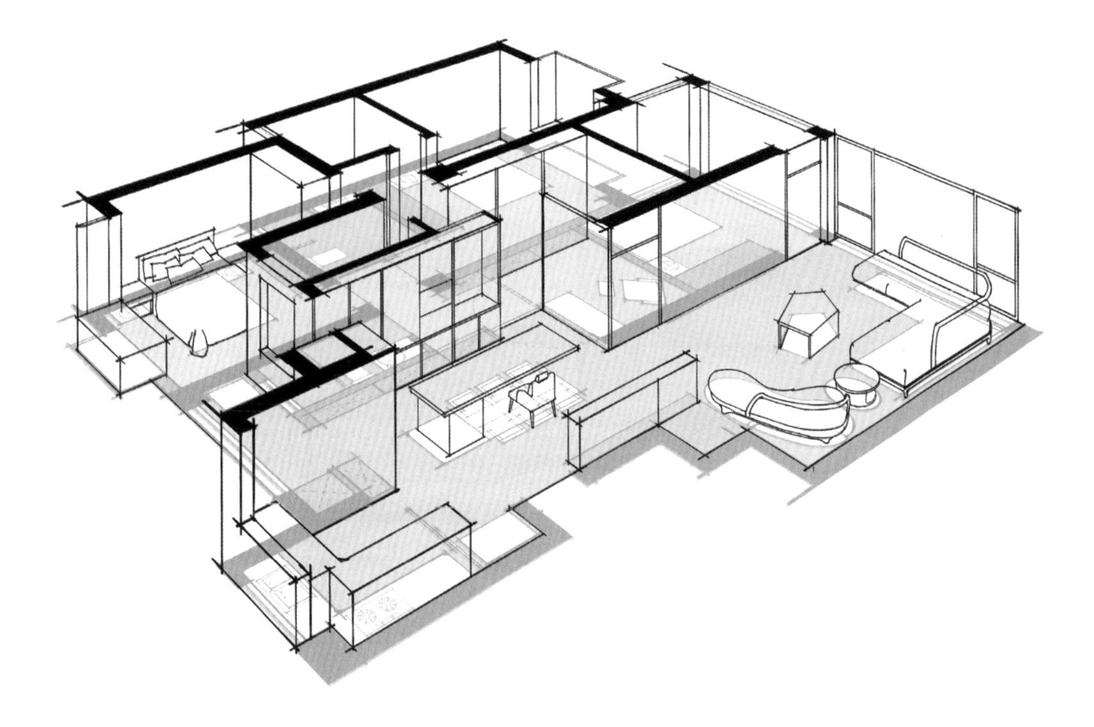

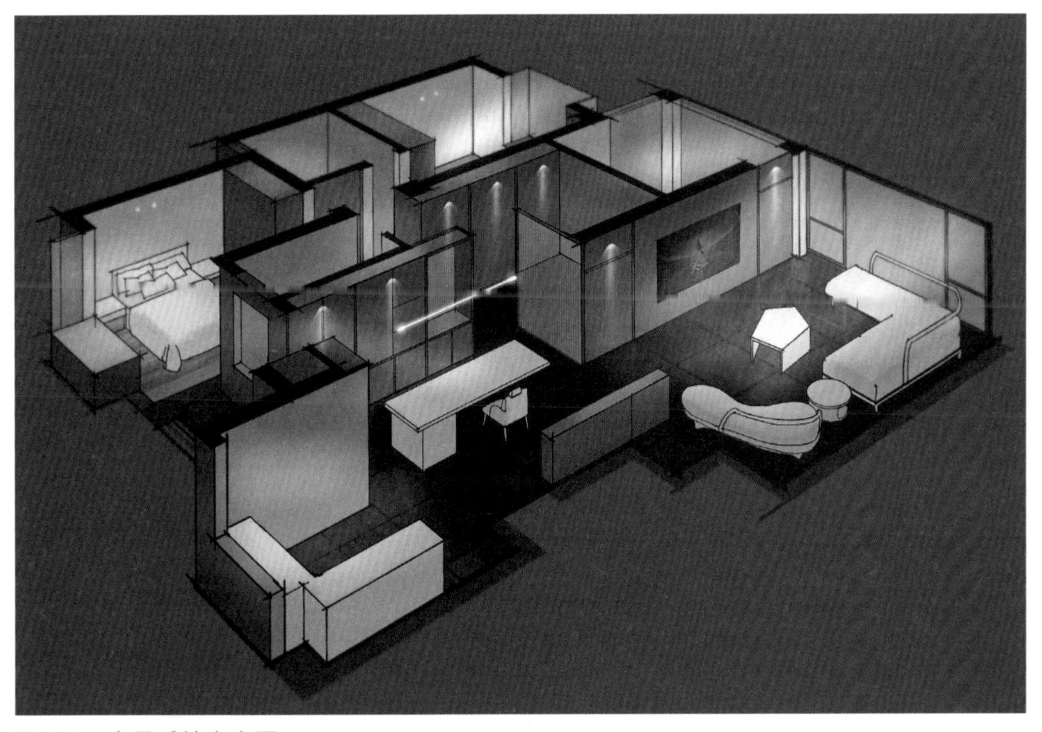

图 A-7　全景手绘方案图

案例 B：现场 / 毛坯空间创意方案手绘设计（图 B-1 ~图 B-3）

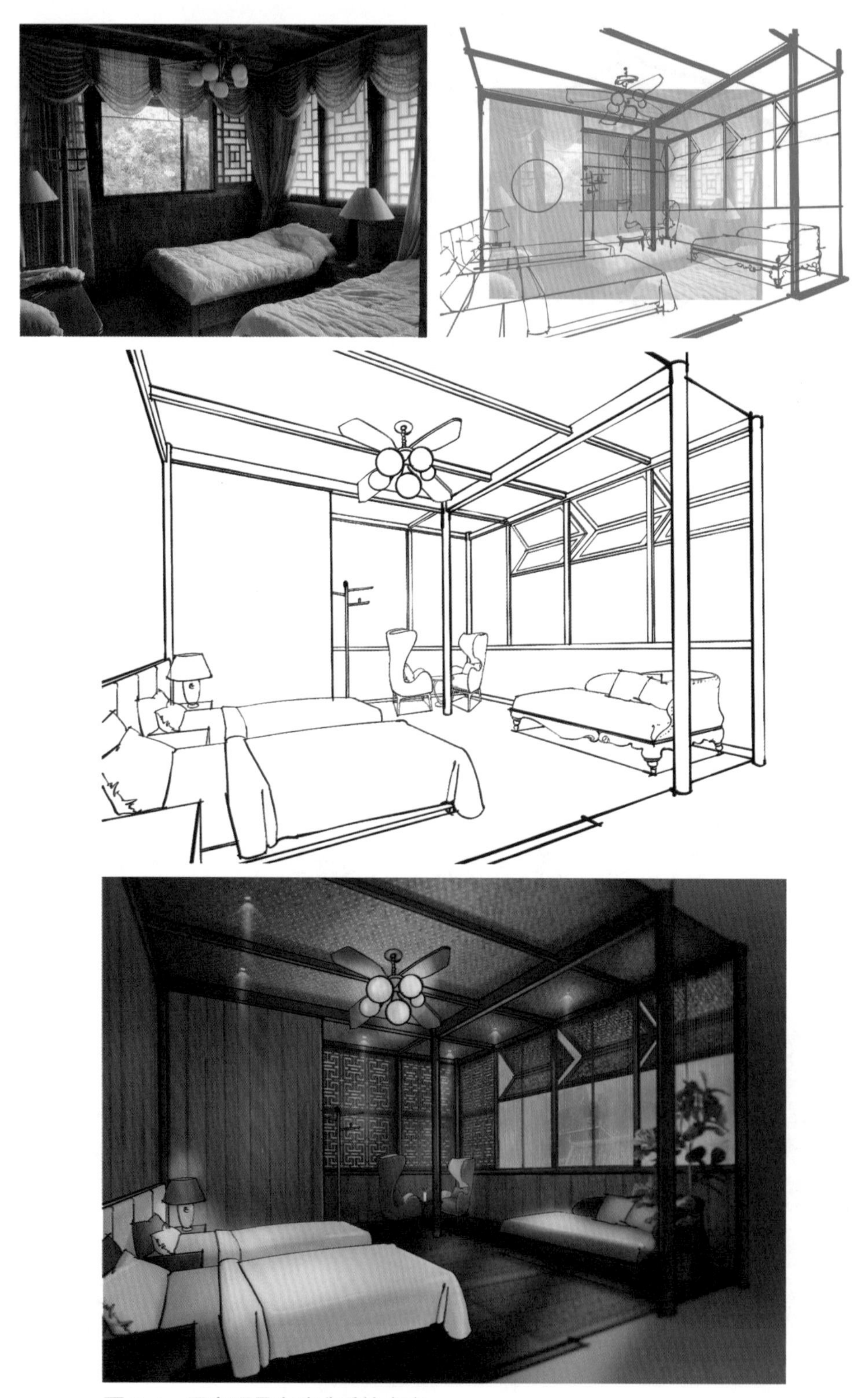

图 B-1　民宿观景房改造手绘方案

图 B-2　民宿标房改造手绘方案

图 B-3　售楼部现场手绘方案

毛坯房现场创意方案效果表现 • 微课二维码